Truth In History 19

計略

三国志、諸葛孔明たちの知略

新紀元社

まえがき

中国史の歴史区分でいう「三国時代《さんごく》」は、厳密にいえば、後漢《ごかん》が滅亡する220年（延康1）から、晋《しん》（西晋《せいしん》）が呉《ご》を滅ぼし大陸を再び統一する280年（太康1）までを指す。しかし、三国志の主要登場人物である曹操《そうそう》は220年に死んでいるし、『正史《せいし》』『演義《えんぎ》』ともに黄巾《こうきん》の乱を転換期として筆を起こしており、基本的には184年（光和7）頃から280年までの約100年間が「三国志の時代」であるとされている。

黄巾の乱は、後漢王朝の権威の失墜《しっつい》に拍車をかけ、その結果、董卓《とうたく》・袁《えん》紹《しょう》・袁術《えんじゅつ》・曹操・孫堅《そんけん》・劉備《りゅうび》といった群雄《ぐんゆう》が中国各地に割拠し、中国は乱世の時代に突入した。そして彼らは、それぞれが覇権の獲得を目指し、戦いに明け暮れることになる。

三国志の魅力は、個性的な英雄や知謀《ちぼう》の士が、能力を尽くして戦うところにある。彼らはさまざまな戦略、計略を駆使して、ライバルたちと戦った。

本書は、清《しん》代にまとめられた「毛宗崗本《もうそうこう》」をもとにした『三国志演義』を基本に三国志の英雄たちの戦いを取り上げ、彼らが戦いにおいてどのような計略を使ったのかに焦点を当てたものだ。「空城《くうじょう》の計」や「苦肉《くにく》の計」といったよく知られた計略から、「樹上《じゅじょう》に花を開す」や「天《てん》を瞞《だま》して海を渡る」といったマイナーなものまで、合わせて49の計略を解説した。

また、計略を解説する前に、1章で「三国志」の世界の概略についてを簡単に説明し、3章では当時の武器についての解説をしている。

三国志の英雄たちが、どのような場面で、どんな計略を使い、その結果どうなったのかを知ることで、読者の皆さまの三国志に対する興味がより深くなることだろう。

2010年　木村謙昭／歴史ミステリー研究会

計略　三国志、諸葛孔明たちの戦略

目次

第一章「三国志」の概略

第二章「三国志」の計略

第三章 「三国志」の武器・兵器

付録 「三国志」軍師・将軍列伝

COLUMN

第一章 「三国志」の概略

――三国時代への道

曹操の場合

名門の御曹司・袁紹との協調関係

曹操《そうそう》の父・曹嵩《そうすう》は、もともと夏侯《かこう》氏の出であったが、後漢《ごかん》後期に権勢を誇った宦官《かんがん》・曹騰《そうとう》の養子となって曹氏を継ぎ、太尉《たいい》にまで出世した人物である。宦官が権勢を奮った後漢末にあっては、そのまま過ごしてもそれなりの出世が果たせる家系であるが、曹操は若い頃からの親交がある袁紹《えんしょう》のグループに属し、彼を盛り立てていくことで立身出世を果たそうと考えた。門閥出身の袁紹は、周囲への影響力がなにかにつけ強い存在である。何《か》進《しん》が政権を握り宮廷から宦官を追放しようとしたとき、曹操はその謀略には加担しなかったが、何進の後に董卓《とうたく》が権力を握ると、曹操は袁術《えんじゅつ》らとともに反董卓連合の盟主に袁紹をおし立てた。そして、曹操は191年(初平2)、黒山《こくざん》賊が反乱を起こした際には、これを鎮圧する功を挙げ、東《とう》郡太守に任命された。

だが、すぐに曹操は袁紹を見限ることとなった。反董卓連合が董卓を討つ好機となっても、同盟諸侯との宴会に興じるばかりの袁紹の姿に絶望したことが原因だとされる。袁紹についていては将来がないと考えた曹操は、表向きは協調関係を続けながら、さらに躍進するための足がかりを模索していく。

天子を擁して天下に号令する

曹操が天下取りに向けて大きく飛躍することとなったのには、一人の男の存在が大きい。若い頃から秀才として知られ、人物鑑定の名家・何顒《かぎょう》らは「王佐《おうさ》の才(王を補佐する才能)を持つ」と称揚された荀彧《じゅんいく》である。

袁紹のもとで賓客として遇されていた荀彧だが、191年、「大業を成すことのできない人物」と袁紹に見切りをつけると、家族を伴って曹操のもとへ身を寄せた。荀彧は、「名士」と呼ばれる知識人階級では名の知れた人物であり、一方の曹操はと言えば一介の地方役人でしかない。荀彧がきたと知った曹操は、「わが張良《ちょうりょう》(漢の高祖・劉邦《りゅうほう》の名軍師)が来た」と言って大いに喜んだという。

高名な荀彧が曹操のことを評価してこれに身を寄せということで、これ以後、多くの名士たちが曹操のもとへと集まるようになった。そして、何よりも曹操にとっての転機となったのは、荀彧の勧めによって、放浪の身となっていた献帝《けんてい》を許都《きょと》に迎え入れたことだ。これにより曹操は大将軍に任命され、天子の名を用いて天下に号令する立場を得ることになったのである。

やがて曹操は、かつて協調関係を結んだ袁紹と、200年(建安５)に官渡《かんと》で雌雄を決することになるが、荀彧は大軍を相手に消極的になる曹操を絶えず鼓舞し続け、優勢となってからは一挙に敵を殲滅《せんめつ》することを進言して曹操を勝利に導いた。そして、袁紹を亡ぼして中原《ちゅうげん》を掌握した曹操は、いよいよ天下統一に向けて動き出すのである。

しかし、曹操は208年(建安13)の赤壁《せきへき》の戦いで呉の孫権《そんけん》に敗れ、中国は三国鼎立《ていりつ》時代を迎える。とはいえ、漢土の３分の２を支配下に置いた曹操が、ほかの２国を圧倒していた。曹操は後漢王朝を滅ぼし自らの王朝である魏《ぎ》王朝を立てることに力を入れ、213年(建安18)に魏公となり、その３年後には魏王となった。だが、帝位にはつかずに病死した。その後、曹操の子の曹丕《そうひ》が献帝から帝位を禅譲され、後漢王朝は滅亡する。

■曹操の版図の変遷

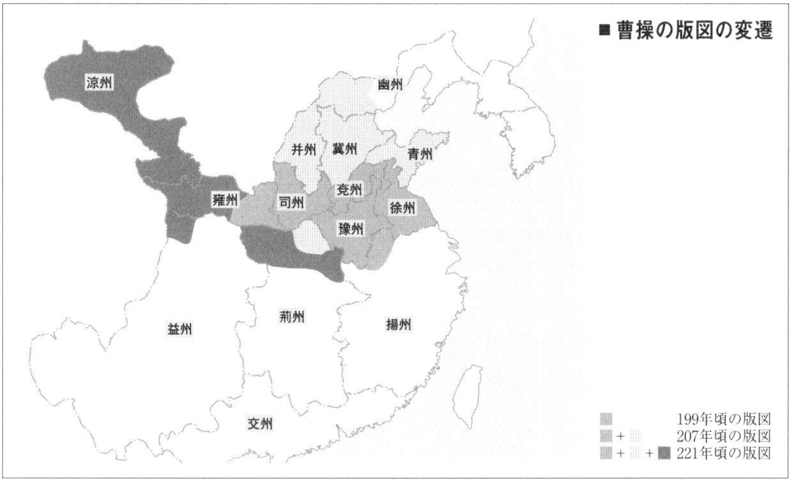

——三国時代への道

劉備の場合

劉備の人生を変えた諸葛亮との出会い

曹操《そうそう》は軍師・荀彧《じゅんいく》を得たことを躍進のきっかけとしたが、劉備《りゅうび》もまた、軍師との出会いがその人生を大きく変えることとなった人物である。その軍師とは、いわずと知れた諸葛亮《しょかつりょう》のことである。

劉備は、161年(延熹４)前漢の第６代皇帝・景帝《けいてい》の第８子である劉勝《りゅうしょう》に繋がる家系に生まれたとされる。劉勝は好色漢として知られた人で、わかっているだけで120人以上の子を成しており、その末裔《まつえい》ともなれば、立身出世の頼みにできる家系ではない。実際、劉備が生まれた頃にはすっかり落ちぶれてしまって、若い頃の劉備は、草履《ぞうり》などをつくって売り、ようやく生計を立てたと伝わる。それでも劉備は、「中山靖王《ちゅうざんせいおう》劉勝の子・劉貞《りゅうてい》の末裔」を自称して、184年(光和７)、黄巾《こうきん》の乱が起こると義兄弟となった関羽《かんう》・張飛《ちょうひ》とともに兵を挙げた。24歳のときである。

以来、劉備は各地を転戦したが、各地の群雄たちに応援を頼まれて助太刀するばかりの「傭兵《ようへい》集団」といったあり様で、なかなか確固とした自らの根拠地をつくることができずにいた。劉備には経済的地盤も、政治的地盤もなかったのである。自らの不遇を嘆くときに用いる「髀肉《ひにく》の嘆《たん》」の逸話は、曹操に追われて荊州《けいしゅう》の劉表《りゅうひょう》のもとに身を寄せていた頃のものだが、このとき、劉備はすでに40歳代半ばとなっていた。

劉備が諸葛亮と出会うのは、ちょうどこの頃のことである。

劉備の基本戦略となる「天下三分の計」

劉表が治めていた荊州という土地は、袁紹《えんしょう》や曹操、呂布《りょふ》らによる紛争が絶えなかった河北《かほく》とは異なり、比較的平穏であったために、多くの名士たちが争いを避けて集まってきていた。諸葛亮は、荊州の名士たちに「伏龍《ふくりゅう》(＝ひとたび起き上がれば龍となって飛翔する)」と呼ばれ、その賢才を広く知られていた。諸葛亮よりも20歳以上も年長の劉備だが、自ら諸葛亮の草庵を訪ねること3度、ようやくにして彼を軍師として迎えることになるのであるが、このとき、諸葛亮が劉備に示した天下統一のための方策が、「天下《てんか》三分《さんぶん》の計」として知られるものだ。

諸葛亮は、圧倒的に強い曹操に対抗するためには、まず、荊州と益州《えきしゅう》を領有し、そのうえで江東《こうとう》の孫権《そんけん》と結ぶべきだと説いた。そしてそれが成った場合、「天下に異変があったときに、一人の武将に荊州の兵を率いさせて洛陽《らくよう》に向かわせ、将軍自らは益州の兵を率いて長安《ちょうあん》に向かえば、天下を統一し、漢を復興することもできます」と、諸葛亮は言うのである。これを聞いた劉備は、諸葛亮の見識に惚れ込んだ。そしてこれ以後、諸葛亮の「天下三分の計」は、劉備の基本戦略となるのである。

劉備は、孫権から〝借りる〞という形で荊州を手に入れ、「天下三分の計」の第一段階を成功させる。続いて、益州牧の劉璋《りゅうしょう》をだまし討ちして益州を奪い、劉備はようやくここに曹操・孫権とともに並び立ち、時代を代表する英雄となった。劉備は遅れてきた大物といった存在だったのである。

その後の劉備は、ときに孫権と手を結びながら魏に対抗し、ついに漢中《かんちゅう》を征圧。221年(章武1)蜀《しょく》を建国し初代皇帝となる。漢王朝再興を夢見た劉備の一世一代の晴れ舞台であった。しかし、盟友の関羽を殺されたことから呉と敵対することとなり、無謀な呉侵攻戦を行い国力を疲弊させてしまう。劉備は失意のうちに死去し、その後は諸葛亮がなんとか立て直そうと努力するが、魏という大国の前には歯が立たず、そのうえ後継の劉禅《りゅうぜん》が凡庸だったため、蜀はわずか2代で滅びてしまうのである。

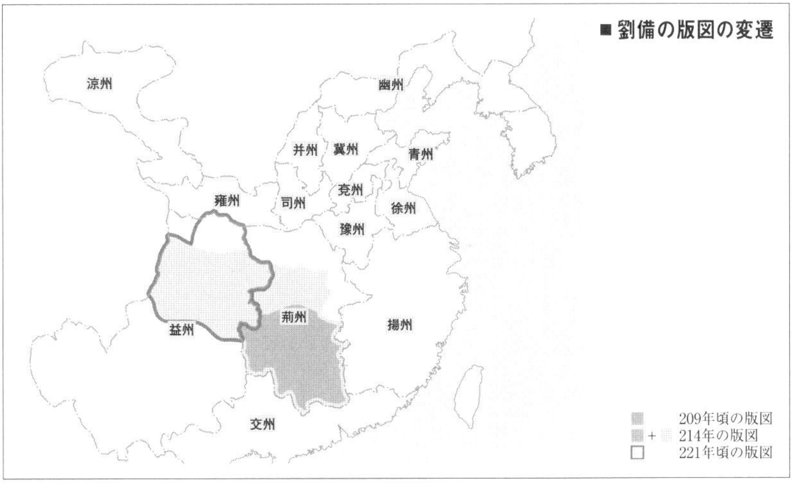

■劉備の版図の変遷

――三国時代への道

孫権の場合

孫堅と孫策を襲った突然の死

三国時代の一極をなす呉《ご》は、中国南部で勢力を誇った孫氏が、孫堅《そんけん》と、その子である孫策《そんさく》、策の弟の孫権《そんけん》の３代で築いた国である。

３代の礎を築いた孫堅は曹操と同い年である。17歳のときに海賊退治で名を上げて役所に召され、県の次官を歴任した。その後の黄巾《こうきん》討伐戦、董卓《とうたく》討伐戦でも抜群の活躍を見せたが、袁術《えんじゅつ》の命による劉表《りゅうひょう》との戦いの中で横死を遂げる。37歳の若さだった。

孫堅が死ぬと、17歳の長子・孫策が後を継いだ。しかし、父の軍団は解体され袁術軍に吸収、自身も袁術の配下となって雌伏《しふく》の時期を過ごすこととなる。やがて孫策は、江東の平定を口実に父の軍団の返還を求めると、袁術は1000余りの兵をこれに貸した。数こそ少なかったものの、朱治《しゅち》、黄蓋《こうがい》、韓当《かんとう》、程普《ていふ》といった、父・孫堅を支えた武将たちがそろっており、さらにこれに幼馴染みの周瑜《しゅうゆ》が加わると、苦戦を重ねて江東に地盤を持つに至った。だが、200年（建安５）、かつて自分が殺した呉郡太守・許貢《きょこう》の食客に襲われて致命傷を負ってしまう。曹操が袁紹を攻めるすきを突いて許都《きょと》攻略を計画している矢先のことであった。

死に臨んで、孫策は実子の孫紹《そんしょう》ではなく、弟の孫権を後継者として指名した。張昭《ちょうしょう》たち家臣に対して孫権の補佐を依頼し、孫権に対しては「江東の兵を率いて機に乗じて中原の地で決戦し、天下を争うことでは、おまえは私に及ばない。しかし、賢者を用い、才能を重んじ、おのおのその心を尽さしめて、江東を保持することでは、私はおまえにかなわない」と言い残したという。「無理をせずに江東を守れ」との言葉にも聞こえる、兄の遺言であった。享年26歳。

魯粛が説いた「天下二分の計」

19歳の若さで江東を継ぐことになった孫権であるが、父と兄が果たせなかった覇業——漢朝を助けて天下に覇を唱える——を願わないわけではない。兄を継いで間もない頃、孫権は周瑜に推挙された魯粛《ろしゅく》に、天下取りのための方策を尋ねた。すると魯粛は、「漢の王室の復興はもはや望めない。かといって、中原の曹操の勢力を取り除くこともできない。ならば、北方の騒乱に乗じて劉表を攻めて荊州《けいしゅう》を征圧し、長江を北岸として割拠してから自ら帝王を名乗るべきである」と説いた。この「天下二分の計」ともいうべき魯粛の戦略は、諸葛亮の「天下三分の計」に先んじるものであった。

「孫権自らが帝王になれ」との大胆な提案であるが、一方で現実的でもある。孫権は「漢朝を扶けたいと願うばかりで、そのようなことは思いもよらない」と答えたものの、心中では目が覚める思いだったに違いない。

208年(建安13)、曹操が大軍を南下させ荊州を征圧し、余勢をかって孫権に臣従を求めてきた。孫権は曹操を迎え撃つ決断をし、これを撃退した(赤壁《せきへき》の戦い)。その後、江東での地盤を確固たるものとした孫権は、魏・蜀に続いて呉を建国し皇帝となったのである。曹操・劉備よりも長生きした孫権だったが、後継者の決定を誤るなどで、呉は孫権の死後28年で滅びることになる。

■ 孫権の版図の変遷

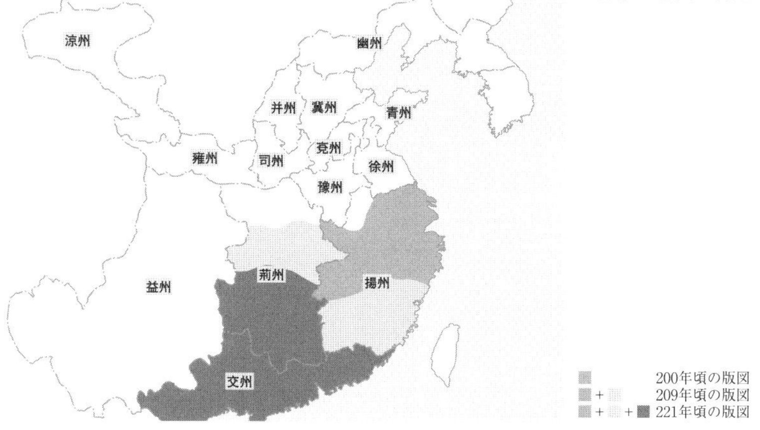

ふたつの三国志、『演義』と『正史』の違い

歴史書『三国志』の内容とは

現在、わたしたちが知っている『三国志』には2種類ある。『三国志』(通称『正史《せいし》』)と『三国志演義《えんぎ》』である。

『三国志』は、晋《しん》に仕えた陳寿《ちんじゅ》(233－297)という人物が編纂した歴史書である。中国では、王朝が交代すると、新王朝が前の王朝の歴史を叙述することになっているが、これは自らの王朝が正統であることを証明するために、前の王朝が正統であったことを証明しなければならないからである。

晋の前の王朝は魏《ぎ》であり、普通ならば魏の歴史書が編纂されるはずなのだが、『三国志』は『魏書』『蜀《しょく》書』『呉《ご》書』の3つから成っている。もちろん魏を正統としているから、『魏書』は「本紀」(皇帝を中心とした歴史)と「列伝」に分かれているが、『蜀書』と『呉書』に「本紀」はなく、劉《りゅう》備《び》も孫権《そんけん》も「列伝」の中のひとりに過ぎない。とはいえ、三国を独立した形式で編纂した正史というのは珍しく、これは作者の陳寿が蜀の出身であったためともいわれている。

『三国志』の特徴としてもう一点挙げられるのが、記述が非常に簡潔である点だ。エピソードが少なく、読み物としては面白みに欠けるのである。

これをふくらませたのが、南北朝時代の裴松之《はいしょうし》(372－451)だった。

裴松之は、宋《そう》の文王《ぶんおう》の依頼によって正史『三国志』を補う注釈を付けたが、この注釈が「裴注(裴松之注)」として知られるものである。彼は200種を超える文献を引用、それぞれを比較検討して得た自らの批判・解説を添えて注釈とした。引用に際しては、たとえそれが信憑性に欠ける史料であっても、正史『三国志』とは異なる記述があれば、すべて掲載するという方針が採られており(読者が比較できるように併記され、自身の見解として信憑性に欠けると思われる史料については、「信用できない」と断りながら引用している)、そのおかげで、多くのエピソードが後世に残され、『三国志演義』へとつながっていくのである

『三国志演義』はあくまで小説である

『三国志演義』は、一般的には元末明初《げんまつみんしょ》(14世紀後半)の作家・羅貫中《らかんちゅう》がまとめたものとされる。そして、現在、多くの「三国志」物語の定本となっているのは、清《しん》時代の中期(17世紀後半)、毛宗崗《もうそうこう》によって加筆・改定されて出版された、いわゆる「毛宗崗本(毛本)」である(ちなみに、本書も同書を元にしている)。

正史『三国志』との大きな違いは、『三国志』が魏を正統としたのに対し、『三国志演義』は蜀を正統と見なしている点である(もちろん歴史書と小説という違いもある)。(※1)

蜀を正統とする考え方は、4世紀後半に書かれた『漢晋春秋《かんしんしゅんじゅう》』という歴史書(正史ではない)にすでに見られる。(※2)唐《とう》代(7世紀前半〜10世紀前半)になると、三国時代の話は講談として語られるようになり、そこでは蜀の軍事行動のすべてが諸葛亮《しょかつりょう》に結びつけられるようになった。そして、少なくとも11世紀には「劉備=善玉、曹操《そうそう》=悪玉」という役割分担がなされ、『三国志演義』のもととなる形ができあがっていった。

『三国志演義』は、史実をもとにしているとはいえ、あくまで小説であることに注意しなければならない。娯楽作品である以上、読者を獲得しなければならないわけで、そこには虚飾や誇張が多く含まれている。たとえば、赤壁《せきへき》の戦いにおける諸葛亮の活躍や、黄蓋《こうがい》の「苦肉《くにく》の計」、龐統《ほうとう》の「連環《れんかん》の計」などは、歴史書である『三国志』には書かれておらず、『三国志演義』の創作である。

歴史書と小説という違いはあるが、どちらも三国志の時代(184〜280年)を生き生きと描き出し、その時代を生きた英雄たちの活躍を現代に伝えてくれていることに変わりはない。

※1 ただし、『三国志』は魏を正統としているとはいえ、劉備を前漢王室の一族であると記し、劉備の妻を「皇后」と呼ぶなど、蜀が漢王朝を継いでいるかのような記述が見られる。なお、皇后とは皇帝の妻のことであり、皇后を名乗れるのは正式な王朝の皇帝の妻だけ。実際、劉備と同列であるはずの孫権の妻は、『三国志』では「皇后」とはされていない。

※2 『漢晋春秋』は東晋(晋の流れをくむ王朝)の役人・習鑿歯の著書。後漢から王権を簒奪した魏に正統性はなく、後漢の後を継いだと自称していた蜀が正統であり、司馬昭が正統性のある蜀を滅ぼしたので、晋は正統な王朝であると唱えた。

三国時代の地政学

「三国志」を理解し、より面白く読むためには、当時の中国がどのような国だったのかを知っておくことも大切である。人口や周辺の異民族、地方行政などを見ていく——。

三国時代の人口

『晋書《しんじょ》・地理志』によると、後漢《ごかん》末期の中国の人口は5648万人である。この時点ですでに現在に比べて極めて少なかったことがわかるが、三国時代の人口はさらに少ない。

蜀《しょく》が滅んだとき(263年)の人口は28万戸で94万人、242年の呉《ご》の人口は52万3000戸で230万人。一番の大国だった魏《ぎ》でも263年の記録では66万戸で443万人と、三国合わせても767万人しかおらず、後漢末期と比べると７分の１にまで激減しているのである。

767万人という数字については、戦乱が続いた三国時代には政府が把握していなかった流民も多かったので、実際の人口はもっと多かったともいわれている。

しかし、当時の中国大陸は寒冷化が著しく、大規模な疫病や飢饉《ききん》も起きていた。魏や呉が盛んに異民族の強制移住を行っていた背景にも、国内の人口不足を補う目的があったとされ、人口の激減は事実としてあったと考えられる。

三国時代の異民族

三国志といえば、魏・呉・蜀の三つ巴の戦いだったと思われがちだが、彼らにとって漢民族以外の異民族の動向は侮れないものがあった。

三国時代の主な異民族には、北方に匈奴《きょうど》のほかにチベット系民族の氐《てい》・羌《きょう》がおり、東北にはモンゴル系民族の烏丸《うがん》・鮮卑《せんぴ》、長江流域には山越《さんえつ》・蛮《ばん》、益州南部には西南夷《せいなんい》がいた。

三国が領内外の異民族に対して取った方策は大きく異なる。蜀の場合、西南夷の反乱を鎮圧するため、225年（建興３）に諸葛亮《しょかつりょう》が南征しているが、『三国志演義』に描かれる南蛮王・孟獲《もうかく》を七度捕らえて七度離したという「七縦七禽《しちしょうしちきん》の計」のエピソードが示すとおり、もっぱら異民族の慰撫《いぶ》に努める策を取った。蜀は１万以上の異民族兵を軍に編入し、指導者には官職も与えている。

一方の呉は、山岳地帯に住む異民族・山越と激しい衝突を繰り返した。呉の本拠である揚州《ようしゅう》は、もともと山越の居住していた土地である。後から漢民族が移住してきて呉を築いたのだから、激しい抵抗があるのも当然のことだった。これに対して呉は、討伐軍を送って反乱する者を斬殺し、残った者は平地に強制移住させて兵士として徴発したり部民（隷属《れいぞく》民）として使役したりするなど、厳しい策を取っている。

残る匈奴・氏・羌・烏丸・鮮卑と対することになった魏は、討伐と懐柔を巧みに使い分けて異民族を内地に移住させ、彼らを軍隊に編入して指導者には教育を施すなど、積極的な同化政策を推進した。

しかし、三国が行った内地移住政策は、かえって異民族たちの結束を固め、三国時代に終止符を打った晋（西晋《せいしん》）は、勢力を盛り返した匈奴によって滅ぼされてしまう。そして、晋の王族の生き残りである司馬睿《しばえい》が南に逃れて東晋《とうしん》を建て、中国は異民族国家を含む五胡十六国《ごこじゅうろっこく》の大乱の時代を迎えるのである。

三国時代の地方行政

三国時代には14の州があった。幽州《ゆうしゅう》・冀州《きしゅう》・并州《へいしゅう》・司州《ししゅう》・涼州《りょうしゅう》・青州《せいしゅう》・兗州《えんしゅう》・雍州《ようしゅう》・徐州《じょしゅう》・豫州《よしゅう》・揚州《ようしゅう》・荊州・益州・交州《こうしゅう》である。州を治めるのは刺史《しし》（司州は司隷校尉《しれいこうい》）という役職の官吏であった。190年代になって、刺史の権限をより強くするために、刺史に代えて州牧《しゅうぼく》を置くことになった。

州の下には、さらに郡という行政単位が置かれ、それぞれに郡太守が任命された。郡太守は刺史の直属ではなく、刺史より強い権限が与えられ、彼らが地方行政の中心であった。たとえば、反董卓《とうたく》連合が結成された際、袁紹《えんしょう》や張邈《ちょうばく》、張超《ちょうちょう》、王匡《おうきょう》など諸将の多くが郡太守だった。

郡の下には、県という行政単位が置かれた。大きな県には県令《けんれい》が、小さな県には県長《けんちょう》が任命された。彼らもまた郡太守に属するわけではなく、皇帝直属の官吏であったが、軍事力はもたなかった。

「中原」とは、どの地域のことか

「三国志」を読んでいると、「中原《ちゅうげん》」という言葉が頻繁に登場する。いったい「中原」とはどの地域をさすのかというと、司州・并州・冀州・兗州・徐州・青州・豫州の全域、そして雍州と荊州と幽州の一部を含む、黄河流域に広がる広大な平原のことである(異説あり)。古くは黄河《こうが》文明が発祥し、その後も中国の文明の中心地として栄え続けた地域である。

後漢時代の末、並み居る群雄が中原の覇権を巡って相争う中、中原の覇者となったのは曹操《そうそう》だった。曹操は、先に後漢朝の献帝《けんてい》を迎え入れて大義名分も手にしており、中国全土の統一を目指すうえで、ライバルの劉備《りゅうび》や孫権《そんけん》を大きくリードしたはずだった。

しかしその後、魏・呉・蜀の三国が鼎立《ていりつ》する状態となり、曹操が建国した魏は一番の大国であったにもかかわらず、ついに天下統一を果たすことはできなかった。これは、蜀と呉のとった軍事・外交戦略によるところも大きかったが、曹操が手に入れた中原が、荒れ果てた地となっていたことにも一因があった。184年(光和7)の黄巾《こうきん》の乱から、中原では戦乱が相次ぎ、多くの農民が流民となって他の土地へ逃れたため、農地は耕す者もなく放置された状態だったのである。曹操は2つの国と対峙する国力を得るために、各地の民衆や異民族を移住させ、兵士が農民を護衛して農地を耕させる「屯田制《とんでんせい》」を実行するなど、中原の人口の回復と農業の復興を図らなければならなかった。

結局、魏が果たせなかった中国全土の統一は、魏から政権を簒奪《さんだつ》し、復興した中原を支配した西晋によって成し遂げられたのである。

三国時代の爵位と「王」

『三国志演義』には、漢中を支配していた張魯《ちょうろ》が、「漢寧王《かんねいおう》」の位を熱望する姿が描かれている。張魯が欲した王の位とは、どのような意味をもっていたのだろうか。

後に漢中を制した劉備は「漢中王《かんちゅうおう》」を自称しているが、「王」は本来、皇帝によって封ぜられる爵位の一つである。後漢代の爵位にはほかに、県を領地とする「侯《こう》」、郡を領地とする「公《こう》」があり、「王」は「公」と同じく郡を領地とするものだったが、皇族にしか与えられない爵位であった。また、領地とはいっても統治権は与えられておらず、その土地から収入を得る権利が与えられるだけの名誉職に近いものだった。

すでにその地域を実効支配している者が王となっても、何かが変わるわけではなかったが、それでも後漢王朝が衰退したこの時代には、勝手に王を自称する者もいた。

一方、劉備が漢中王を称したのは、216年(建安21)に魏王となっていた曹操に対抗してのことだったが、曹操の「魏王」は自称ではなく、正式に後漢の皇帝によって与えられた爵位だった。曹操は皇族ではなかったが、傀儡《かいらい》としていた献帝を使って自らを魏王に封じさせることで、皇室に準ずる地位を得るとともに、後漢の一藩国という形で魏を建国した。曹氏が実際に禅譲を受けたのは曹操の死後に跡を継いだ曹丕《そうひ》で、自らは魏王の地位に留まり続けた。曹操は、当時あまり意味のない称号となっていた「王」という爵位を、献帝から帝位を簒奪するための下地作りとして利用したのだろう。

■三国時代の中国

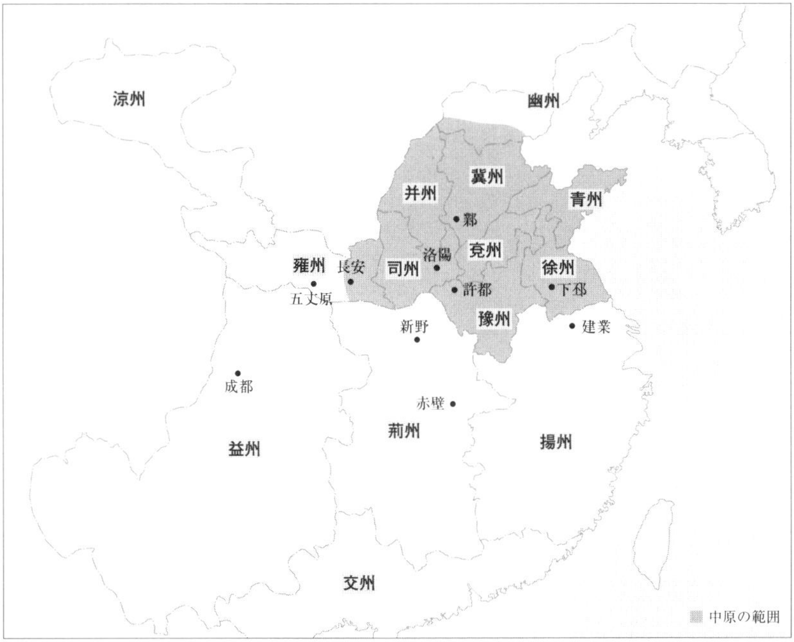

第二章

「三国志」の計略

屋根に梯子《はしご》

——劉備《りゅうび》、兵法を用いて黄巾賊《こうきん》を破る

天下を乱す黄巾賊を討つため、義兄弟となった関羽・張飛らとともに挙兵した劉備。その初陣となる黄巾討伐戦で劉備は、鮮やかな戦術で勝利する。

年号	184年(後漢・光和7年)
計略発案	劉備(朱儁配下)➡黄巾賊

「屋根に梯子」とは

「屋根に梯子《はしご》」とは、三十六計のひとつで、敵に対して故意に破綻《はたん》を見せることでそれを利用させ、敵が不利になるように仕向けるという計略である。いいかえるならば「渡りに船を利用する」というわけである。

日本の戦国時代の合戦でも、同じような計略を見ることができる。たとえば、毛利元就《もうりもとなり》が中国覇者への第一歩を築いた戦いとされる「厳島《いつくしま》の戦い」。元就はこのとき、強敵である陶晴賢《すえはるかた》を厳島に誘い出すために、防備の薄い城を厳島に築かせたことを嘆くふりをし、そのことを間者によって陶側に伝えさせたのである。陶晴賢は元就の破綻を知って厳島に渡ったが、毛利軍の奇襲にあい、大敗したのだった。

さて三国志においてだが、劉備《りゅうび》がその緒戦の黄巾賊《こうきん》との戦いで、この計略の一端を見せている。劉備軍らに四方を囲まれ窮地に陥った黄巾賊だったが、劉備は四方のうち二方面の囲みをわざと解くことによって敵を城外に誘い出し、これを一気に殲滅《せんめつ》したのだった。

ちなみに『孫子《そんし》・九地篇』には、兵を統率する場合、「帥《ひき》いてこれと期すれば、高きに登りてその梯を去るが如く」とある。これは、部隊に任務を与えるときは、高いところに登らせてからその梯子を取り去るようにすればいいという意味で、死にものぐるいで戦わせるときに「梯子をはずす」という行為が使われている。

劉備、関羽・張飛とともに黄巾討伐の兵を挙げる

劉備という人物は、諸葛亮《しょかつりょう》という名軍師を得たことで人生を大きく躍進させた人である。諸葛亮と出会う前の劉備は、たびたびライバル・曹操《そうそう》との戦いに破れては窮地に陥り、逃亡の果てに各地を転々とする流浪の半生を過ごしていた。そのためだろう、一般的に劉備は、(人徳や声望はともかく)凡庸な人物として語られることが多い。しかしながらそうした印象に反して、物語の冒頭、緒戦での劉備は、なかなか見事な兵法達者ぶりを見せている。

関羽《かんう》・張飛《ちょうひ》と義兄弟となった劉備が、兵を挙げるのは184年(光和７)のこと。その頃といえば、その年に起こった張角《ちょうかく》を頭目とする黄巾賊(※1)の勢いが凄まじく、これに加わった者の数は40万～50万に及び、各地の官軍は戦いもせずに逃げ出すあり様であった。こうした中、幽州涿郡《ゆうしゅうたくぐん》では、太守《たいしゅ》の劉焉《りゅうえん》が兵の不足を補うために高札を掲げて義兵を募集することにした。劉備らはその高札に応じて討伐軍に参加するのである。時に劉備28歳。ここから始まる黄巾討伐戦での働きによって、劉備たちの名は中央に知られることになるのである。

●伏兵を用いて自軍に倍する敵を撃破

義兄弟の中でまず、最初に活躍したのは関羽・張飛たちであった。幽州ではその州境に黄巾の賊将・程遠志《ていえんし》の率いる５万の大軍が押し寄せると、

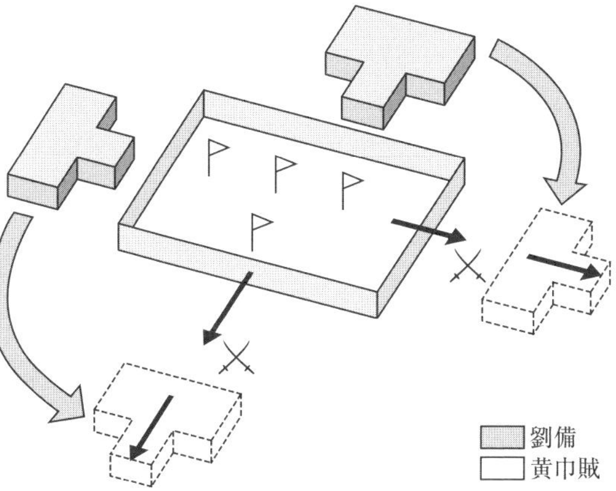

■屋根に梯子

追いつめられた敵は、死中に活を求めるべく、必死になって攻撃してくるものである。

そこで劉備は、城中に追いつめた黄巾賊に対し、わざと東と南の囲みを解いて、敵に退路を与えるよう進言した。「囲みを解く」という破綻をわざと相手に見せつけて、油断したところを一網打尽にしたのである。

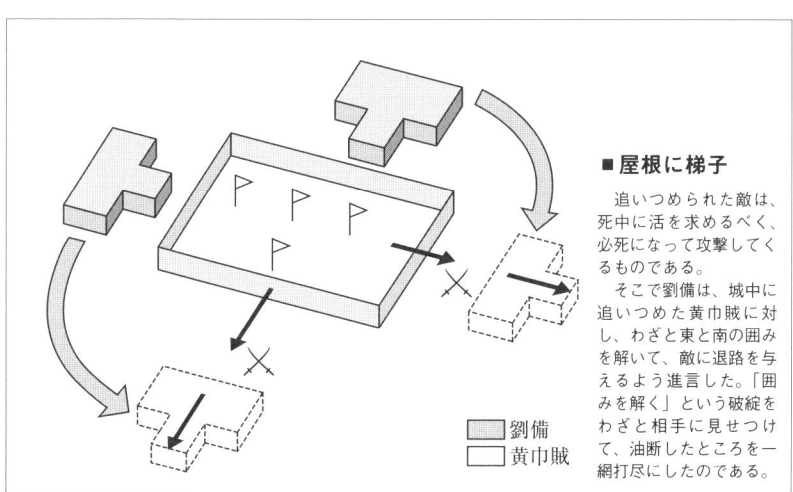

太守の劉焉は校尉《こうい》(守備隊長)の鄒靖《すうせい》に命じて、劉備らを率いて賊を迎え撃たせた。すると大将の程遠志は関羽が、副将鄧茂《とうも》は張飛が、それぞれ鮮やかに斬り捨てて見せ、これにより賊軍は統率を失って敗走した。

幽州で黄巾賊を鎮圧した後、ほどなくして劉焉の元に青州《せいしゅう》の龔景《きょうけい》から援軍要請が届く。黄巾賊に城を囲まれてすぐにでも落城しそうだというのである。劉焉は鄒靖に兵5000を授けて、劉備らとともに青州へと向かわせる。

青州に着いてみると賊軍の軍勢は予想以上に多く、劉備の軍勢では、まともにぶつかっては歯が立たない。いったん兵を引いて陣を構えた劉備は「関羽・張飛にそれぞれ兵1000を与えて山の左右に潜ませ、銅鑼《どら》を合図にいっせいに討って出る」という手はずを決めた。

その翌日。劉備が鄒靖とともに出陣し、太鼓を打ち鳴らし、鬨《とき》の声を挙げながら兵を進めると、それに気づいた賊軍が迎撃してくる。すると劉備はさっと兵を引いてみせ、それを見た賊軍は勢いに乗って追ってきた。そして峠を越えたあたりで、劉備が兵に銅鑼を鳴らさせると、手はずどおりに左右に潜む関羽・張飛が討って出る。さらに劉備がとって返すと、三方から囲まれることになった賊軍はたまらず壊走を始めた。

敵の混乱に乗じた劉備たちは押しに押しまくって、賊軍を城下まで追い立てると、太守の龔景も城門より討って出て、劉備らの勢いに乗じて敵を斬り立てる。こうして賊軍は無数の死者を出して大敗、劉備は見事に青州の城の囲みを解くことに成功した。

●劉備が朱儁将軍に進言した城攻めの極意

そして後日。黄巾の頭目「天公《てんこう》将軍」張角が病死し、弟の「地公《じこう》将軍」張宝《ちょうほう》、「人公《じんこう》将軍」張梁《ちょうりょう》も戦死して黄巾賊の勢いは衰えたものの、それでも、黄巾の残党数万が「張角の仇《かたき》を討つ」と称して放火強盗を働き、宛《えん》城を占拠していた。朱儁《しゅしゅん》の軍はこれを討つため、宛城の四方を取り囲んだ。このとき劉備は朱儁の幕下にあった。

やがて城内では食糧が尽き果てて、賊は投降を申し入れてきた。しかし、朱儁はこれを許そうとしない。

そこで劉備は、「その昔、漢の高祖《こうそ》皇帝(※2)が天下を得ることができたのは、降参をすすめて投降してくる者を快く受け入れたからです。朱儁将軍は、なぜお許しにならないのでしょうか」と進言した。

だが朱儁は、「高祖の時代は天下が大いに乱れ、民たちの正式な君主がいなかったが、今は漢朝がある。漢朝に逆らう者を許すわけにはいかない。それに、自分の勢いがあるときは好き勝手に盗賊を働きながら、敗れそうだからといって降参を許すことは、世の中に悪をはびこらせる原因となる」と言って聞かない。

そこで劉備は、「将軍のおっしゃるとおり、賊の降参を受け入れないことは正しいことです。しかし、強固に四方を囲みながら降参も許さないという状況では、賊は追い詰められて決死の覚悟で戦うようになります。ここは東と南の囲みをといて、西と北の二手から攻めるのがよろしいのではないでしょうか。そうすれば、戦意を喪失している賊は必ず城を捨てて逃げ出すに違いありませんから、容易に敵を捕らえることができるでしょう」

朱儁は劉備の意見を採用し、ただちに東と南の囲みを解いたところ、果たして賊軍が城から逃げようとしたので、朱儁の軍は賊たちをさんざんに討った。

こうして朱儁は、手勢の損失を最小限に抑えながら宛城の奪還に成功するのである。

※1 「黄巾の乱」とは、後漢末の184年(光和7年)に起こった太平道の教祖・張角による農民反乱。目印として黄色い頭巾を頭に巻いたことから、「黄巾」の名で呼ばれるが、張角の死後も各地で残党が盗賊行為を続け、後漢が衰退していく原因のひとつとなった。

※2 前漢の初代皇帝・劉邦のこと(前247年?〜前195年)。農民の出身ながら秦王朝打倒の兵を挙げ、楚の国の武人・項羽と連合して秦と戦う。前202年には、ともに戦ったが反目した項羽を垓下(がいか)の戦いで破って最終勝者となり天下を統一、漢王朝を創始した。

離間《りかん》の計

——敵将・呂布《りょふ》の性質を知る李粛《りしゅく》、離間工作を成功させる

後漢王朝の都・洛陽を征圧するために兵力を必要とした董卓は数千という兵士を率いていた丁原に目をつけ、丁原と呂布を離間させることで目的を達した——。

年号	189年(後漢・中平6年)	211年(後漢・建安16年)
	226年(魏・黄初7年、蜀・建興4年)	
計略発案	李粛(董卓配下)➡呂布(丁原配下)	曹操(群雄)➡馬超(豪族)
	諸葛亮(蜀丞相)➡司馬懿(魏将)	

「離間の計」とは

敵の勢力が強大な場合は、正面から打って出てもはねかえされてしまう。そこで謀略が必要となるわけだが、相手を内部から瓦解《がかい》させることができれば、勝機もつかみやすくなる。

そこで「離間《りかん》の計」が用いられることになる。これは、噂や偽《にせ》の情報を流したり、相手を騙す書状を送ったりして、敵内の有力者を敵対させて一軍を瓦解させる計略である。

日本で言えば、毛利元就《もうりもとなり》が宿敵・尼子《あまこ》家に仕掛けた計略がある。元就は尼子家当主の晴久《はるひさ》に対し、晴久の叔父・国久《くにひさ》率いる新宮党《しんぐうとう》が毛利側に寝返ったという偽りの情報を流し、晴久に新宮党を誅殺させることに成功したのである。

「離間の計」は三国志でも多く見られる計略である。

董卓《とうたく》が丁原《ていげん》の軍勢を手に入れるために、丁原の部下である呂布《りょふ》に誘いをかけて丁原を殺させたのが、代表的な例である。また、諸葛亮《しょかつりょう》もこの計略を使って司馬懿《しばい》と曹叡《そうえい》を仲違いさせ、司馬懿の軍勢を撤退させることに成功している。

丁原の軍勢を手に入れた董卓の計略

「樹上《じゅじょう》に花を開《さか》す」(→171ページ)の計略を用いて何進《かしん》配下の兵士を手に

入れた董卓は、次に丁原の兵に目をつけた。

丁原は当時、何進の召集に応じて洛陽《らくよう》近くまで進軍しており、袁紹《えんしょう》や袁術《えんじゅつ》が数百という軍勢だったのに対し、数千の軍勢を率いていた。董卓は、これを手に入れようと画策するのである。

董卓が目をつけたのが、丁原配下の呂布であった。

董卓が呂布を選んだのは、まずその勇猛さである。一軍の将を倒すためには人並み以上の肝が必要なのである。また、呂布が五原《ごげん》郡の出身という経歴も理由のひとつだった。五原郡という地は遊牧騎馬民族の多いところで、その民族性として「仁」や「義」に縛られず、名よりも実を追うところが多かったのである。

董卓が諸将を集めて軍議をこらすと、配下の李粛《りしゅく》が歩み出て、

「私と呂布とは同郷の仲。彼は勇あって策なく、利の前には義を忘れる性格ですから、説き伏せて味方にしてみてはいかがでしょう。殿は一日千里を行く『赤兎《せきと》』という名馬をおもちですが、呂布にそれを与えれば、必ず丁原を裏切るに違いありません」

と進言した。

董卓はこの策を採用すると、李粛はすぐに「赤兎馬」を土産に呂布を説得した。すると、李粛の読みどおりに呂布はあっさりと養父・丁原を裏切って、丁原の首を董卓のもとへと持参するのである。

こうして董卓は一兵もムダにすることなく数千という丁原の軍勢を手中に収めたのだった。

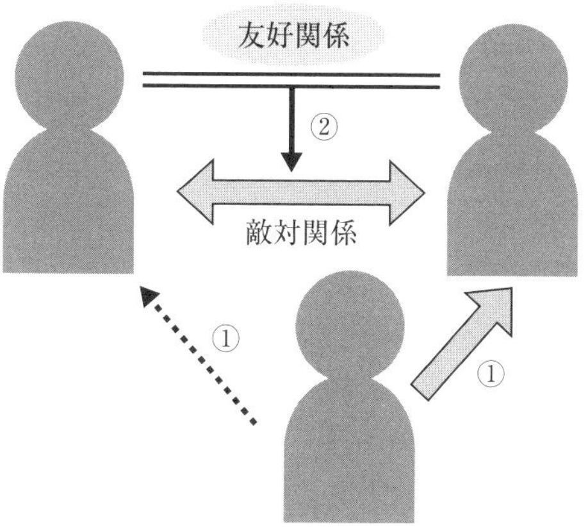

■離間の計

敵の内部の人間に寝返りを働きかけ(①)、その人が敵の大将や有力者を殺すなり裏切るように仕向ける(②)。董卓は呂布に働きかけて政敵の丁原を殺させ、曹操は韓遂と馬超の仲を分断することに成功した。

なお、両者に寝返りを働きかけて互いに反目させる方法もある。

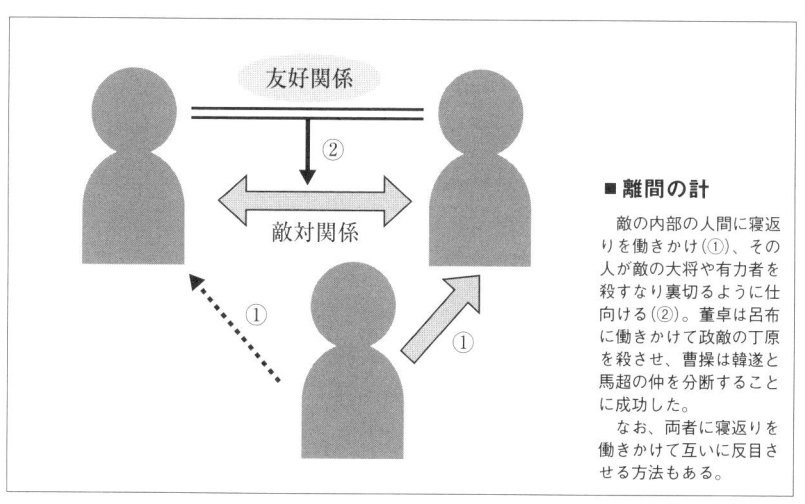

涼州《りょうしゅう》の精兵に呂布の武威が加わったことにより、董卓の威勢はますますふるうこととなった。そして望みどおり陳留王《ちんりゅうおう》(のちの献帝《けんてい》)を帝に立てることに成功して権力を握った董卓の行動は、次第に横暴を極め、人々の恨みを多く買うことになるのである。

韓遂と馬超を離間させた曹操の計略

中原《ちゅうげん》を征圧したとはいえ、曹操《そうそう》にとって雍州《ようしゅう》の動向は気がかりだった。そこには、黄巾《こうきん》の乱のときから反覆《はんぷく》常ない韓遂《かんすい》と馬超《ばちょう》がおり、いまは曹操に降っているものの、いつ寝返るかわからず、その勢力も侮れないものがあったからである。

211年(建安16)、曹操は漢中《かんちゅう》に一大勢力を張っていた張魯《ちょうろ》の討伐を宣言し、雍州に軍を進めてきた。これに対し、韓遂と馬超は、曹操の今回の行動は張魯討伐などではなく、われわれの地盤を奪い、自分たちの影響力を削《そ》ぐことが主目的であると見破った。

ふたりは侯選《こうせん》・程銀《ていぎん》・楊秋《ようしゅう》・張横《ちょうおう》・梁興《りょうこう》・成宜《せいぎ》・馬玩《ばがん》ら周辺豪族を招集し、長安《ちょうあん》の東にある潼関《とうかん》を固守する態勢をとった。

しかし、曹操軍の勢いに韓遂・馬超軍は苦戦を強いられ、ついに潼関に孤立してしまった。やむなく馬超は土地の割譲を条件に再び曹操に降り、韓遂もまた曹操に降伏した。

降伏してきたとはいえ、彼らはいつの時代でも反乱を起こす暴れ者である。曹操は、ここで彼らを徹底的にたたいておくべきと考えた。

もともと曹操と韓遂は、同時期に兵を挙げた仲間であり、旧知の間柄だった。そこで曹操は韓遂を陣所に呼び、軍事のことは話題に出さず、ただ単に昔話に花を咲かせた。

韓遂が陣営に戻ってくると、馬超が尋ねた。

「曹操は何と言っていたのか」

これに対し韓遂は答えた。

「いや、何も言っていなかったぞ」

韓遂の言葉は本当のことだったのだが、馬超はこれを疑った。

さらに、韓遂のもとに曹操から書状が届けられた。馬超はその書状を見せられて、ますます韓遂への疑惑を深くした。その書状は、消したり書き直したりした箇所が多く、韓遂が改ざんしたかのように見えたのである。もちろんこれも曹操の計略で、わざとそうすることで、両者の間に溝をつくろうとしたのだ。

もともと韓遂・馬超軍は寄せ集めの部隊で、一度入った亀裂は、なかなか修復できないものである。

そして曹操の思惑どおり、韓遂と馬超の仲は険悪となった。そこを見計らって曹操が馬超に挑戦状をたたきつけた。韓遂を疑っている馬超は、当然のことながら韓遂に援軍を頼まない。こうして曹操は少勢の馬超軍を破り、韓遂もまた涼州へ逃げ落ちたのだった。

司馬懿を追いやった諸葛亮の計略

魏《ぎ》の皇帝・曹丕《そうひ》が死去し曹叡《そうえい》が即位すると、彼の後見人となった司馬懿《しばい》が雍州・涼州の兵馬提督として雍州に入った。

これに警戒心を抱いたのが、蜀《しょく》の丞相《じょうしょう》・諸葛亮《しょかつりょう》だった。司馬懿といえば、その策士ぶりは蜀にも聞こえており、諸葛亮は司馬懿を油断ならない人物であると見ていた。

しかし、南中《なんちゅう》の平定戦から戻ったばかりで、軍勢も疲れきっており、司馬懿と事を構えることはできなかった。そこで諸葛亮が仕掛けたのが、この計略であった。

諸葛亮は、曹叡の重臣の中には司馬懿を快く思っていない者もいることを見抜いており、司馬懿が謀反《むほん》を企んでいるという流言を洛陽や鄴《ぎょう》に広めさせた。

さらに、司馬懿の名で兵を集める告示を鄴城門外に貼り出した。

その偽の告示を呼んで仰天した曹叡は、重臣たちを呼び出して対策を協議した。太尉《たいい》の華歆《かきん》と司徒《しと》の王朗《おうろう》は、速やかに司馬懿を討伐することを進言したが、曹真《そうしん》(※1)が異を唱えた。曹真は、司馬懿を御前に召し出して動静をうかがい、謀反の気配があったら捕らえればよいと進言し、曹叡もこの意見を容れた。そして曹叡が軍を率いて司州《ししゅう》の安邑《あんゆう》に行幸すると、司馬懿は皇帝に威勢のほどを示そうと軍勢を整え、数万の兵士を率いて曹叡を出迎えた。

曹叡の近臣たちは司馬懿の軍勢に肝をつぶし、「司馬懿の謀反は明らか」と曹叡に告げたので、曹叡は曹休《そうきゅう》に司馬懿の討伐を命じた。

曹叡一行よりも驚いたのが司馬懿である。まさか自分が謀反人となっているとは夢にも思わず、あわてて軍を引き返させて曹叡の御前にひれ伏した。

「私が二心を抱くなど滅相もないことです。これは蜀か呉の奸計《かんけい》に違いありません」

と司馬懿が泣いて訴えたが、曹叡はいまだ半信半疑で、とりあえず司馬懿を国元に帰らせて彼の兵権を奪ったのだった。

こうして諸葛亮の「離間の計」はうまくはまり、司馬懿という驚異を取り除くことができたのである。

column 1

『六韜《りくとう》』が教える「戦わずして勝つ」ための方法

強大な敵と戦う場合において、成功すれば最も効果の大きな計略が、敵を寝返らせて味方にする「離間工作」である。

こうした「多くの武力を使わないで目的を達する」ための方法論は古くから語られてきたが、なかでも兵法書『六韜』の「文伐篇」は秀逸だ。周の文王と呂尚(太公望)との12の問答の形で方法を示しているのだが、その内容はおよそ次のようなものである。

「敵君主に頼りになる味方だと思わせ、協力させるように仕向ける」「敵の要求に応じ続け、下手に接すれば、驕りの心や油断が生まれて付け入る隙が出てくる」「敵国の寵臣・側近に贈り物をして手なずけ、君主と権力を二分させる」「敵国の内臣(内政担当官)を懐柔し、外臣(外交・軍事担当官)を政治から遠ざけさせる」「君主のやりかたに不満がある者だけを手なずけ、君主の政治への意欲を失わせる」「さらに敵国の忠臣を厚遇しながら君主への贈物を減らし、君主の猜疑心を生じさせて、相手の結束に楔を打ちこむ」。

これらの策をすべて行っておいて、用意が十分に整ってから軍事行動を起こせば「戦わずして勝つ」と『六韜』はまとめている。

※1　曹真は曹操・曹丕・曹叡の3代に仕えた魏の名将である。『正史』では曹氏一族とされるが、『魏略』によると血縁関係はないとされている。

遠交近攻《えんこうきんこう》の計

——遠くの国と結んで隣国を攻める

中原の覇者を目指す袁紹が、兵糧に富んだ冀州の乗っ取りを企み、幽州の公孫瓚と結んで冀州に侵攻させ、策略をもって冀州を併呑した——。

年号	191年(後漢・初平2年)	191年(後漢・初平2年)
計略発案	逢紀(袁紹配下)➡韓馥(群雄)	袁紹(群雄)➡袁術(群雄)

「遠交近攻の計」とは

遠交近攻《えんこうきんこう》の計とは、遠くの国と交わって、近くの国を攻めるという文字どおりの計略で、三十六計のひとつに数えられる。その根本には、近い隣国を攻め取るのは利があるが、遠い国に遠征するのは不利であるという考えがある。

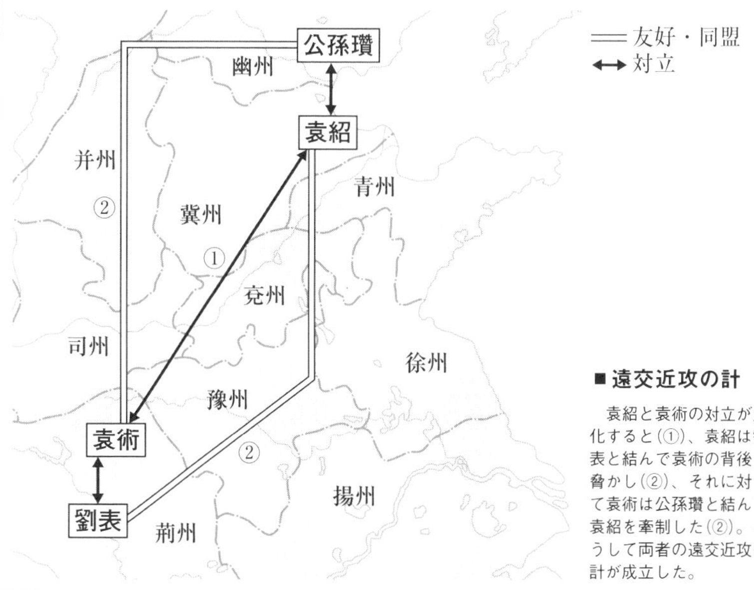

■遠交近攻の計

袁紹と袁術の対立が激化すると(①)、袁紹は劉表と結んで袁術の背後を脅かし(②)、それに対して袁術は公孫瓚と結んで袁紹を牽制した(②)。こうして両者の遠交近攻の計が成立した。

三国志の中で有名なのが、ここで紹介する袁紹《えんしょう》による冀州《きしゅう》奪取であろう。厳密にいえば袁紹は冀州を攻めてはいないが、結果的には冀州刺史《しし》の韓馥《かんふく》は袁紹に降ったわけだから、この計略が見事にはまったといえよう。

また、袁紹は袁術《えんじゅつ》との戦いにおいても、この計略を使っている。

さて、日本でも似たような計略は数多く使用されている。たとえば、長《なが》篠《しの》の戦いで武田《たけだ》氏に壊滅的なダメージを与えた織田信長《おだのぶなが》は、とどめをさすべく武田領に侵攻し武田氏最後の当主・勝頼《かつより》を討つのだが、このとき信長は徳川家康を通じて関東の北条《ほうじょう》氏と誼《よしみ》を通じ、隣国の信濃《しなの》を抑えていた武田氏を滅ぼしたのである。

袁紹が公孫瓚と結んで冀州を奪取

191年（初平２）のことである。反董卓《とうたく》連合の盟主となった袁紹はこのとき河内《かだい》に駐屯していたが、糧秣《りょうまつ》に事欠くようになっていた。これを見た冀州刺史の韓馥が、董卓討伐の軍糧にあててほしいと食糧を送ってよこした。すると、袁紹の幕僚・逢紀《ほうき》が袁紹に進言した。

「冀州は兵糧に富み、豊かなところ。密かに公孫瓚《こうそんさん》(※1)に使いをやって、当方からも攻めるから、冀州を分け合おうと誘えば、公孫瓚は必ず乗ってきます。そして公孫瓚が冀州を攻めれば、韓馥は才覚に欠けますから、必ず将軍に領地を守ってほしいと頼ってくるに違いありません。その機に冀州を乗っ取ってしまえば、労することもありますまい」

袁紹は喜んでこれを実行に移した。

「白馬将軍」と呼ばれ、勇猛を知られる公孫瓚が攻めてくるとの知らせに、韓馥は狼狽《ろうばい》した。さっそく軍議を開くと「袁紹を頼るべき」との意見が大半を占めた。ただひとり、冀州長史（補佐官）の耿武《こうぶ》は、「虎を羊の群に引き入れるようなもの」と諫《いさ》めたが、韓馥は「わしはもともと袁家の世話になった者。才能も袁紹には及ばない。賢者を択んで任を譲るは古よりのならわしである」などと言って袁紹の軍勢を招き入れることと決めてしまった。

すると耿武の心配したとおり、冀州に入った袁紹は韓馥の権力のことごとくを奪うと、韓馥は妻子も捨てて陳留《ちんりゅう》太守の張邈《ちょうばく》を頼って落ち延びていく羽目になるのである。

一方の公孫瓚であるが、冀州を袁紹が取ったと知ると、「領土を分けてほしい」との使者に弟の公孫越《こうそんえつ》を立てて袁紹のもとへとよこしたが、袁紹はこれを殺して約束を反故にした。

そのため、反董卓の誘いには応えた公孫瓚であったが、これ以後は袁紹と敵対して争うこととなった。

そしてもうひとり、董卓討伐をよそに諸侯が互いに争う様を見た曹操《そうそう》も「大事なりがたし」と袁紹のもとから去っていくのである。

袁紹と袁術の「遠交近攻」合戦

191年(初平２)、董卓が洛陽《らくよう》を追われて長安《ちょうあん》に入った頃のことである。袁術配下の孫堅《そんけん》が洛陽に入城し、董卓によってあばかれていた陵墓を埋め戻した。袁紹が韓馥から冀州を奪ったのはこの間のことであった。

袁紹は中原《ちゅうげん》進出を狙えるだけの大勢力となったが、同族の袁術も黙ってはいない。袁術は、洛陽に入城した孫堅を勝手に豫州《よしゅう》刺史に任命した。当時の豫州は、一応はいまだに漢王朝の支配下にあり、群雄の争奪戦の場となっていた地であった。

これに対して袁紹は、配下の周喁《しゅうぎょう》に兵を与えて豫州に進出させたのである。

袁紹の豫州侵攻に怒った袁術は、公孫瓚と誼を通じて袁紹の背後を脅かす態勢をとった。袁紹もすぐさま対抗し、荊州《けいしゅう》の劉表《りゅうひょう》に働きかけ、袁術の背後を抑えた。互いに遠交近攻の計を使ったわけである。

こうして袁紹と袁術の対立が顕在化し、袁術は洛陽から戻っていた孫堅を劉表討伐に向かわせたが、孫堅が戦死し、孫堅軍は袁術のもとへ逃げ帰った。

その後、袁術は根拠地の南陽《なんよう》を放棄して総動員で袁紹討伐に向かうが、誼を通じていた公孫瓚軍が袁紹・曹操軍に破れたうえ、劉表によって補給路を絶たれて苦境に陥った。袁術は、なんとか兗州《えんしゅう》までたどり着くが、青州《せいしゅう》兵を編入して圧倒的な軍事力を手にしていた曹操軍に破れ、寿春《じゅしゅん》へ敗走していった。

袁紹の遠交近攻の計は成功したが、袁術のそれは各個撃破されて失敗に終わったのだった。

※1　公孫瓚は河北の支配権をめぐって袁紹と争うが、199年、これに敗れて自害した。自身も武勇に優れ白馬に乗っており、また、騎射のできる兵士を選りすぐって白馬に乗せ「白馬義従」と名づけたので、異民族から「白馬長史」と恐れられた。

偽応《ぎおう》の計
——陳宮《ちんきゅう》、曹操《そうそう》を城内におびき寄せてワナにはめる

「策なき男」と呂布を侮る曹操に対して、陳宮は罠を仕掛けた。それは、偽りの内応をもって曹操を城内におびき寄せ、これを亡き者にするというものであった——。

年号	194年(後漢・興平1年)	228年(呉・黄武7年、魏・太和2年)
計略発案	陳宮(呂布配下)➡曹操	周魴(孫権配下)➡曹休(魏将)

「偽応の計」とは

戦場ではよく使われる計略のひとつで、偽《いつわ》りの内応を約束して敵の懐に飛び込み、相手を油断させる方法である。

日本では、毛利元就《もうりもとなり》が厳島《いつくしま》の戦いのときに、この計略を使って勝利を呼び込んでいる。元就は、奇襲《きしゅう》戦を確実にするために、桂元澄《かつらもとずみ》という人物を偽りの内応者に仕立て上げ、陶晴賢《すえはるかた》に厳島渡海の際に寝返る旨を書簡で送らせた。桂の寝返りを信じた晴賢は、厳島渡海を決定したが、その結果、彼は大敗を喫し、滅んだのである。

三国志では、呂布《りょふ》の参謀・陳宮《ちんきゅう》がこの計略を使って曹操《そうそう》を追いつめた。また、呉《ご》の将軍・周魴《しゅうほう》が用いた「偽応の計」も見事に成功を収めた。

陳宮、曹操の夜襲を予言してこれを撃退する

194年(興平1)、兗州《えんしゅう》をめぐって起こる呂布と曹操と戦いは、双方が計略を仕掛けあっての頭脳戦となった。呂布の幕僚となって曹操と戦うことになった陳宮だが、敵の曹操は幕下に荀彧《じゅんいく》・程昱《ていいく》・劉曄《りゅうよう》など錚々《そうそう》たる知恵者が名を連ねている。これに対して呂布の軍師といえば陳宮ただひとり。さらに思慮が浅く傲慢《ごうまん》な呂布は、己の武力を過信して陳宮の策をなかなか受け入れない。しかしながらこの状況で陳宮は、曹操と互角の戦いを演じて見せるのである。

張邈《ちょうばく》に兵を借りて曹操の本拠地·兗州を攻めた呂布の勢いはすさまじく、

さらに陳宮がこれを補佐しているため、曹操の拠点で残すところは三城のみとなった。曹仁《そうじん》からの知らせを受けた曹操は、徐州《じょしゅう》攻めを諦めて急いで軍を引き揚げた。わずかに残った三城は荀彧・程昱の二人が連携して策を講じたためにかろうじて保ったものである。

曹操が軍を引き返したと聞くと、猛将・呂布の血は騒いだ。そして副将の薛蘭《せつらん》・李封《りほう》に兗州の守りを固めさせて、自ら曹操を討とうと、濮陽《ぼくよう》で陣を構えて曹操を迎え撃つと決めた。陳宮はこれを聞き、「薛蘭ではとても守りきることかないません。それに、討って出るならば濮陽ではなく、ここから南、泰山《たいざん》の谷あいは難路ゆえ、そこに精兵1万を伏兵させるがよろしい。曹操は必ず先を急いで参るに、その半ばをやり過ごしておいて一撃すれば、全軍を手捕りにできましょう」と助言したが、呂布は「わしが濮陽へ向かうのは考えがあってのことだ。貴公の知ったことではない」と、ついに陳宮の策を用いずに出陣してしまった。すると案の定、曹操の軍が泰山の難路に差しかかると、郭嘉《かくか》が「このあたりに伏兵がありましょう」と訴えたが、曹操は「呂布は策なき男」と侮って、用心することなくさっさと泰山を通って濮陽へと向かった。

曹操が早々と泰山を抜けたと聞いた陳宮は、策が用いられなかったことを残念に思ったが、気を取り直して呂布に向かった。そして、「急いで遠路より戻った曹操の兵は今、必ず疲れきっております。この機に一気に打ち破るのが最善」と献策した。が、今度も呂布は「この呂布が曹操ごときを怖れるものか。奴が陣を張るのを待ったとしても、そこへ乗り込んでい

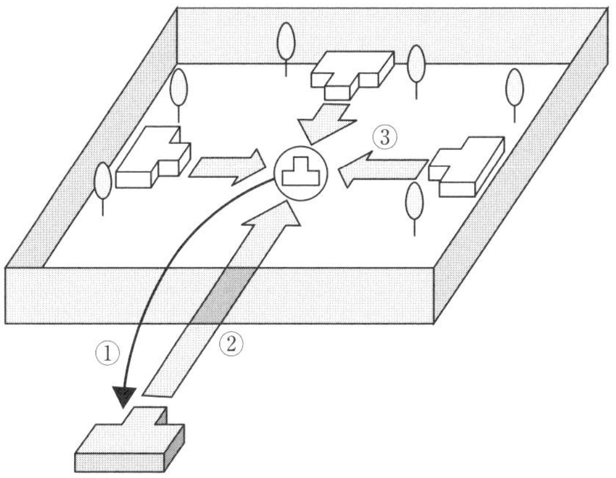

■偽応の計

偽りの内応を誘いかけ敵を欺き(①)、自軍の陣地に誘い込んで(②)、これを挟撃する(③)。相手を信じ込ませる芝居のうまさや、内応を見せかける書状の出来のよさが成功のカギとなる。

って奴を手捕りにしてくれるわ」と豪語して聞かなかった。

しかし、さすがに豪語するだけあって呂布は強い。曹操は兵を休め、陣を構えてから呂布と一戦したものの、呂布の左右に張遼《ちょうりょう》・臧覇《ぞうは》・郝萌《かくぼう》・曹性《そうせい》・成廉《せいれん》・魏続《ぎぞく》・宋憲《そうけん》・侯成《こうせい》の勇将八人が並べばかなわない。曹操が一敗を喫して兵を引けば、「今日のところはこれくらい」と呂布も軍を収めた。

その日、陣屋に戻った曹操が軍議を開くと、于禁《うきん》が歩み出て「それがし、濮陽の西に呂布の砦を見つけましたが、さしたる数の兵とは思えませぬ。今夜は敵将どもも勝利に気をよくして備えを怠りましょう。夜にまぎれて兵を出し、これを討つべきと存じます。かの砦を手に収めたならば、呂布の軍勢は必ず狼狽《ろうばい》するはず」と言った。曹操はこれを受け入れ、曹洪《そうこう》・李典《りてん》・毛玠《もうかい》・呂虔《りょけん》・于禁・典韋《てんい》と精鋭2万を引き連れて兵を進ませた。一方の呂布だが、陳宮が「西の砦は緊要の場所。もしここで曹操が夜討ちをかけてきたらどうなさいますか」と投げかければ、「奴は今日負けたばかり。出てくるはずはない」と安心しきっている。陳宮は「曹操は策に長《た》けた者。不意を突かれぬ用心こそが肝要」と強く訴えると、このときの呂布は、しぶしぶと高順《こうじゅん》・魏続・侯成に命じて西の砦を固めさせたので、曹操軍をさんざんに返り討ちにすることができた。

●曹操を城内におびき寄せるための密書

その後、呂布は陣屋に戻ると、陳宮と策を練ることにした。陳宮は、「濮陽城内に田《でん》という富豪がありますから、彼に命じて曹操の陣屋へ密使を送らせ、『呂布は残虐無道のため人々はこれを恨んでいる。今、彼は濮陽を高順に任せて兵を黎陽《れいよう》へ移そうとしているところだから、夜陰にまぎれて兵を進めよ。さらば自分が内応する』という内容の密書を届けさせましょう。うまく曹操が攻めて来たら、城内に誘いこんでから四方の門に火を掛け、さらに城外に伏兵しておけば、たとえ曹操といえども逃れることかないますまい」と言えば、呂布はこの策を採用した。

濮陽城下に曹操が到着すると戦闘が始まる。すると陳宮は混乱に乗じて兵士をひとり、田氏からの使いを装って曹操のもとへと駆けつけさせると、「今夜、銅鑼《どら》を鳴らすのを合図に兵を進められよ。それがし、門を開かん」と書いた密書を手渡した。曹操はこの偽りの内応をすっかり信じ込んだ。そして銅鑼の合図が起こると、曹操は、まっしぐらに城内へと向かっていった。

曹操が城に近づくと、密書どおりに城門が開かれて吊り橋が下ろされた。曹操は、先頭を切って一気に州役所の前まで馬を走らせたが、そこで人影ひとつないことに気づいた。「さては謀《はか》られたか」と曹操は急いで引き返そうとしたが、その瞬間、四方の門から火の手が上がる。さらに東の通りから張遼、西の通りから臧覇が討って出てくると、曹操は両将に挟み撃ちにされた。ならばと北門を目指すと横合いから郝萌・曹性が、あわてて南へ向かえば高順・侯成が立ちふさがった。そばにいた典韋が曹操を守って血路を切り開き、やがて異変に気づいた夏侯淵《かこうえん》が駆けつけたことでようやく命を永らえたものの、曹操はこのときの戦いで腕から髪鬚まで残らず焼け爛れる重症を負ってしまうのである。

呉将・周魴の見事な偽応の計

諸葛亮《しょかつりょう》の第１次北伐《ほくばつ》が失敗に終わった228年（呉の黄武７）、呉《ご》の孫権《そんけん》が魏《ぎ》への侵攻に動いた。孫権は、鄱陽《はよう》太守の周魴《しゅうほう》に命じて、魏の国内でも名が知られている山越《さんえつ》の有力者を偽りの内通者に仕立て上げ、魏の名将・曹《そう》休《きゅう》をおびき出そうと画策した。

しかし周魴は、

「あのような者に、こういう重要な任務を任せては、情報が漏れる恐れがあり、曹休をおびき出すことは難しいでしょう。私が代わって偽装工作をいたします」

と願い出て、孫権も周魴の意見に同意した。

そして周魴は、「わたし周魴は、呉では理不尽な仕打ちを受けているので、ぜひ魏に投降したい」という旨の書状を、７度にわたって曹休に送った。そのうえ、都の建業《けんぎょう》から詰問《きつもん》の使者が派遣され、周魴は郡役所の門前で剃髪して謝罪するという芝居までしてみせた。

はたして曹休は、周魴の内通を確信した。曹休は好機到来とばかり10万という大軍でもって呉領に侵攻し、同時に建威《けんい》将軍の賈逵《かき》を濡須口《じゅしゅこう》に向かわせ、さらに宛《えん》に駐屯していた司馬懿《しばい》も江陵《こうりょう》へ進撃させた。

呉領深くまで進出した曹休だったが、肝心の周魴は現れない。「はめられた！」と気づいたものの、曹休はすでに皖《かん》県近くまで侵攻しており、大軍を率いているゆえに引き返すことは困難だった。曹休は数を頼みに進軍を続けたが、呉軍と石亭《せきてい》で遭遇し、待ち構えていた呉軍に敗れ去ったのだった。

二虎競食《にこきょうしょく》の計

──呂布《りょふ》と劉備《りゅうび》を相手に、曹操《そうそう》が仕掛けたワナ

曹操に敗れた呂布が劉備を頼って小沛に身を寄せると、曹操は両者が手を結ぶことを恐れた。そこで曹操は「二虎競食の計」を劉備に仕掛ける──。

年号	196年(後漢・建安1年)	193年(後漢・初年4年)
計略発案	荀彧(曹操配下)➡劉備(群雄)	袁術(群雄)➡呂布(群雄)

「二虎競食の計」とは

二虎競食《にこきょうしょく》を文字どおりに解すれば、2匹の虎を競い合わせて食べさせるということである。そうすれば、1匹は倒れ、残った1匹も深手を負うことになる。

これを兵法に応用すると、敵が2人いる場合、その2人を競わせてどちらか一方を誅殺《ちゅうさつ》し、力の弱ったもう一方を攻め込むということである。

この計略を考えたのは、曹操《そうそう》配下の荀彧《じゅんいく》である。

これと似たような計略をよく用いたのが、袁術《えんじゅつ》である。袁術は武力が弱く、卑怯なところがあったため、ほかの群雄にくらべれば謀略を駆使することが多かった。袁紹《えんしょう》と結んだ劉表《りゅうひょう》を討伐しようとして、孫堅《そんけん》に密書を送って討たせようとするなど、「二虎競食の計」に近い計略をすでに使っていたのである。

そして袁術は、荀彧がこの計略を用いたのと同じ頃に、策略を仕掛けた。荀彧が劉備《りゅうび》に呂布《りょふ》を殺させようとしたのに対し、袁術は呂布に劉備を殺させようとしたのである。

陶謙の遺言を受け入れて劉備、徐州牧となる

まずは荀彧の計略から見ていこう。

194年(興平1)、徐州牧《じょしゅうぼく》(※1)の陶謙《とうけん》が死去した。陶謙は死に臨んで、劉備に後事を託すことを遺言した。当時、劉備は公孫瓚《こうそんさん》のもとを離れ、陶謙の

もとに身を寄せていたのである。陶謙の遺言に対し、劉備は再三固辞したが、陳登《ちんとう》や孔融《こうゆう》の熱烈なラブコールもあり、ついにこれを受け入れた。こうして劉備は、なんなく徐州一国を手にしたのである。

劉備が徐州を手中に収めた翌年、兗州《えんしゅう》をめぐって曹操と争っていた呂布が負けた。呂布は、敗残兵をまとめて曹操との最終決戦を望んだが、陳宮《ちんきゅう》に、

「今は戦うべき時ではない。まず落ち着く先を定めてから曹操に当たっても、決して遅くはない」

と言われ、徐州の劉備を頼ることにした。

一癖も二癖もある呂布の来訪に対し、徐州の面々は否定的な意見が多かった。しかし劉備は、

「曹操が徐州に攻め寄せたときに兵を引いたのは、呂布が兗州を襲ったからこそ。そして今日、彼には行くところがなく、わしを頼ってきたのに悪意があろうはずもない」

と言って呂布の来訪を受け入れることにした。

こうして呂布は、徐州の小沛《しょうはい》の地を与えられることになった。

●二匹の虎をして互いに殺し合わせる荀彧の計略

呂布が劉備を頼ったのを聞いて、警戒したのは曹操である。曹操は幕僚たちを集め、

「もし、呂布と劉備が心を合わせて攻め寄せてくるようなことがあれば、

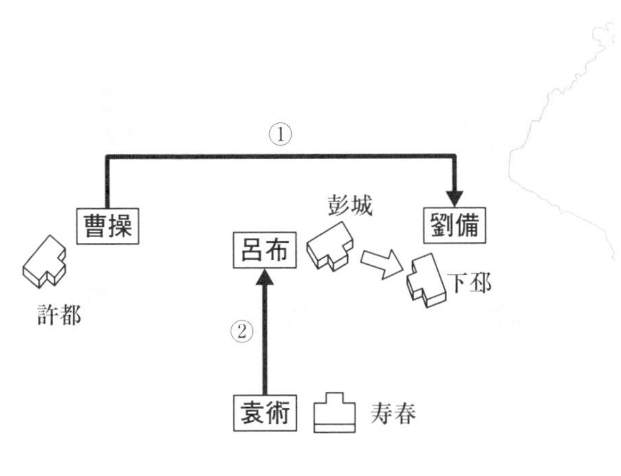

■二虎競食の計

呂布と劉備が手を結ぶことを恐れた曹操は、劉備に書状をやって呂布と反目させるよう仕向けたが失敗した(①)。

一方、袁術は呂布と劉備を仲違いさせることを目論み、呂布をそそのかすことに成功した(②)。

我らにとっての災いともなろう。何か妙計はないか」
とはかったところ、荀彧が、
「劉備は徐州を領したといっても、正式に勅命を受けたわけではありません。殿におかれては、皇帝に詔《みことのり》を請われて劉備に徐州牧の任を授け、その代わりに呂布を殺すよう密書を与えればよろしいでしょう。計が成就すれば、劉備は猛将・呂布を失って後々これを攻めるのに易くなり、計が成らざるときも、呂布が怒って劉備を殺すことになるのは必定。すなわち、『二虎競食の計』でございます」
と提案した。折しも、曹操は後漢《ごかん》皇帝・献帝《けんてい》を許都《きょと》へ迎えたばかり。宮殿の造営などで費用がかさみ、容易に兵を動かすことができないでいたため、この計略を大いに喜んだ。
「呂布を殺せ」との密書を受け取った劉備は、その日の夜、配下を集めて協議した。張飛《ちょうひ》は、
「呂布は義理を知らぬやつ。構うことはない、あっさりと殺してしまえばいい」
と言ったが、劉備はそれでも「我らを頼って来た者を手にかけたりすれば、義理が立たない」と、これを退け、劉備はとうとう呂布の暗殺を認めなかった。
結局のところ、荀彧の仕掛けた計略は、あっさりと不発に終わった。劉備が、曹操のよこした密書を呂布に見せ、すべてのいきさつを話して聞かせたのである。密書を読んだ呂布は驚き、「これは、曹操が我らの仲を裂こうとした奸計《かんけい》」と言えば、劉備は「気にすることはございません。それがし、誓ってこのような不義な真似はいたしません」と微笑んで見せた。
こうして呂布は、密書まで見せる劉備に異心がないものと安堵して、何度も劉備に礼を述べて帰っていくのである。
呂布が無事に帰ったのを見て、関羽《かんう》と張飛は、
「兄者はなぜ呂布を殺さないのか」
と尋ねた。すると劉備は、
「曹操は我らが呂布と手を組んで攻め上がるのを恐れてこの策をとり、呂布とあい争わせて漁夫の利を得ようとしたのだ。その手には乗らぬ」
と言って聞かせたところ、関羽はなるほどと頷いた。
数日が経ち、しばらくの間、劉備と呂布の動静を見ていた勅使一行が帰ることになった。勅使は「なぜ呂布を殺そうとしないのか」と詰め寄った

が、劉備はのらりくらりとはぐらかし、ただ「いずれ手を下す」とだけ言って送り帰したのである。

呂布に劉備を裏切らせた袁術の計略

次に袁術である。193年(初平４)の匡亭《きょうてい》の戦い(※2)で袁紹《えんしょう》に敗れ、昔日の面影を失った袁術だったが、寿春《じゅしゅん》に下ると、揚州《ようしゅう》の平定に取り掛かった。しかし、袁術に寿春を追い出された劉繇《りゅうよう》が江東《こうとう》で激しく抵抗したため、思うに任せなかった。

そこで袁術は、配下の孫策《そんさく》を江東に派遣した。孫策の活躍はすさまじく、194年(興平１)に劉繇を破り、196年(建安１)には会稽《かいけい》を征圧した。

こうして揚州北部を手に入れた袁術は、陶謙死後の混乱に乗じようと、劉備のいる徐州に侵攻した。しかし、武力に弱い袁術が、劉備にかなうはずもない。そこで袁術は、劉備のもとに身を寄せていた呂布に、劉備を討たせることにした。

曹操が劉備に「二虎競食の計」を仕掛けたのに対して、袁術は呂布に「二虎競食の計」を仕掛けたわけである。袁術は、次のような密書を呂布に送った。

「私は生まれてこのかた、劉備という名前を聞いたことがないが、もし呂布殿がこの男を破ったら、米20万石をお送りします。ほかにも不足のものがあれば差し上げます」

こうした謀略には袁術に一日の長があったというべきか、袁術からの密書を受け取った呂布はあっさり劉備を裏切り、徐州を奪い取ってしまった。

ここまでは袁術の思惑どおりだったが、袁術は劉備を破った際に送ると約束した米を出し渋り、これに激怒した呂布は再び劉備と手を結んだのだった。

※1 「牧」とは後漢時代の役職の名で、中央から任命されて州の全権を掌握した。現在でいえば「知事」のような存在である。

※2 匡亭の戦いとは、兗州に攻め込んできた袁術を、袁紹・曹操連合軍が撃破した戦い。この戦いによって袁術は天下取りレースから脱落し、袁紹と曹操の対立が激化することになった。

駆虎呑狼《くこどんろう》の計

――荀彧《じゅんいく》の策略によって窮地に陥った劉備《りゅうび》

荀彧の仕掛ける「駆虎呑狼の計」は、帝の名前をかたって出されたもの。それゆえ劉備は、謀計であることを承知しながらも、勅命を受けるよりほかなく敗れ去った――。

年号	196年（後漢・建安1年）
計略発案	荀彧（曹操配下）➡劉備（群雄）

「駆虎呑狼の計」とは

この計略は、前項で紹介した「二虎競食《にこきょうしょく》の計」と連続した計略である。すなわち、「二虎競食の計」に失敗した荀彧《じゅんいく》が、次の手として出してきた計略なのである。

駆虎呑狼《くこどんろう》とは、直訳すれば「虎を駆りて狼を呑ましむる」という意味で、豹を虎の住処に放ち、虎の穴が留守になったところを狼に襲わせるということになる。

荀彧の計略によれば、袁術《えんじゅつ》が豹、劉備《りゅうび》が虎、呂布《りょふ》が狼である。虎の穴は、もちろん徐州《じょしゅう》だ。つまり、袁術は自ら「二虎競食の計」を仕掛けながら、実際は荀彧の計略にはまっていたわけである。

劉備を滅ぼそうと、荀彧はさらなる計略を打つ

徐州の牧《ぼく》を任じる詔《みことのり》を出させて劉備に恩を売り、その見返りとして呂布を殺させる。そして、劉備が呂布を仕留めればよし。もしも呂布を仕損じたところで劉備は返り討ちに遭って殺されるだろうというのが、荀彧の読みであり、「二虎競食の計」の肝であった。しかし、密書を託した勅使が許都《きょと》に戻ると、「劉備は呂布を殺そうとしない」との報告である。曹操《そうそう》は荀彧に向かって、「二虎競食の計が成らずとすれば、どうしたらよいだろうか」と尋ねた。すると荀彧はさらなる一手を用意していると言って曹操を安堵させた。

その一手とは、「駆虎呑狼の計」といい、荀彧が説明するには「まず、『劉備から、袁術の治める南郡《なんぐん》を攻略したいとの上書があった』と袁術に密使を送るのでございます。さすれば、袁術は必ず怒って劉備を攻めるに違いありませんから、今度は劉備に対して『袁術を討伐せよ』との詔を出せばよろしい。袁術と劉備を戦わせてしまえば、呂布は劉備を裏切るに違いありません」というものであった。

帝の名前をかたっての計略であるから、「漢《かん》朝を助ける」と言って挙兵した劉備にしてみれば、拒否するわけにはいかない。これを断れば「漢朝の命に背いた逆臣」のそしりを受けかねないのである。

荀彧から説明を受けると曹操は大いに喜んだ。そしてすぐに密使を袁術へと差し向け、偽りの詔書をしたためて劉備のもとへと送った。袁術は、劉備が自分の領土を狙っていると聞くと、荀彧の読みどおりに「蓆《むしろ》売り、草履《ぞうり》売り(※1)の分際で、諸侯の列に並びおるのさえ不埒《ふらち》千万。こちらから攻め滅ぼそうとさえ思っていたところに、向こうから寄せてくるとは、なんとも不届きなやつだ」と激怒し、上将の紀霊《きれい》(※2)に命じると、10万の兵をもって徐州に向かわせた。

一方の劉備。勅使から「袁術を攻めよ」との詔書を渡されると、糜竺《びじく》が「これも曹操の計略にございますぞ」と言って注進したが、それでも劉備は、「それはわかっておる。わかっておるのだが、勅命とあれば無碍《むげ》にすることもできない」と言ってこれを承諾して兵を起こすのであった。

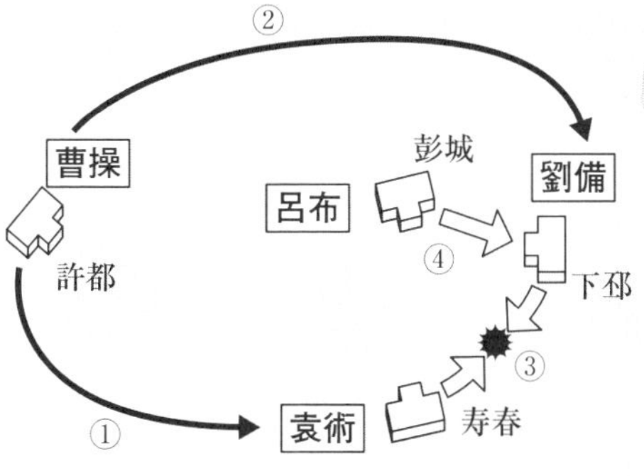

■駆虎呑狼の計

荀彧の計略は、まず袁術に劉備を攻めさせるような書状を送り(①)、その後に劉備に袁術討伐の書状を送る(②)。こうして両者を対立させれば(③)、強い者になびく性格の呂布が劉備を裏切ってこれを襲う(④)というもの。荀彧の計略は見事にはまった。

●張飛が痛恨の失態を犯し、劉備は徐州を失う

袁術を攻めるに当たって問題となったのは、徐州の留守を誰に任せるかであった。関羽《かんう》が「それがしにお命じくだされい」と申し出るが、劉備は「そなたにはいろいろと相談に乗ってもらわねばならぬ」と言ってしぶった。すると張飛《ちょうひ》が「俺にやらせてくれ」と名乗りを挙げた。

しかし劉備は、「張飛は酒癖が悪く、飲めばやたらに士卒を殴りつけるし、やることが軽率。人が諫《いさ》めたところで聞く耳をもたないそなたでは留守は務まらない」と手厳しい。張飛が「俺がこれから酒を飲まず、兵隊どもを殴らず、みなの忠告を聞けばいいのだろう」と訴えたため、劉備は仕方なく張飛に留守を任せ、陳登《ちんとう》にお目付け役を頼むと出陣することにした。

張飛は、しばらくの間は政務を陳登に一任して、あれこれと軍機の要務をこなしていた。しかしある日、張飛はとうとう我慢がならず、「一日くらいは」と諸官を招いて酒の席を設け、「今日この日は心ゆくまで飲んで、明日からまた俺を助けてくれ」などと言って、自らも大杯を傾けてしたたかに酔った。すると案の定、張飛の悪い癖が出た。

席上、張飛は諸官をねぎらって酌などしてまわったが、曹豹《そうひょう》という者に杯を断られたことに腹を立てた。さらに曹豹が「それがしの娘婿・呂布の顔に免じてご容赦願います」と頭を下げると、大嫌いな呂布の名前を持ち出されたものだから張飛は大いに怒った。そして「俺は貴様を殴る気はなかったが、呂布の名前を持ち出して、俺をおどかそうとするとは気に食わん」と言うと、曹豹をさんざんに鞭打ちに処してしまった。すると恨み骨髄の曹豹は、その夜のうちに小沛《しょうはい》の呂布に人を遣わせて、「今夜、張飛は酔いつぶれておりますから、兵を率いて徐州を奪いなさい。それがしは城内より内応する」と書いてよこした。

この知らせを受けた呂布はすぐに徐州の城を乗っ取った。そして、酔いが残って存分に戦えない張飛は、劉備の家族を救い出すこともできず、ただ劉備の陣所まで馬を駆けさせるよりほかなかった。

●大いに恥じ入った張飛、自ら首をはねようとする

さて、袁術攻めに出た劉備だが、関羽の活躍もあって紀霊を淮陰県《わいいんけん》まで打ち崩し、その後は紀霊が合戦を避けたことで両軍にらみ合いの状態がしばらく続いていた。張飛が駆けつけてくるのはそんな折のことである。

劉備の陣所に着くと、さっそく張飛は城を奪われた顛末《てんまつ》を一同に物語って聞かせた。すると聞く者はみな顔色を変えているところで、劉備がひとつため息をついて、「徐州は得たところでさして嬉しくもないところ。失ったとしても何でもない」と言った。そこで関羽が劉備の妻たちの安否を尋ねると、張飛はうなだれて「城内で捕らわれてしまった」と答えるのが精一杯である。関羽が張飛の失態を怒鳴りつけると、張飛は大いに恥じ入り、やにわに剣を抜くと自分の首をはねようとした。

すると劉備が急いでこれを制止し、張飛を抱きかかえて「古くから『兄弟は手足のごとく、妻子は衣服のごとし』と言うではないか。衣服は破れようと繕えばいいが、手足は一度断たれてしまえば、つなぐことはできぬ。我ら三人、桃園《とうえん》に義兄弟の契りを結んでより、同日に死なんことを誓った仲。たとえ城や家族を失ったとはいえ、兄弟を道半ばで死なすことができようか。それに、あの城はもともと我らのものではない。家族が捕らわれたとは言え、呂布は決して手にかけたりするような男ではない。まだ救い出す手もある」と涙を流しながら張飛に語って聞かせた。すると関羽・張飛ともども、感極まって涙を流すのであった。

こうして事態は九分九厘、曹操と荀彧の狙うとおりに(劉備の心配したとおりに)推移して、劉備は袁術と戦っているさなかに居城を失い窮地となった。しかしこの計略、最後の最後に点睛《てんせい》を欠くことになるのである。

●かえって両者の親睦を招いた「駆虎呑狼の計」

一方、劉備を迎え撃つはめになった袁術であるが、呂布が徐州を奪ったと知ると、すぐに呂布に使いを立て、兵糧５万石、馬500頭、金銀１万両、反物1000匹を送ることを条件に劉備を挟み撃ちにしようと持ちかけた。すると物に弱い呂布は大いに喜び、すぐに高順《こうじゅん》に命じて５万の兵馬をもって劉備の背後を襲わせることにした。

泣き面に蜂の劉備だが、このときの決断は早かった。呂布が攻めてくるとの知らせを聞くと、すぐに陣をたたみ、兵を転じて東の広陵《こうりょう》に向かった。そのため、高順が着いたときには劉備らはすでに引き払った後。高順は、紀霊に会って約束の物を要求したが、紀霊は「主君の袁術にお伺いしたうえで」と断った。やがて呂布のもとへ袁術からの書状が届くと、書状には「確かに高順は軍を参じてきたが、劉備を除いたわけではない。劉備を捕らえたあかつきには、お約束の品々をお送りいたす」と、まるで「欲しければ劉備を捕らえてよこせ」といわんばかりのことが書いてある。

呂布は、「劉備が陣を引いたのは、俺が軍を起こしたからではないか。これでは話が違う」と大いに怒った。感情に任せて袁術を攻めると言い出す呂布だったが、さすがに参謀の陳宮《ちんきゅう》はこれを押しとどめて、「袁術は大軍を擁し、兵糧も十分に備えております。今は軽々に敵とするべきではありません。それに許都の曹操の動きも気になるところ。ならば、劉備を呼び戻して小沛に駐屯させて我らの味方にしておき、いずれ機を見て劉備に先鋒を命じて袁術を亡ぼし、次に袁紹を討って天下をうかがうべきでしょう」と言った。呂布は陳宮の言葉を入れて劉備に迎えの使者を立てる。すると、広陵を攻め落とすこともできず、いたずらに兵馬を失うばかりの劉備はこの申し出を大いに喜んだ。こうして劉備は窮地を脱し、徐州に戻ることになるのである。

劉備が徐州に着くと、劉備に疑われることを恐れた呂布は、すぐに甘《かん》・糜《び》の二夫人を送り届けさせた。夫人たちは劉備と再会を果たすと、呂布が兵士を遣わして館を警備してくれたこと、常に侍女を差し寄こして物を届けてくれたおかげで何ひとつ不自由しなかったことなどを語って、劉備を安堵させた。そのことを劉備が呂布に会って礼を述べ、「それがし、かねてより徐州を呂布殿にお譲りしようと思っておりました」と言い、自らの身を低くすることで呂布と敵対する危険を避けた。呂布は、「徐州は劉備殿にお返しする」などと心にもないことを言ったが、それでも劉備はこれを固く辞退して小沛へと向かっていった。小沛への途上、関羽・張飛は呂布に対する怒りを収めることができないでいたが、劉備は「身を屈して分を守り、天の時を待つ。運命と争うものではない」と、弟たちに言って聞かすのであった。

そしてこのことがあってからというもの、劉備を敵としないことを心得た呂布が食糧や反物などを劉備の夫人たちに届けさせるなどした。そのため、劉備と呂布との離反を狙った「駆虎呑狼の計」ではあったが、かえって両者の仲は睦まじいものとなるのである。

※1　劉備の父・劉弘は官僚として漢に仕えたが、若くして死んだ。そのため家は貧しく、劉備は草履や蓆を編んでそれを売り、母親に孝養を尽くした。

※2　紀霊は袁術配下の武将。重さ50斤（約11キロ）もある三尖刀の使い手として登場する。

column 2

「駆虎呑狼の計」は失敗じゃない!?

荀彧《じゅんいく》の「駆虎呑狼《くこどんろう》の計」は、劉備《りゅうび》と呂布《りょふ》が手を組むのを阻むために考案されたものである。そして、呂布は約束を守らない袁術《えんじゅつ》と組むことよりも、劉備を配下とし、これを利用して徐州《じょしゅう》を守ったほうが得策と考えたことで、両雄の仲違いにまでは至らずに終わった。

このときの状況を整理すれば、曹操《そうそう》にとって呂布は兗州《えんしゅう》をめぐって争ったばかり。明らかな敵である。劉備は敵ではないが、自分が狙う徐州を横取りした存在で、近い将来には必ず邪魔となる。袁術は当面の敵ではないものの、いずれ曹操が勢力を大きくしたときには敵対することになるはずの存在、といったところである。そしてこの計略によって引き起こされた「結果」を、劉備、袁術、呂布、それぞれの各陣営で並べると、

・劉備：徐州を呂布に奪われた。袁術を攻めて「兵馬の半分」を失った。袁術の恨みを買った。
・袁術：劉備に攻められて、不要のはずの戦費を強いられた。
・呂布：徐州牧《じょしゅうぼく》の地位を奪った。

と、呂布こそは得をしているものの、劉備と袁術にとっては大損である。

それに対して、この計略に当たって曹操が取った行動といえば、「劉備が袁術を攻めようとしている」と袁術に告げ口して、劉備に「袁術を攻めよ」と偽りの詔を届けただけである。労力とその効果、さらに蝗害《こうがい》による飢饉が起こって兵糧不足であったこと、許都に帝を迎えたことで出費がかさみ、軍事行動を起こすことができないでいたことを考え合わせれば、上々の「戦果」であるはずだ。

一方、命こそ永らえたとはいえ、踏んだり蹴ったりの感がある劉備だが、牧の地位を陶謙《とうけん》から継いだ徐州は、西に曹操、北に袁紹《えんしょう》、南に袁術と大勢力に囲まれた場所である。特に曹操と境を接していることには危機感があったに違いなく、その矢面に立たされる立場を呂布に押しつけたと捉えれば悪いことばかりではないと言えるかもしれない。

二重の嵌《は》め手の計

——孫策《そんさく》、一計を用いて堅城・会稽《かいけい》城を落とす

劉繇《りゅうよう》を攻略して意気上がる孫策軍は、さらに南下して、会稽の王朗を攻め立てた。堅城の会稽城に対し孫策は「二重の嵌め手」の計略を用いて見事に討伐した——。

年号	196年（後漢・建安1年）
計略発案	孫策（群雄）➡王朗（群雄）

「二重の嵌め手の計」とは

戦場において、武力だけに頼って猪突猛進《ちょとつもうしん》に敵を攻めるだけでは、勝負には勝てない。謀略《ぼうりゃく》や策略をほどこしてこそ勝利が見えてくる。

「二重の嵌《は》め手《て》」とは、ある作戦を立てるが、それが不首尾に終わったとしても自軍に有利になるような作戦である。

魏《ぎ》の将軍・夏侯淵《かこうえん》が、涼州《りょうしゅう》の韓遂《かんすい》討伐の際に使った兵法もこのひとつである（→86ページ）。つまり、韓遂を城外におびき出す作戦を立て、韓遂がその作戦にはまればよし。一方で、韓遂軍の多くが城外に出てくる作戦だったので、たとえ韓遂が城内にとどまったとしても、彼を城内に孤立させることができるというものである。

日本でいえば、武田信玄《たけだしんげん》と徳川家康《とくがわいえやす》が戦った三方ヶ原《みかたがはら》の戦いがこれにあたる。京を目指して本拠地の甲斐《かい》より出陣した信玄は、家康の領地である遠江《とおとうみ》を通過した。このとき信玄は策略をもって家康を城外におびき出した。しかし、このとき家康が城外に討って出なくても、家康の威信が地に落ち信玄にすれば西上への道が開けるわけで、どちらに転んでも信玄の利になったということである。

ここでは、孫策《そんさく》が用いた「二重の嵌め手の計」を紹介する。

英雄の遺児・孫策、懊悩の日々を脱する

父の孫堅《そんけん》を失ってからの孫策は、江南《こうなん》から出ることもなく賢者を集めて

彼らから学ぶ日々を過ごしていたが、やがて母方の叔父である丹陽《たんよう》太守の呉景《ごけい》が陶謙《とうけん》と不和となったことから、母親や家族を曲阿《きょくあ》に残して、単身袁術《えんじゅつ》を頼ってその庇護を受けるようになった。その後、曲阿は袁術に攻められて揚州《ようしゅう》を追われた劉繇《りゅうよう》が流れ着き、ここを支配するようになった。

袁術は孫策を可愛がった。常々、「わしに孫策のような息子があれば、いつ死んでも安心なのだが……」と嘆いていたが、一方の孫策にとっては、袁術の傲慢《ごうまん》な態度は不愉快極まりないものであった。

ある日、孫策がひとり、一世の英雄であった父親の志を想い、今や袁術の配下働きをしている自分の落ちぶれた様を思って涙を流していたところ、かつては父の部下だった朱治《しゅち》が声をかけた。

「何か思い余ったことでもあれば、拙者にお声をかけてくだされればよいではござらぬか。ひとりで泣いていても仕方ございますまい」

これに対し孫策は、

「泣いたのは、父の志を継げぬことを不甲斐なく思ってのことです」

と答えた。孫策の苦衷《くちゅう》を知った朱治は、

「ならば、袁術殿に兵を借り、呉景殿を救うという名分で大事を計ればよろしいでしょう。いつまでも他人の下で小さくなっている必要はありません」

とけしかけた。

この言葉に我が意を得た孫策は喜ぶと、二人の会話を聞いていた袁術配下の呂範《りょはん》という者もこれに加わって、「今の話、とくと承った。それがし

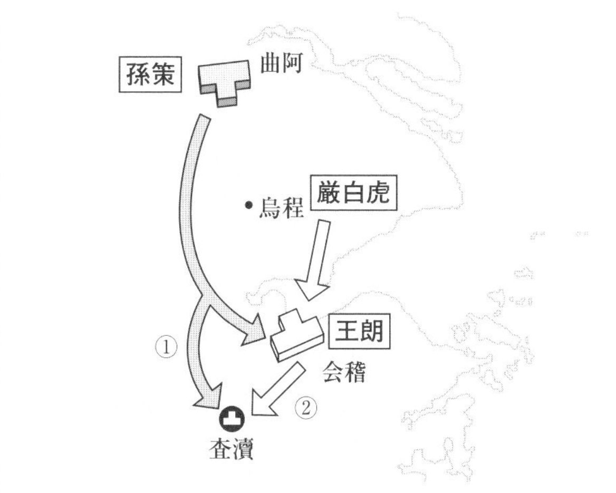

会稽の堅固さに攻めあぐねた孫策は、王朗軍の兵糧庫である査瀆を攻めた(①)。王朗軍が籠城を決め込めば、兵糧を手に入れることができ、王朗軍が打って出れば(②)、そこを攻撃することができる。どちらに転んでも、自軍の利となる「二重の嵌め手」の計である。

も配下とともに加勢いたそう」と申し出てきた。

三人の意思が決まったところで、さっそく孫策は袁術に願い出た。

「それがし、いまだ父の仇《かたき》も討てずにおりますところ、今、叔父の呉景が揚州刺史の劉繇に苦しめられており、曲阿に置いてきた家族も心配です。ついては兵を拝借してかの地へと渡り、家族を救いたく存じます。二心ありとご懸念がおありならば、亡き父の形見、伝国の玉璽《ぎょくじ》をしばらくお預かりください」

すると袁術は、

「わしは別に玉璽が欲しいわけではないが、ほかならぬ孫策の頼みとあれば、しばらく預かっておこう」

と相好を崩し、孫策に3000の兵と馬500を貸し与えた。この軍勢に程普《ていふ》、黄蓋《こうがい》、韓当《かんとう》たち孫堅の旧将たちが加わって、孫策はかつて父が支配した江南へ向けて進発するのである。

江南へと向かうその途上、孫策を勇気づける偶然が待っていた。孫策とは同い年の義弟・周瑜《しゅうゆ》との再会である。周瑜は叔父を訪ねるところであったが、たまたま孫策の軍勢に出会ったのである。この偶然に孫策は喜び、自身の苦しい胸のうちを語って聞かせると、「兄者(孫策のこと)の大業のためには犬馬の労もいといませぬ」と言って、周瑜も一行に加わることになった。

さらに周瑜が、「江東《こうとう》に『二張』と呼ばれる賢者が乱を避けて隠棲《いんせい》しております。一人は張昭《ちょうしょう》、もう一人は張紘《ちょうこう》という者ですが、いずれも天地をめぐらす才能の持ち主。ただちに彼らを迎えるべきです」と勧めたので、孫策は早速彼らを訪ねてこれを迎え、張昭を長史《ちょうし》・撫軍中郎将《ぶぐんちゅうろうしょう》に、張紘を参謀・正議少尉《せいぎしょうい》に任じて劉繇攻めの軍議に加えると、彼らの活躍もあって劉繇を攻め落とすことに成功する。

●孫策、二重の嵌め手を用いて会稽城を落とす

劉繇の兵馬を接収したことで孫策は軍勢を増した。その勢いは止まらず、さらに東進して厳白虎《げんはくこ》の支配する呉《ご》郡を攻め落とした。

すると厳白虎は、会稽《かいけい》太守・王朗《おうろう》のもとに逃げ落ち、軍を合わせて会稽城に立てこもった。

会稽城は堅牢であり、また城の守りも堅くてなかなか落ちない。そこで孫策が諸将にはかったところ、叔父の孫静《そんせい》が出て、

「王朗の軍用金や兵糧は查瀆《さとく》に蓄えてある。まずはそこを取るがよかろう」

と進言した。孫策は、「叔父上、まことに妙計でござる」と喜び、ただちに城の寄せ手に篝火《かがりび》をたかせ、旗指物を立て連ね、軍勢がそこにいるかのように見せかけたうえで查瀆へ向かうことにした。すると周瑜が、

「殿が大軍を動かしたと知れば、王朗は必ず城から討って出ます。ここは奇兵を用いるべき」

と言えば、孫策もわかったもので「もはや手配してある。会稽城は今夜中に我らのものだ」と言って笑った。

会稽城では、孫策の軍勢が退散したと聞いた王朗であったが、櫓《ろ》に上って眺めたところ城下に篝火が燃え、旗指物が整然と並んでいるのを見て不思議に思った。すると配下の周昕《しゅうきん》という者が、

「孫策は逃げたに違いなく、かような手を使って我らをたぶらかさんとしたもの。ここは追い討ちをかけるべき」

と言えば、厳白虎は「孫策は、查瀆へ目をつけたのではないかな」と言う。王朗は、

「查瀆は我らの兵糧を屯積したるところ。絶対に防がなければなりません。厳白虎殿と周昕はすぐに兵を率いて向かってください。私もすぐに後から参る」

と言って城から討って出ることを決めた。すると、城から20里あまりのところでにわかに太鼓の音が響くと、孫策が伏兵を布いて待ち構えていた。王朗が城下の篝火を見て軍がまだ存在すると判断すれば查瀆の兵糧を戦わずに得ることになり、また、孫策を追って城から出れば伏兵の餌食になるという「二重の嵌め手」であるが、伏兵に驚いた周昕は孫策自らの槍《やり》のひと突きによって討ち取られ、厳白虎はようやく血路を開いて逃げ落ちることとなった。そして先手が敗れたと聞いた王朗も、再び会稽城に戻るのをあきらめて逃げ去ったので、孫策は大軍を返して会稽城を乗っ取り、叔父の孫静に守らせて領民を安堵させたのであった。

こうして呉から東方の各地はすべて孫策のものとなった。また、これら劉繇、厳白虎、王朗との一連の戦いにおいては、賢士・英傑を集めているとの評判を聞き及んだ蒋欽《しょうきん》、周泰《しゅうたい》、陳武《ちんぶ》たち猛将が孫策のもとへと馳せ参じて加勢し、太史慈《たいしじ》、董承《とうしょう》、虞翻《ぐほん》といった才能も、旧主を見限って孫策に従うことになり、以後、孫策は江東にその武威を大いに示すのである。

疑城《ぎじょう》の計
——呉軍が偽りの城を作って魏軍を撃退

魏帝・曹丕自らが軍を率いて呉領・広陵に出陣。広陵の守備を固めていなかった呉軍は、「疑城の計」という奇策を用いて、魏の大軍を退去せしめたのである——。

年号	224年(魏・黄初4年、呉・黄武3年)
計略発案	徐盛(孫権配下)➡曹丕(魏帝)

「疑城の計」とは

「疑城《ぎじょう》の計」とは、そこにあたかも城があるかのように見せかけて、敵の進軍を止める計略である。大軍の敵を相手にする場合、敵軍の進軍速度を遅らせたり、敵軍を分断させたりすることができれば、自軍の陣容を整えることができる。そういう場合に有効な計略である。

また、あるはずのない城が突然現れれば、敵の戦意をそぐ効果もある。

『正史』では、魏の曹丕《そうひ》が大軍を率いて呉《ご》を攻めたとき、呉軍の徐盛《じょせい》がこの計略を用いて魏《ぎ》軍を退却させることに成功している。

徐盛の「疑城の計」の前に、曹丕が撤退

222年(蜀の章武1)、蜀《しょく》の劉備《りゅうび》が呉領の荊州《けいしゅう》に侵攻してきたとき、呉帝の孫権《そんけん》は魏に臣従し、後顧《こうこ》の憂《うれ》いを断つことに成功した。そのおかげで夷陵《いりょう》の戦いで劉備軍を撃滅することができた。

しかし、当然のことながら孫権には、はなから魏に降る気などない。劉備軍を蹴散らすと、手のひらを返すように魏との同盟を反故《ほご》にした。

激怒した魏帝・曹丕(曹操《そうそう》の子)は、自ら兵を率いて孫権討伐に出陣した。目標は洞口《どうこう》・江陵《こうりょう》・濡須《じゅしゅ》という三方面作戦である。しかし、呉軍の総力態勢の前に、約1年にわたった曹丕の南征は失敗に終わった。

その1年後、呉蜀同盟が成立した。曹丕はこれを口実に再び大兵力を動員し、呉への侵攻を画策し始めた。侍中《じちゅう》の辛毗《しんぴ》が「時期尚早」と諫《いさ》めても

聞き入れない。曹丕は、１年前の孫権の背信がどうしても許せなかったのである。

曹丕は水軍を編成すると、自ら船に乗って南下し、224年(魏の黄初５、呉の黄武３)秋、長江《ちょうこう》下流の広陵《こうりょう》に到達した。魏軍の侵攻に備えていた呉軍だったが、まさか魏軍が長江下流に現れるとは思っておらず、広陵付近には何の備えも施していなかった。このあたりは曹丕の作戦勝ちである。まさかの事態に急遽開かれた呉軍の軍議の席上、安東《あんとう》将軍の徐盛が、次のような提案をした。

「木で骨組みをつくって、それを葦《あし》で編んだむしろで覆って、偽《いつわ》りの城壁をつくればよい。敵が近づいてこられないように、長江に舟を並べておけばばれないだろう」

というのである。こんな子どもだましの手が通じるものかと、諸将は口々に反対したが、徐盛があくまで譲らなかったため、それならやってみようということになった。

早速作業に取りかかった徐盛は、建業《けんぎょう》から渡し場のある江乗《こうじょう》までの数百里に、芝居の書き割りのような城を一夜のうちにつくってしまった。対岸にいた曹丕は驚いた。1000の騎馬部隊を率いていたが、これでは動かせない。しかも運が悪いことに、大雨のために長江があふれ、そのうえ強風のために曹丕が乗っていた船が転覆の危機にあい、曹丕は戦わずして撤退していった。

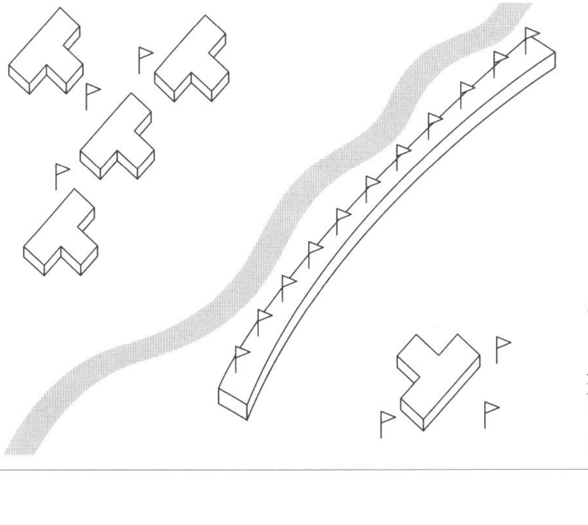

■疑城の計

不意に現れた大軍に対し、少勢の自軍を守るために書き割りのような偽りの城をつくって、相手を騙す計略。呉の徐盛は大軍を率いて攻めてきた曹丕の軍勢を、この計略を用いて見事に撤退させた。

増竈《ぞうそう》の計

——孫臏《そんぴん》の兵法を応用した諸葛亮の戦略

祁山《きざん》争奪戦において優勢だった諸葛亮は、本国からの帰還命令を受け、撤退を決意した。その際、魏の大軍に追撃されることのないよう、「増竈の計」を使って見事に撤退を成功させたのである——。

年号	230年（魏・太和4年、蜀・建興7年）
計略発案	諸葛亮（蜀丞相）➡司馬懿（魏将）

「増竈の計」とは

春秋戦国時代の中国で、斉《せい》の孫臏《そんぴん》(※1)という者が、自軍の兵舎の竈《かまど》をわざと徐々に減らしていき、敵に斉軍の兵が減っているように見せかけ、追撃してきた敵を破ったという話がある。

ここで紹介する「増竈《ぞうそう》の計」はこの逆で、徐々に竈を増やして敵を欺く計略である。

魏軍を欺いた諸葛亮の計略

漢中《かんちゅう》をめぐって魏《ぎ》と蜀《しょく》の争奪戦が行われていた頃のことである。230年（魏の太和４、蜀の建興７）、魏軍が抑えていた祁山《きざん》に、魏延《ぎえん》・陳式《ちんしょく》・張嶷《ちょうぎょく》ら率いる蜀軍が襲いかかった。魏軍は蜀軍の来襲を予想しておらず、蜀軍はまたたくまに祁山に布陣した。魏軍は祁山の東、渭水《いすい》の南岸に退いて守りを固めた。

両者が対峙していたある日、蜀軍陣営に兵糧《ひょうりょう》が届けられた。しかし、予定より10日も遅れての到着だったため、諸葛亮《しょかつりょう》は大いに怒った。当時の蜀では、兵糧の遅れは死罪にも等しい失態だったのだ。

諸葛亮は、兵糧を運んできた苟安《こうあん》という者に罰棒80を加えて帰らせた。しかし、この処罰を深く恨んだ苟安は、その足で魏軍に投降してしまったのである。そこで魏軍の大将・司馬懿《しばい》は、

「成都《せいと》(蜀の都)に帰って、諸葛亮が帝位簒奪《さんだつ》を企てているという流言を広めてこい」

と苟安に命じた。司馬懿の策略は見事にはまり、成都の宦官《かんがん》(※2)たちの間に、諸葛亮の企みの噂がまたたくまに広まった。

劉備《りゅうび》の死後に帝位についていた蜀帝・劉禅《りゅうぜん》は驚き、諸葛亮に対してただちに成都に戻るように詔勅を発した。

詔を受け取った祁山の諸葛亮も驚いた。

「あと少しで祁山を落とせるという状況で帰国せよとは何事か。しかし、戻らねば主に背くことになる」

と言って、撤退を決めた。そして、

「陣払いをするが、陣中に兵が1000いれば竈を2000掘らせ、今日1000掘ったなら明日は竈を2000掘らせる。軍を引き上げさせながら竈を増やしていけ」

と下知した。諸葛亮が言うには、

「追撃してくる魏軍は、必ず撤退後のわが陣営の竈の数を数える。竈の数が日毎に増えれば、魏軍はわれわれが撤退せず、兵を増やしていると考えるだろう」

というわけである。こうして蜀軍は、ひとりの兵を失うこともなく、成都に帰還することができたのだった。

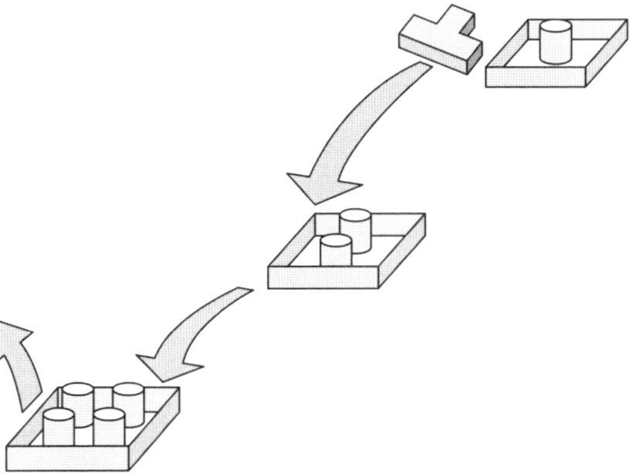

■増竈の計

撤退する場合は、敵の追撃を受けることを考え、少しでも犠牲を減らしつつ撤退しなければならない。そこで、撤退するときに自軍の竈を増やしつつ逃げれば、敵は撤退しているのか兵を増やしているのかがわからず、うかつに追撃することができなくなる。

column 3

敵に追撃をあきらめさせた王平の戦略

「増竈の計」は、いってみれば自軍の兵を多く見せかける計略である。228年(魏の太和2、蜀の建興5)の街亭《がいてい》の戦いのとき、蜀の将軍・王平《おうへい》が同じような計略を使って逃げのびている。

街亭の戦いは、諸葛亮による初めての北伐《ほくばつ》の際に起こった戦いである。諸葛亮は、雍州《ようしゅう》と涼州《りょうしゅう》を結ぶ街道の要衝である街亭に、先遣隊として馬謖《ばしょく》を派遣した。

街亭は三方を山に囲まれた場所で、諸葛亮は馬謖に対して、麓《ふもと》を固めて街道を守りきるよう伝えていた。しかし、現地に到着した馬謖は山上に陣を敷いた。街道を進んでくる敵を一気に殲滅《せんめつ》するという誘惑に勝てなかったのだ。

馬謖とともに街亭に出陣していた王平は、馬謖の布陣を諫《いさ》めたが聞き入れられず、仕方なく1000の兵を分けてもらって麓に布陣した。

街亭の様子を探った魏将・張郃《ちょうこう》は、馬謖の布陣を見てほくそえんだ。水の補給路さえ断ってしまえば、蜀軍は壊滅すると読んだのである。

果たして、山上の馬謖軍は窮地に陥り、苦しまぎれに下山してきたところを張郃軍に襲われて惨敗した。

麓に布陣していた王平は、馬謖軍が壊走しても、陣太鼓《じんだいこ》を打ってその場に踏みとどまった。そして1000人の兵を引き連れて整然と退却を始めた。これを見た張郃は伏兵の存在を疑い、追撃をあきらめて軍を退いたため、王平は諸隊の敗残兵を収容しつつ帰還していったのである。

※1　孫臏は兵家の代表的な人物と知られる軍略家。その兵法は『孫臏兵法』として今日に伝わっている。
※2　当時の蜀の朝廷では、宦官も登用していた。しかし、のちにこの宦官が蜀の滅亡を招く一因となった。

七縦七禽《しちしょうしちきん》の計
——諸葛亮、南中の反乱を平定

蜀の南半分を襲った反乱の火の手に対し、諸葛亮は首領の孟獲を捕らえるために、「七縦七禽の計」を使って見事に鎮圧してみせた——。

年号	225年(蜀・建興3年)
計略発案	諸葛亮(蜀の丞相)➡孟獲(少数民族首領)

「七縦七禽の計」とは

『孫子・九変篇』に、「囲師《いし》(国へ引き上げる軍勢のこと)には必ず闕《か》き、窮寇《きゅうこう》(行き詰まった軍勢のこと)には迫ることなかれ」という一文がある。包囲した敵には必ず逃げ道をつくっておき、追いつめてはいけないという意味である。「七縦七禽《しちしょうしちきん》の計」もこれと同じで、敵を追撃する場合は彼の逃げるに任せて、気力も闘志も失せたところを捕らえる計略となる。

「三国志」では、諸葛亮《しょかつりょう》が南中《なんちゅう》平定戦のときに使っている。すなわち孟《もう》獲《かく》を7度捕えて7度放った有名な例である。

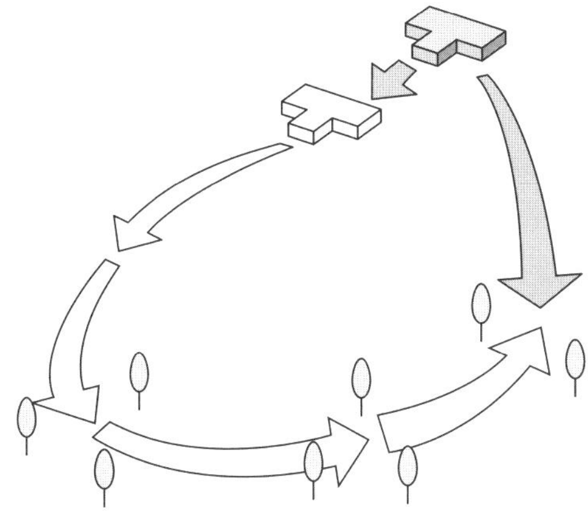

■七縦七禽の計

敵を追撃する際は、一気にたたくのもひとつの手だが、逃げるに任せて相手が疲れきったところを討ち取るという方法もある。逃げて逃げて逃げたあとに捕らえられると、敵は気力も闘志も失ってしまうものである。

劉備の死後、蜀南部で反乱が続発

蜀では、劉備《りゅうび》が倒れると、益州《えきしゅう》南部のあちこちで反乱が起こるようになった。222年(蜀の章武2)の漢嘉《かんか》郡太守・黄元《こうげん》の反乱を皮切りに、223年(蜀の建興1)6月には益州郡の豪族・雍闓《ようがい》が太守を殺したうえに呉《ご》に投降し、続いて牂牁《そうか》郡太守・朱褒《しゅほう》が反乱ののろしを上げ、越嶲《えつしゅん》郡では少数民族首領の高定《こうてい》が反旗を翻した。これで、益州の南4郡はほぼ蜀の支配下から離れてしまった。

しかし諸葛亮は、すぐには反乱の鎮圧には取り掛からなかった。呉との戦いによって、国内が疲弊の極みにあったためである。諸葛亮は国内の経済と軍事力の建て直しを第一とし、一方で呉との関係修復を成功させ、2年後、ようやく南中(蜀の南半分のこと)平定のために立ち上がった。

●諸葛亮が孟獲を7度放つ

益州郡で蜀に反した雍闓は、永昌《えいしょう》郡の少数民族の首領だった孟獲を味方に引き入れ、さらに越嶲郡の高定とも結んで、南中で暴れ回っていた。

しかし、反乱軍内も決して一枚岩ではなかった。諸葛亮の本隊は高定の本拠地である卑水《はんすい》県に進出したが、雍闓と孟獲がそこに援軍としてかけつけた。だが、そこで雍闓が高定の部下に殺されてしまうのである。孟獲は残った兵力をまとめて南に逃げ、高定は諸葛亮との戦いで戦死した。

南中の少数民族に心服されていた孟獲は、味方を増やしつつ諸葛亮軍に抵抗していたが、ついに捕らえられてしまった。

諸葛亮は、捕らえられてきた孟獲を引き連れて陣中を案内し、孟獲に自軍の陣容をくまなく視察させた。すべてを見終わった孟獲は、

「この前は、こちらの実態を知らなかったから捕らえられたのである。こうして陣容を知った以上、次には必ず勝ってみせる」

とうそぶいた。すると諸葛亮は、孟獲を釈放してしまった。

その後、孟獲は同志を集め、数々の戦術を駆使して諸葛亮に対抗したが、ことごとく捕らえられ、7度目に釈放されようとしたところで、「7度捕らえて7度許すというのは、古来聞いたことがありません。このような恩顧をいただいたうえは、われわれ南中の民は二度と背くことはございません」と、諸葛亮にようやく降伏した。事実、その後は諸葛亮が死ぬまで、南中で反乱は起こらなかったのである。

column 4

「七縦七禽」は状況に応じて使い分ける

「七縦七禽の計」の本質である「囲師《いし》には必ず闕《か》き、窮寇《きゅうこう》に迫ることなかれ」という言葉だが、その内容をちゃんと理解していないと誤ることもある。涼州の反乱鎮圧における後漢《ごかん》の将軍・皇甫嵩《こうほすう》と董卓《とうたく》の対応の違いが、このことを証明してくれている。

黄巾《こうきん》の乱が平定された184年(光和7)冬、後漢朝廷の悪政に対し、涼州《りょうしゅう》で反乱の火の手が上がった。首謀者は辺章《へんしょう》と韓遂《かんすい》という豪族で、翌年春には長安《ちょうあん》にまで攻め上る勢いであった。朝廷も討伐軍を派遣するが鎮圧できず、反乱軍には涼州司馬の馬騰《ばとう》が加わり、さらに勢いを増した。

朝廷は最後の手段として、黄巾の乱の平定に活躍した皇甫嵩を左《さ》将軍に任じ、前《ぜん》将軍の董卓とともに、反乱軍が包囲する陳倉《ちんそう》に向かわせた。

陳倉に到着した両者は、どのように攻めるべきかで反発し合った。董卓は、包囲している反乱軍をすぐに攻めるべきであるとしたが、皇甫嵩は賊軍が疲れるのを待って攻撃すべしとした。結局、皇甫嵩の意見が採用されたが、果たして反乱軍は80日ほど経って包囲を解いて撤退していった。

このとき皇甫嵩が、反乱軍を追撃しようとした。董卓は、

「兵法に『囲師には必ず闕き、窮寇には迫ることなかれ』といいます。彼らの抵抗は必至ですから、追撃はやめたほうがいいでしょう」

と献策した。しかし皇甫嵩は、

「奴らは囲師でもなければ、窮寇でもない。ただ疲れて逃げ帰ろうとしているだけである。いま討てば勝てるから、貴公は後詰めをしてくれ」

と言って追撃し、見事に反乱軍を撃破したのだった。

空城《くうじょう》の計

――諸葛亮《しょかつりょう》と趙雲《ちょううん》、空城の計で見事に逃れる

諸葛亮と趙雲という、蜀の中でも名将で知られる2人が、魏の大軍を相手に「空城の計」を使って見事に自軍を撤退させることに成功した――。

年号	225年(蜀・建興3年)	219年(後漢・建安24年)
	226年(魏・黄初7年、呉・黄武5年)	
計略発案	諸葛亮(蜀丞相)➡孟獲(少数民族首領)	趙雲(劉備配下)➡曹操(群雄)
	文聘(魏将)➡孫権(呉王)	

「空城の計」とは

三国志を知らなくても知っている人が多い有名な計略であろう。実際には兵は少ないのに、あたかも大軍がいるように見せかける計略で、三十六計のひとつである。日本でも戦国時代、三方ヶ原《みかたがはら》の戦いで、徳川家康《とくがわいえやす》が武田信玄《たけだしんげん》軍に対してこの計略を使って軍を引かせている話が有名である。

三国志では、諸葛亮《しょかつりょう》や趙雲《ちょううん》などがこの計略を用いて、ものの見事に敵を欺むくことに成功した。

司馬懿を退かせた諸葛亮の計略

228年(蜀の建興5、魏の太和1)、諸葛亮の第1次北伐《ほくばつ》は、馬謖《ばしょく》の拙《つたな》い戦法のために失敗に終わった(街亭《がいてい》の戦い)。

このとき諸葛亮は、兵1万とともに漢中《かんちゅう》の陽平関《ようへいかん》に駐屯していた。そこに、魏将・司馬懿《しばい》が兵20万という大軍を率いて、陽平関から60里ほどの地点に到達した。救援を呼ぼうにも、どの諸隊も遠くへ行っており、とても間に合わない。

20万の軍勢を迎え撃つにしても、たったの1万ではもちこたえられないのは自明の理で、将兵は動揺を隠せなかった。

しかし、諸葛亮だけは違った。諸葛亮は将兵に命じて旗指物《はたさしもの》を下ろさせ、陣太鼓《じんだいこ》を鳴らすことを禁じ、むやみに出撃せず、敵が攻めてきても鳴

りを潜めているように言った。そして四方の城門を開け放たせ、地面を掃いて水をまき、城はすっかり静まり返った。

斥候《せっこう》の知らせで陽平関の様子を知った司馬懿は、これは諸葛亮の策略で伏兵が潜んでいるのではないかと疑い、軍を退いて北方の山に撤退していったという。

諸葛亮より前に「空城の計」を使った趙雲

この「空城《くうじょう》の計」だが、実は諸葛亮よりも前に、同じ蜀軍の趙雲が用いている。

219年(建安24)、魏の曹操《そうそう》が自ら軍を率いて漢中に侵攻してきた。蜀将・黄忠《こうちゅう》は、曹操がもってきた何万袋という大量の兵糧《ひょうろう》を奪い取ることを画策し、趙雲とともに出陣した。

しかし、約束の時間になっても黄忠が帰ってこない。不審に思った趙雲が、数十騎という軽装で様子を見るために出陣すると、その途上で曹操の大軍と出くわしてしまった。

わずか数十騎では多勢に無勢。趙雲はすぐさま退却し、かろうじて自軍の本営に戻ったが、曹操軍の追撃は急である。趙雲の部下・張翼《ちょうよく》は急いで囲みの門を閉じて迎撃態勢に入ろうとしたが、趙雲がそれを押しとどめた。

そして趙雲は、再び門を大きく開かせると、旗指物をすべて伏せ、陣太鼓を鳴らすのも止めさせた。

趙雲陣営までやって来た曹操軍は、その大胆な戦術を見て、伏兵がいる

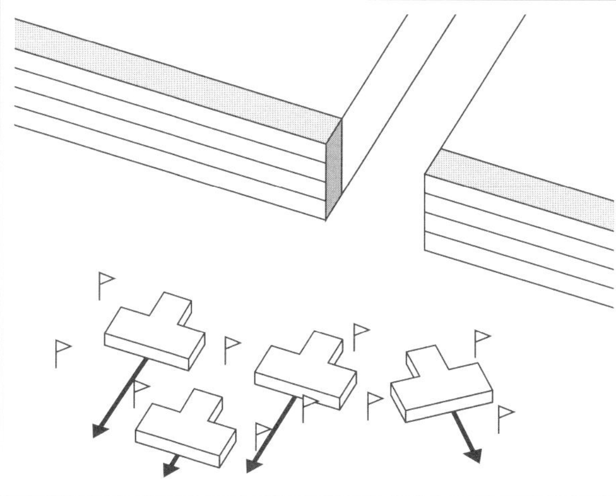

■空城の計

敵方の城を攻めようと思ったら、城門が開け放たれ、城内は静まり返り、誰もいない様子。もしかしたら伏兵がいるのではないか。こうした相手の心理を巧みに利用したのが、この計略。伏兵の存在を疑った敵は突撃するにも足がすくみ、つい撤退を選んでしまう。

のではないかと疑念をもち、門の前まで来て撤退していった。
　このとき、待ってましたとばかり、趙雲軍が曹操軍の背後からいっせいに弩《ど》を発射した。不意をつかれた曹操軍は隊を乱し、将兵たちは我先にと逃げ出したものだから、味方同士で踏みつけあい、川に落ちる者も多数出て、ほうほうのていで逃げ帰ることになった。
　翌日、趙雲の陣営を訪れた劉備《りゅうび》は、戦闘の様子を聞いて、
「なんと大胆な。趙雲の身体は全身が肝っ玉だ！」
　と感心したという。

文聘にしてやられた孫権

　蜀軍以外で、これと似たような計略を用いて敵を撤退させることに成功したのが、魏将の文聘《ぶんぺい》である。
　226年（魏の黄初７、呉の黄武５）、魏帝・曹丕《そうひ》が死んだ。王朝の交代の時期は、国内が動揺するものであり、『正史』では呉《ご》の孫権《そんけん》がこの機に乗じて魏領侵攻の兵を挙げ、曹丕の死の２カ月後、自ら５万の大軍を率いて出陣した。目指すは魏呉国境の江夏《こうか》郡で、魏将・文聘が石陽《せきよう》に駐屯し、国境警備にあたっていた。
　孫権軍の進軍はすばやく、大雨のために石陽の砦の柵が崩れ落ちていたのだが、その修理も終わらないうちに、孫権の大軍が押し寄せた。
　５万の大軍を相手に城より打って出るわけにもいかず、かといって柵が壊れている状況では籠城戦もままならない。窮地に陥った城兵の多くが、もはやこれまでと観念したが、文聘は城兵たちに外から姿を見られないように潜んでいるように命じ、自らは官舎で横になった。
　こうして文聘の籠もる城内は、またたくまに静まり返った。城外に布陣した孫権は、
「文聘という者は、魏が忠臣と信じて国境を任せているほどの人物である。また、関羽《かんう》との戦いでは武功を挙げた勇将でもある。敵が攻めてきたというのに何もしないということがあり得るだろうか。何か計略があるのではないだろうか」
　と疑心にとらわれ、大軍を擁しながら城外で釘付けにされてしまった。
　孫権が攻撃すべきか否かで逡巡しているうちに、魏から荀禹《じゅんう》の援軍が到着し、孫権は撤退せざるを得なくなったのである。

反間《はんかん》の計

——敵のスパイを利用して、逆に相手をはめる

諸葛亮と司馬懿の５度目の対陣のこと。司馬懿はスパイを放って蜀軍を誘導しようと考えるが、これを見破った諸葛亮が「反間の計」で司馬懿を敗走させた——。

年号	234年（蜀・建興12年、魏・青竜2年）	222年（蜀・章武2年）
	208年（後漢・建安13年）	
計略発案	諸葛亮（蜀丞相）➡司馬懿（魏将）	諸葛亮（蜀丞相）➡高定（反乱軍）
	周瑜（孫権配下）➡曹操（群雄）	

「反間の計」とは

「反間《はんかん》の計」とは、偽の情報を流したり逆スパイをつくったりして、敵を離間《りかん》させる、あるいは敵をワナにかける戦法である。三十六計のひとつで、偽の情報を信じさせるだけの手回しや準備が必要となることはいうまでもない。敵方のスパイを捕らえて、自軍のスパイに仕立て上げるというやり方は現代でもある方法だが、三国志では諸葛亮《しょかつりょう》と周瑜《しゅうゆ》というふたりの著名な軍師が、この方法をうまく利用して、見事に敵にひと泡吹かせるこ

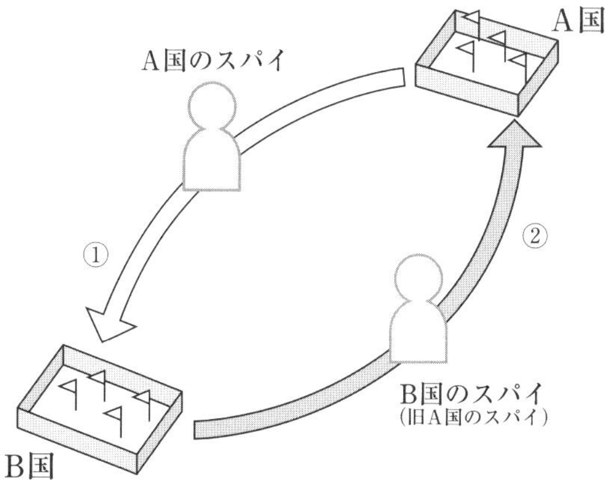

■反間の計

戦場においては、スパイ活動も盛んに行われる。これを逆に利用したのが、反間の計である。敵方から潜入してきたスパイを捕らえ（①）、これを二重スパイに仕立て上げて（②）敵をあざむくわけである。

とに成功している。

魏のスパイを見破った諸葛亮

234年(蜀の建興12、魏の青竜2)の5度目の北伐《ほくばつ》のことである。諸葛亮は祁山《きざん》に進出し、斜谷《やこく》から剣閣《けんかく》にいたる間に14の陣屋を連ねて魏《ぎ》軍の侵攻に備えていた。一方、司馬懿《しばい》は渭水《いすい》の対岸に布陣し、守りを固めた。

諸葛亮はひそかに呉《ご》に密使を放って呉と手を結び、呉が魏への侵攻を開始した。こうして魏に対する両面作戦を成功させた諸葛亮が、次の手を練っていたところ、魏軍の大将が投降してきたとの知らせが舞い込んだ。

その者は魏の偏《へん》将軍・鄭文《ていぶん》といい、諸葛亮に対してこう言った。

「秦朗《しんろう》という者とともに、最近になって司馬懿の配下に入ったのですが、司馬懿は秦朗は重く扱うくせに、私を軽んじるため憤懣《ふんまん》に絶えず、これを見限って、こちらに馳せ参じてまいりました」

諸葛亮が鄭文を尋問しているところ、なにやら城外が騒がしい。見てみると、秦朗が兵を率いて、鄭文を出せと騒いでいた。そこで諸葛亮は、

「秦朗の腕はどれくらいか」

と、鄭文に尋ねた。

「私には及びません」

と鄭文が答えたので、諸葛亮が命じてこう言った。

「それならば、まずはあの秦朗とかいう者を殺してこい。そうしたら、私もお前の投降を信じよう」

命じられるがままに鄭文は馬に飛び乗り、秦朗の前に躍り出た。そして薙刀《なぎなた》の一刀でもって秦朗を斬り落とすと、首を引っさげて諸葛亮のもとへ戻ってきた。すると諸葛亮は烈火のごとく怒り、鄭文の処刑を命じた。驚いた鄭文が抗議すると、諸葛亮は、

「秦朗ならば、私はかねてから見知っている。先ほどお前が斬り落とした首は秦朗のものではないではないか。私をあざむく気か」

と怒気をこめて言い放った。鄭文は観念して、投降が偽りであったことを認め、泣いて命乞いをした。そこで諸葛亮は、鄭文を逆に自軍のスパイとして利用することを思いつき、鄭文にこう命じた。

「助かりたければ、司馬懿に夜討ちをかけるように書面を書け」

偽の情報で司馬懿を誘い出して、そこを待ち伏せようというわけだ。

鄭文に偽の書面を書かせた諸葛亮は、弁舌のたつ兵士にそれを預け、司

馬懿のもとに届けさせた。

●諸葛亮の「反間計」に司馬懿が敗れる

一方の司馬懿陣営である。スパイとして放った鄭文からの書状をもった者がやって来たため、司馬懿は書状を確認し、その者の身分を尋ねた。

「私は蜀におりますが、もともとは魏の出身で、鄭文殿とは同郷になります。鄭文殿に頼まれて参上いたしました。お言づけとして、明日の夜に合図ののろしを上げるので、夜討ちをかけてくだされば、鄭文殿が内応するとのことでございます」

司馬懿はその者にさまざまに尋ねたが、矛盾《むじゅん》もなくとうとうと話す。また、もってきた書状も確かに鄭文の直筆であり、ついにこれを信じた。

蜀陣営に戻ってきた兵士から事の顛末を聞いた諸葛亮は、さっそく軍を整えて出陣した。夜になってのろしが上がった。司馬懿軍は1万を率いた先鋒の秦朗が蜀陣営に踊り込んだが、そこはもぬけの空である。「謀られた！」と気づき退却しようとしたところに、左手から王平《おうへい》と張嶷《ちょうぎょく》の一隊が、右手からは馬岱《ばたい》と馬忠《ばちゅう》の一隊が襲いかかった。

蜀陣営で火の手が上がったのを見た司馬懿は、首尾よくいったと思い、急いで駆けつけてみると、魏延《ぎえん》と姜維《きょうい》が左右から司馬懿軍に攻め寄せた。不意をつかれた司馬懿軍は浮き足立ち、兵士たちは八方へ逃げ散った。

こうして司馬懿は命からがら自陣営へ戻り、秦朗は乱戦の中で壮絶な戦死を遂げたのである。

高定の捕虜に偽の情報を流した諸葛亮

蜀は、魏・呉に比べて兵力に乏しかったためか、諸葛亮は偽の情報を流して敵にワナをかけるという方法をよく使っている。次に紹介するのは、諸葛亮による南中《なんちゅう》征圧戦でのことである。

222年(蜀の章武2)、蜀南部で雍闓《ようかい》・高定《こうてい》・朱褒《しゅほう》が反乱を起こし、それぞれが連携して諸郡を荒らし回った。国力を充実させた諸葛亮は、225年(蜀の建興3)になって反乱鎮圧の兵を挙げる。反乱軍は、まず雍闓と高定が軍を率いて蜀陣地へ押し寄せた。しかし、魏延《ぎえん》の伏兵作戦にはまり、大半の兵を失ってしまった。諸葛亮は、捕虜となった高定軍の兵士に向かって、

「雍闓は使者をよこして、高定と朱褒の首を取って降伏したいと申してきたが、私は腹が立ってならない」

と、彼らに聞こえよがしに言い、捕虜を釈放した。捕虜は高定の陣営に戻ると諸葛亮の話を伝え、高定は怒り心頭に発し、雍闓を殺してしまった。

もちろん諸葛亮のもとに雍闓の使者は来ておらず、高定に雍闓を殺させるためのデマであった。その後も諸葛亮は、朱褒が雍闓と高定を離間させようとしている旨の書状を偽造して高定に示し、再び高定に朱褒を殺させることに成功したのである。

赤壁の戦いを勝利に導いた周瑜の計略

三国志の世界で最大の戦いとなるのが、208年(建安13)の赤壁《せきへき》の戦いである。このとき、孫権《そんけん》の参謀・周瑜が「反間の計」を使って、見事に曹操《そうそう》を欺いている。

緒戦の水戦で敗れた曹操は、長江《ちょうこう》の北岸に要塞《ようさい》を築いて蔡瑁《さいぼう》と張允《ちょういん》に命じて、兵士の水練を始めたが、その訓練の様子があまりに見事だったため、周瑜は水練にあたっている蔡瑁と張允の排除を考えるようになった。そんな折、曹操方から周瑜とは昔馴染みの蒋幹《しょうかん》が来訪してきた。周瑜は、蒋幹がスパイであることを見抜き、これを逆手にとってやろうと思いついた。

周瑜は諸将と謀《はか》ると、宴席を設けて旧友の来訪を歓迎した。そして、すっかり酔った振りをして眠りについた。そこで蒋幹がひそかに部屋を見渡すと、怪しげな手紙が机の上に置いてある。読んでみれば、なんと蔡瑁と張允が呉に寝返るとの約束が記されていた。驚いた蒋幹は帰陣すると、曹操に手紙を見せた。すると果たせるかな、それが周瑜の偽の手紙と知らない曹操は大いに怒って、蔡瑁と張允を処刑してしまった。

こうして蔡瑁と張允を亡き者にした周瑜のもとに、今度は蔡瑁の従弟の蔡中《さいちゅう》と蔡和《さいか》が降伏してきた。このふたりも曹操方のスパイである。曹操は、死罪となった蔡瑁の血縁者であれば、スパイであることがばれないだろうと読んだのだ。しかし、周瑜はふたりの妻子が荊州《けいしゅう》にいることを知ると、曹操の企みを見破った。そして、孫家三代に仕える老将・黄蓋《こうがい》とひそかに語り、自分の作戦を批判した黄蓋を、ふたりの前で血まみれになるまで鞭打った。その後、黄蓋は曹操に投降の偽手紙を書くのだが、蔡和の報告で黄蓋の受けた理不尽な仕打ちを聞いていた曹操はこれを信じてしまう。黄蓋の投降を待ち受けていた曹操だったが、黄蓋は火船で曹操軍に突入し、呉軍に勝利をもたらすのである。

金蟬脱殻《きんせんだっかく》の計

——自軍を「もぬけの空」にして敵を片づける計略

南中で反乱を起こした孟獲だったが、2度捕らえられて放たれ、「金蟬脱穀の計」などで3度捕らえられた——。

年号	225年(蜀・建興3年)
計略発案	諸葛亮(蜀丞相)➡孟獲(少数民族首領)

「金蟬脱殻の計」とは

「金蟬脱殻《きんせんだっかく》」とは、セミの抜け殻のことであり、いわゆる「もぬけの空」のことである。三十六計のひとつで、この計略は主に撤退するときに使われることが多い。

撤退するときは、常に追撃の危険性を伴っている。そのため、まだ現在地に兵がとどまっていると敵に思わせて、そのすきにできるだけ遠くに撤退するのがいい。首尾よく撤退が済んだあとに、敵が気づいたとき、そこは「もぬけの空」になっているのである。

そして、この計略は応用すると、撤退のとき以外にも使える。「もぬけ

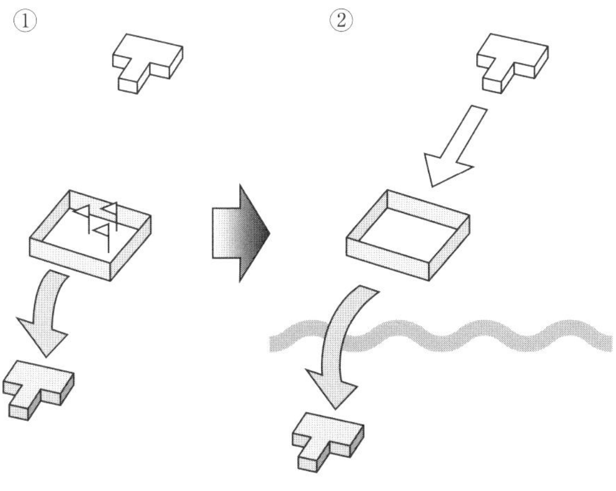

■金蟬脱殻の計

撤退する際、敵の追撃をかわすために、自陣にまだ軍勢がいるかのように見せかけて退却する(①)。敵が気づいて自陣を攻めてみると、そこはもぬけの空(②)。敵が気がつかないうちに、安全な場所まで撤退するという計略である。

の空」状態にした自軍の陣営に相手をおびき出し、そこをいっせいに攻撃するのだ。「空城の計」に似た計略だが、「空城の計」は城を空に見せかけて、敵に「伏勢がいるのではないか」と疑わせる計略である。

南中平定戦において、諸葛亮《しょかつりょう》が孟獲《もうかく》を捕らえる際に、この「金蝉脱殻」を応用した作戦を用いている。

孟獲の謀略に、謀略をもって返す

孟獲が釈放されること2度目、攻撃してくること3度目のことである。1度目はほぼ正面から立ち向かって負け、2度目は持久戦を展開したが糧道を絶たれて負けた孟獲は、今回は謀略をもって諸葛亮率いる蜀《しょく》軍に挑むことにした。孟獲は、弟の孟優《もうゆう》に宝物や象牙《ぞうげ》などをもたせて諸葛亮の本陣に送り込み、蜀陣営が油断したところを、内と外から挟撃するという計画を立てた。

孟獲の命を受けた孟優は、指示どおりに諸葛亮の本陣を目指し、

「兄の孟獲は、諸葛亮殿に2度も一命を助けられました。取り急ぎ珠玉などを、そちらの兵士たちへの恩賞にでもしていただきたく参上しました」

と言って、首尾よく潜入することに成功した。諸葛亮は孟優と、その従者100人ほどを招き入れ、酒宴を催して彼らを丁重に扱った。孟優は配下の部下を孟獲のもとに送り、「今夜遅くに攻め寄せれば、われわれも内から呼応します」と言づけた。孟獲はただちに3万の兵を率いて出陣すると、途中にさえぎる蜀軍も見当たらない。喜び勇んでいっせいに本陣に突入すると、そこにはあかあかと灯りがともり、孟優はじめ自軍の兵士たちが酔いつぶれて寝転がっているだけである。実は諸葛亮は、酒宴にことよせて酒に薬を入れておいたのであった。

驚いた孟獲が、酔いつぶれた味方を担ぎ出して本隊に戻ろうとすると、そこに王平《おうへい》の軍勢が攻め寄せた。仰天した孟獲軍は先を争って逃げ出すが、今度は左から魏延《ぎえん》が、続いて右から趙雲《ちょううん》が現れ、四方を囲まれてしまった。孟獲はもはやこれまでと、味方を置き去りに走り出し、川の岸辺までやってくると、数十人の南中兵が一艘の小舟を浮かべている。すると、孟獲がその舟に飛び乗った瞬間、その南中兵が孟獲を縛り上げてしまった。南中兵だと思ったのは、実は扮装した蜀軍の兵士だったのである。

こうして「金蝉脱殻の計」など3種の計略を駆使した諸葛亮が、孟獲を3度捕らえることに成功したのだった。

火計《かけい》
——諸葛亮《しょかつりょう》の緒戦を飾った計略

荊州征圧を目指す曹操は、荊州の新野に駐屯する
劉備をたたくために、総勢10万の軍勢を送り込んだが、
諸葛亮の見事な火計がはまり、撤退を余儀なくされた——。

年号	208年(後漢・建安13年)	208年(後漢・建安13年)
計略発案	諸葛亮(劉備配下)➡夏侯惇(曹操配下)	周瑜(孫権配下)➡曹操(群雄)

「火計」とは

古今東西、戦いにおいて武器として使用されたのが「火」である。原始的な武器だが、敵に不意打ちをかける際や敵を殲滅《せんめつ》する場合など、その効果は計り知れない。

当然、三国志でもさまざまな場面で「火計」は登場する。諸葛亮《しょかつりょう》の初戦である博望《はくぼう》坡《は》の戦いでは、諸葛亮が火計を使って曹操《そうそう》軍を撃退することに成功し、諸葛亮の智謀に半信半疑だった関羽《かんう》と張飛《ちょうひ》を感心させている。

また、曹操と孫権《そんけん》、最大の戦いとなった赤壁《せきへき》の戦いは、孫権の参謀・周《しゅう》瑜《ゆ》と黄蓋《こうがい》による見事な火計が孫権軍を勝利に導いた。

10万の軍勢を追い払った諸葛亮の計略

荊州《けいしゅう》刺《し》史《し》の劉表《りゅうひょう》のもとに身を寄せ、新野《しんや》に駐屯していた劉備《りゅうび》は208年(建安13)、「三顧《さんこ》の礼」をもって諸葛亮を軍師として迎え入れた。諸葛亮は新野に到着して以来、毎日のように劉備と天下について論じ合っていた。

その頃、曹操は荊州攻めを企図し、武将を集めて軍議を開いた。すると、武将のひとり、夏侯惇《かこうとん》が進み出て進言した。

「近頃、新野にいる劉備が軍事調練をしていると聞いております。このまま放っておいたら、のちのちの禍根《かこん》となりましょう。早いうちに片づけておくのが得策かと存じます」

曹操はこの話を聞くと、ただちに夏侯惇を都督《ととく》に任命して新野攻めを命

じた。夏侯惇に従うのは、于禁《うきん》・李典《りてん》・夏侯蘭《かこうらん》ら10万の軍勢である。

しかし、参謀の徐庶《じょしょ》は、劉備が諸葛亮を軍師として招いた事実を告げて、

「劉備が諸葛亮を得た今、彼を軽んずるのは禁物です」

と言い、軽はずみな出陣を諌《いさ》めた。徐庶は、今では曹操のもとに身を寄せているが、もともとは劉備に仕えていた人物であり、また諸葛亮とは知己の間柄で、諸葛亮の才覚をよく知っていた。だが、夏侯惇は徐庶の言葉に聞く耳をもたず、軍勢を率いて出陣してしまった。

一方、曹操の大軍が新野に向けて進発したとの報告が入った劉備陣営では、諸葛亮が初采配をふるうことになった。諸葛亮は、新野の北に位置する博望坡に軍を進めさせ、夏侯惇軍の南下を防ぐ態勢をとり、左側の豫山《よざん》という山に関羽を、右側の安林《あんりん》という林に張飛を伏兵としてひそませた。そして先鋒の趙雲《ちょううん》には、負けたふりをして引き下がるように命じて、夏侯惇軍の南下を待った。

博望坡の近くまでやってきた夏侯惇は、先鋒の趙雲隊の貧弱さを見て大いに油断し、部下の韓浩《かんこう》が「趙雲はわが軍を誘い込もうとしているように見えます。伏兵があるかもしれません」と忠告したのも聞かずに、ひたすらに趙雲を追って、ついに博望坡までやってきた。

夏侯惇の後を追ってきた于禁と李典は、博望坡付近が山と林に囲まれていることに気づき、火攻めの危険を察知した。李典は馬を返して後詰を止めようとしたが、もはや勢いづいた人馬を止めることはできなかった。

一方、火攻めの危険を伝えに先を急いだ于禁は、ようやく夏侯惇に追いついた。夏侯惇も、于禁の言葉にはっとして馬を返そうとしたが、そこに関平《かんぺい》・劉封《りゅうほう》隊が左右から襲いかかると、いっせいに火の手が上がった。折からの強風も手伝って、あっという間に四方は火の海となり、大混乱に陥った夏侯惇の軍勢は味方を踏み潰して逃げまどい、多数の死者を出した。

夏侯惇軍の進軍をいったんは見過ごした関羽と張飛は、南に火の手が上がったのを見るや、関羽が後詰の糧秣《りょうまつ》車に火をかけ、張飛は兵糧屯積所を焼き払ってから、夏侯惇軍の退路をふさいだ。両軍の戦いは夜が明けるまで続き、一帯は人馬の屍《しかばね》で埋まり、血が川のように流れる惨状を呈した。李典と于禁はからくも逃げ落ち、夏侯惇も敗残の兵を取りまとめて、なんとか本拠地の許昌《きょしょう》へ引き上げた。こうして10万の敵勢を退けた諸葛亮の采配に、それまで彼の才覚に半信半疑だった関羽と張飛は感服し、以降はともに劉備のために戦うことになるのである。

周瑜・黄蓋による火計が曹操軍を粉砕

208年(建安13)、荊州の劉琮《りゅうそう》を降伏させた曹操は、余勢を駆ってさらに南下し、いよいよ孫権軍と対峙することになった。

曹操軍来襲を受けた孫権陣営では、開戦論と降伏論で二分されたが、開戦派の周瑜と魯粛《ろしゅく》が軍議をリードし、孫権は曹操との対決を決意した。孫権陣営は、曹操に追われて夏口《かこう》に駐屯していた劉備軍を仲間に引き入れ、周瑜・魯粛・諸葛亮の軍師が策を練った。そして、曹操軍の陣容を見て、曹操側の船を火計を用いて一掃することに決した。

そこに、戦乱を避けて江東に移り住んでいた龐統《ほうとう》が、

「一艘に火をかければ、ほかの船は逃げてしまいます。ですから、敵の船を1カ所につながせておけば、こちらの火計は成功するでしょう」

と、魯粛に提案した。魯粛から話を聞いた周瑜はこれぞ妙計と喜んだ。そこで、名士として名高かった龐統が曹操軍内にもぐりこみ、水上戦に慣れていない曹操軍兵士の船酔いがひどいことにつけ込んで、

「風波がやむことのない長江《ちょうこう》では、船に乗りつけない北方の軍勢が病気になるのも当然。船の艫《とも》と舳先《へさき》を鉄の環《わ》でつなぎ、その上に板を敷きつめれば、どんなに激しい風波も恐れるに足りません」

と曹操に建言。曹操は龐統の言葉どおりに船をつないでしまった。

一方、周瑜は部将の黄蓋と「苦肉《くにく》の計」を用いて曹操側のスパイをだまし、黄蓋が偽りの投降をすることに成功した。

こうして準備万端整った孫権軍は行動を開始。黄蓋は乾燥した枯芝を積み込んだ船に乗り込み、曹操軍の船団ひしめく赤壁目指して出陣した。黄蓋の投降を信じきっていた曹操軍はこれを出迎えたが、黄蓋が合図を出すと、黄蓋が率いていた船からいっせいに火の手が上がった。火を吹いた船は風に乗って曹操軍の船団へ突っ込むと、鉄の鎖でつなぎとめられた曹操方の船は逃げ場がなく、あっという間に燃え上がった。大混乱に陥った曹操軍に、両翼から孫権軍が殺到し、周瑜率いる大軍が正面をついて曹操軍を襲った。陸上では、呂蒙《りょもう》・甘寧《かんねい》らが曹操側の陣屋に火をかけ、曹操は生き残りの将兵を率いて命からがら逃げ落ちた。曹操の惨敗であった。

こうして曹操の漢土統一の望みは、もろくも崩れ去ったのである。

苦肉《くにく》の計

——赤壁《せきへき》の戦いを孫権《そんけん》の勝利に導いた計略

100万の大軍と称する曹操の大軍に、呉の周瑜は智謀をもって、
これを迎え打つ。世にいう「赤壁の戦い」であるが、
孫権軍の勝利を決定づけたのは「苦肉の計」だった——。

年号	208年（建安13）
計略発案	黄蓋（孫権配下）➡曹操（群雄）

「苦肉の計」とは

三十六計のひとつにも数えられる「苦肉《くにく》の計」は、自らの体を痛めつけて敵を欺《あざむ》き、偽りを真実であるかのように見せかける計略である。

スパイ等を使って敵を内部分裂させる「離間《りかん》の計」や、敵のスパイを逆に利用する「反間《はんかん》の計」を、さらに強固にする謀計といえる。

この計略の有名な実例が、赤壁《せきへき》の戦い(208年)において、呉《ご》将の周瑜《しゅうゆ》と黄蓋《こうがい》が実行した戦略である。ふたりの計略は見事にはまり、曹操《そうそう》を欺くことに成功する。

周瑜と黄蓋の「苦肉の計」

赤壁の戦いの決戦の前、曹操は孫権《そんけん》陣営の内情を探ろうと、武将の蔣幹《しょうかん》をスパイとして送り込んだ。しかし、孫権の軍師として名高い周瑜は、これがスパイであることを見抜き、逆に蔣幹を利用して、曹操軍で水練の責任者として腕をふるっていた蔡瑁《さいぼう》と張允《ちょういん》が孫権陣営へ内応しているという偽情報を曹操に流し、ふたりを殺させることに成功した。

曹操は、蔡瑁と張允を殺してしまってから、それが周瑜の計略であることにようやく気づいたが、「後悔先に立たず」である。それでも曹操は、彼らを惜しむ配下の諸将に対しては非を認めず、「あのふたりは軍律を乱したので斬って捨てた」と説明した。そうして一杯食わされた曹操が悶々としていたところ、参謀の荀攸《じゅんゆう》が「誰か人をやって偽って投降させ、よく

よく内情を探らせてから、事を進めるべきでしょう」と言ってきた。曹操が「誰をやったらよいか」と尋ねると、荀攸は「死罪となった蔡瑁の従弟の蔡中《さいちゅう》・蔡和《さいか》ならば、よもや疑われることはありますまい」と答えた。

曹操はすぐに蔡中と蔡和を呼び、「そなたたちは呉に降参いたせ。そのうえで、敵の動静をこちらへ通報するように。首尾よく敵を破ることができたら、重く取り立ててつかわす」と言い含めると、ふたりは「我らの妻子はみな荊州《けいしゅう》に残しております。決して変心なぞいたしません」と忠誠を誓った。

「従兄の蔡瑁は、罪もなく曹操に殺されました。我ら両名、その仇《かたき》を討ちたく、こうして参上つかまつりました。どうか先手にお加えくださいませ」――そう言ってふたりが投降を申し出ると、周瑜は満悦の態で歓迎した。そして甘寧《かんねい》と協力して先鋒となるように命じると、蔡中・蔡和は「してやったり」とほくそ笑んだ。しかし、そう簡単にだまされる周瑜ではない。周瑜はひそかに甘寧を呼び出すと、「奴らは妻子を連れてきておらぬ。曹操の回し者としてやって来たのだ。わしはその裏をかいて、わざと曹操に内通させてやるつもりだ」と打ち明け、早速、孫堅《そんけん》以来の孫家３代に仕える老将・黄蓋とひそかに語って一計を案じた。

その翌日、諸将を集め、「曹操は100万の大軍。なかなかすぐには破れそうにもない」と周瑜が訓示すると、黄蓋が進み出た。そして、「もし今月のうちに敵を破ることができないようであれば、降参したほうがまし」と激しい口調で反論した。黄蓋の言葉を聞くや、周瑜は烈火のごとく怒り、黄蓋を処刑しようとした。しかし、その場にいた武将たちが黄蓋の助命を請うたので、周瑜は黄蓋を棒罰《ぼうばつ》に処することにした。周瑜が奥へ下がり、一同が黄蓋を助け起こしたときには、背中は血まみれで皮肉は張り裂け、陣屋へかつぎ込む間にも何度も気を失うあり様であった。

曹操の目を欺き、偽りの投降を信じさせたいがための「苦肉の計」であるが、黄蓋は腹心の部下を呼んで事情を説明すると、曹操に降伏したいと記した書状を持たせて曹操の陣営に向かわせた。蔡和からも黄蓋が厳しく棒罰を受けたとの報告がなされており、これを信じた曹操は「黄蓋を快く迎える」旨の返事をしてきた。

こうして黄蓋は偽りの投降に成功し、曹操陣営の船団に近づくと、自ら乗っていた船に火をかけて突入させ、曹操軍の船をあらかた燃やすことに成功。この黄蓋の活躍により、赤壁の戦いの趨勢《すうせい》は決まったのであった。

十面埋伏《じゅうめんまいふく》の計

——袁紹《えんしょう》を死地に追いやった波状攻撃

官渡の戦いに敗れた袁紹は、再起をかけて大軍を率いて倉亭に布陣した。しかし曹操軍の「十面埋伏の計」の前に叩きのめされ、失意のうちに死んでしまったのである——。

年号	202年（後漢・建安7）
計略発案	程昱（曹操配下）➡袁紹（群雄）

「十面埋伏の計」とは

「十面埋伏の計」は、曹操《そうそう》の参謀・程昱《ていいく》が、袁紹《えんしょう》との戦いにおいて発案した計略である。

程昱の戦略は、次のようなものである。隊を11隊に分け、そのうち10隊を伏兵として配置し、本隊が負けたふりをして黄河《こうが》の岸まで退却する。こうすることによって、袁紹軍を河岸までおびき出すと同時に、味方の軍勢は前に敵勢、後ろに川という背水《はいすい》の陣をしくことになり、兵士たちは必死になって戦う。そこに、左右に潜んでいた伏兵が波状攻撃を仕掛けるというわけである。

袁紹を窮地に追い込んだ程昱の戦略

三国志における天下分け目の戦いといえる官渡《かんと》の戦いは、曹操の大勝のうちに終わった。天下人にいちばん近いといわれた袁紹は、官渡の戦いでの敗戦以降は精彩を欠き、またたく間に没落することになる。

しかし、官渡の戦い後、すぐに没落したわけではなかった。曹操に負けたとはいえ、袁紹は地盤である冀州《きしゅう》を失ったわけではなかったし、曹操にとって脅威であることに変わりはなかった。

果たして袁紹は、官渡の戦いから２年後の202年（建安７）、幽《ゆう》州・并《へい》州・青《せい》州の兵も合わせた総勢20万の軍勢を率いて、再び曹操との対決を目指して倉亭《そうてい》の地に布陣した。

それに対し、曹操も倉亭に軍勢を進めて、袁紹の大軍に対峙して布陣した。しかし、初戦では袁紹の三男・袁尚《えんしょう》に、曹操軍の武将・史渙《しかん》が討たれるなど、袁紹軍がやや優勢となった。

ここで負けては、官渡の戦いでの勝利も無意味なものとなってしまう。曹操は形勢逆転を図るために、諸将を集めて軍議を開いた。このとき、程昱が進言したのが、冒頭で説明した「十面埋伏の計」であった。

曹操は程昱の言をいれて、軍勢を左右に５隊ずつ分けてひそませ、自らは本隊を率いて出陣した。

曹操軍の進軍に対し、袁紹軍も兵を進める。曹操は計略どおり黄河河岸まで退いたところで反転し、「もはや、前に道はないぞ。命の限り斬りまくれ」と全軍を叱咤《しった》した。曹操の声に兵士たちは必死に立ち回り、先鋒の許褚《きょちょ》が敵将十数人を斬り落とすと、袁紹軍はまたたく間に混乱し、敗走しはじめた。

しかし、袁紹軍の退路の左右には、曹操軍の伏兵10隊がひそんでいる。まず、袁紹が逃げようとするところを夏侯淵《かこうえん》と楽進《がくしん》が左右から襲いかかり、なんとか袁紹が振りきって10里足らず行くと、今度は右から徐晃《じょこう》、左から李典《りてん》が道をふさぐ。袁紹がようやく陣地まで逃げ戻り、ひと息ついたところに、張遼《ちょうりょう》と張部《ちょうこう》が喊声《かんせい》を上げて躍り出た。袁紹軍はさらに退却するが、今度は曹洪《そうこう》と夏侯惇《かこうとん》が行く手を阻み、袁紹の軍勢はもはや隊の列もままならず、屍《しかばね》が野に満ちるといった有り様となり、袁紹はほうほうのていで冀州へ帰りついたのだった。

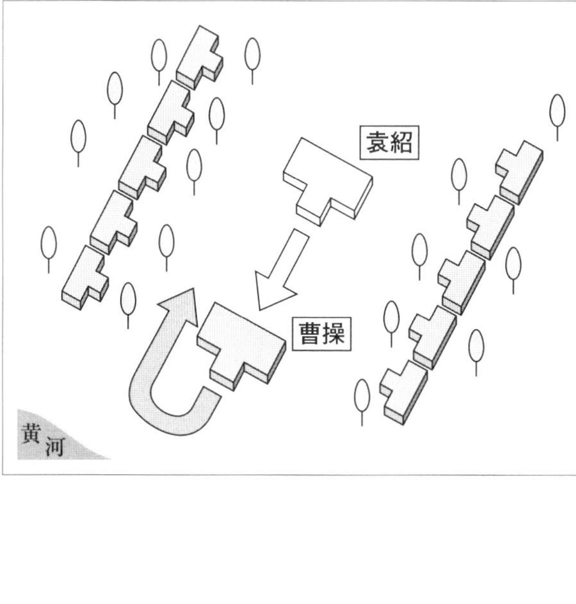

■十面埋伏の計

曹操軍は、軍勢を10隊に分けて伏兵とし、左右に５隊ずつを潜ませ、袁紹の軍勢をおびき寄せた。曹操軍を追ってきた袁紹軍に対し、左右の伏兵が袁紹軍のすきをついて次々に攻撃を仕掛け、敗走させた。

袁紹はこの敗戦に際し、
「私は今回ほど惨めな思いをしたことはない。これは天が私を滅ぼそうとしているのだ」
と嘆き、曹操とやり合う気力をすっかり失い、その年のうちに死んでしまうのである。

column 5

島津の「釣り野伏せ」

おとり部隊を使った三面包囲作戦として有名なものが、薩摩《さつま》の戦国大名・島津《しまづ》氏が用いた「釣《つ》り野伏《のぶ》せ」と呼ばれる戦術だ。

これは、全軍を三部隊に分け、そのうち二部隊をあらかじめ左右に伏せさせておいて、まず中央の部隊が正面から敵に当たり、敗走を装って後退する(=釣り)。そして敵が追撃してくると、左右両側から伏兵に襲わせ(=野伏せ)、中央の部隊が反転することで三面包囲を完成するというもの。予定とする戦場にうまく敵を誘引できなかった場合は、おとり部隊の側面部隊が迂回《うかい》して敵の側面を突いて包囲、伏兵部隊は遊撃部隊となって追撃を加えた。島津氏は「耳川《みみがわ》の戦い」「沖田畷《おきたなわて》の戦い」「戸次川《へつぎがわ》の戦い」など重要な戦いでこの戦術を応用して勝利している。

実に華麗な戦術だが、実際の運用は難しかったようで戦史上の成功例は少ない。まず「釣り」を担当する部隊は、敵に悟られないようごく自然に退却しなければならず、さらに背後から追われる部隊というのは恐怖心から簡単に瓦解しやすい。高い戦術理解と士気を持つ兵と、「今は敵に追われていても、絶対に勝利に繋がるのだ」という兵からの信頼が厚い指揮官が存在して、はじめて成功する戦術だと言えるだろう。

連環《れんかん》の計

——命を賭して貂蝉《ちょうせん》、養父の企てを完遂する

天下万民のため、逆賊・董卓と猛将・呂布の仲に亀裂を生じさせたい。養父のたっての願いに、貂蝉は二人の前で見事な立ち回りを演じる——。

年号	192年(後漢・初平3年)
計略発案	王允(漢朝廷臣)➡董卓・呂布(群雄)

「連環の計」とは

『三国志演義』はさまざまな「計略」を読者に用意している。なかでも最も有名なもののひとつが「連環《れんかん》の計」だろう。これは三十六計のひとつでもある。物語中、「連環の計」は二箇所に出てくるのだが、そのひとつは天下を分けた「赤壁《せきへき》の戦い」で用いられたもので、ひとつはここで述べる王允《おういん》が用いた策である。

この計略は、「環が連なる鎖のように、いくつもの策を重ねて仕掛ける計略」とするのが定説で、「赤壁の戦い」で曹操軍の船と船をつないだ

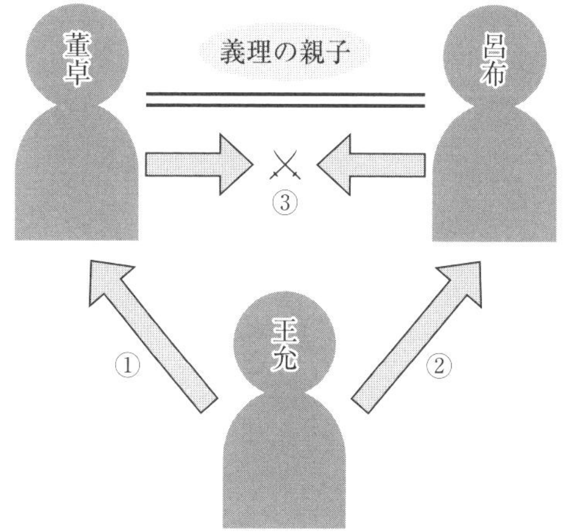

■連環の計

横暴な董卓を排除するために、王允は養女の貂蝉を董卓の側室として送り込み(①)、同時に貂蝉が呂布に気があるように仕向けた(②)。董卓も呂布も、貂蝉を自分の女だと誤解するように仕向けており、ふたりの仲はしだいに険悪となっていった。

「鎖を用いた計略」という意味で「連環の計」と呼ばれることもある。ただ、三十六計のひとつとしての「連環の計」は、前者の複数の計略を連ねて一計とするものである。

「連環の計」における貂蝉の役割

「連環の計」は、王允と貂蝉《ちょうせん》の親子二人で成し遂げた計略である。王允の遠謀がなければ仕掛けることはかなわず、貂蝉の美貌と機転がなければ成功させることはできなかった。

養父の王允が貂蝉に頭を伏して言ったのは、「まず、そなたを呂布《りょふ》にやると約束し、その後に董卓《とうたく》に献ずるから、ふたりの間に立って彼ら親子を反目するように仕向け、呂布の手で董卓を殺させ、悪逆非道の根を絶ってもらいたい」という言葉であった。そして貂蝉は董卓のもとへと贈られ、計略の成否を女ひとり、一身に担うことになったのである。

●董卓のものとなった貂蝉、呂布の前で涙を落とす

王允からは、呂布に嫁がせるために董卓が貂蝉を連れていったものと聞かされた呂布だが、何の音沙汰もないことを不審に思った。一方の董卓は、貂蝉を手に入れてからというもの、すっかり彼女におぼれてしまい、ひと月あまりも政務をおろそかにした。

あるとき董卓が軽い病にかかったが、夜もいとわず貂蝉が熱心に看病している様子なので、呂布にとっては面白くない。辛抱ができなくなって見舞ってみると、たまたま董卓は眠っているところであった。すると貂蝉は呂布のほうに向かい、声を立てずに董卓を指差し、ぽろぽろと涙を落として見せた。そうしているうちに董卓が目を覚まし、呂布がじっと貂蝉ばかりを見ているのに気づくと、「わしの女に色目を使うな」と叱咤し、控えの兵士たちに命じて呂布を追い出した。

病が癒えると、董卓はようやく宮中に参内して政務に着くようになった。ある日、董卓が献帝《けんてい》と話しているので、そのすきをみて、呂布は急いで貂蝉のいる丞相府《じょうしょうふ》へと駆けつけた。貂蝉はひと目のない裏庭に誘うと、

「将軍のお側に仕えさせていただくと聞いたときには、一生の願いもかなったものと喜んでおりました。ところが董卓様のひどいなさりよう。私の身は汚されてしまいました。その場で死のうと思いましたが、将軍にひと言お別れの言葉を言うために、恥をしのんで生きてまいりました。今

日、ようやく将軍にお会いできましたので、あなた様の前で命を捨て、私の心をお見せいたしましょう」

と言うや、蓮池へと身を投げようと欄干《らんかん》に手をかけた。呂布は、あわてて貂蝉を抱きとめると、「俺もお前の心はわかっていた。この世でお前を妻とできないのならば、俺も英雄と呼べぬ」と涙を流した。

そうしているうちに、職務の途中であったことに気づいた呂布が「俺は行かなければならない。あの老いぼれに疑われるのはまずい」と言った。この言葉を引き出した瞬間、ここぞとばかりに涙を落とし、悲しげな表情を浮かべて呂布を挑発するのだから、貂蝉の機転は大したものである。

呂布の袖をつかんで貂蝉が言う。

「あなた様はあの老いぼれを、それほどまでに恐れていらっしゃる。やはり私は、この世で願いをかなえることができないのですね」

この言葉に呂布はぴたと立ち止まった。そして貂蝉のほうに振り返ると「しばらく我慢してくれ。何とかする」と言って固く抱きしめ、職務のことなどすっかり忘れて逢瀬を楽しむのである。

すると、宮中に呂布の姿のないことに気づき、「もしや」と思い当たった董卓が、あわただしく丞相府に帰ってきた。董卓は貂蝉の名を呼ぶが出てこない。やがて裏庭に行き当たると、呂布と貂蝉が睦まじく語り合っている。董卓は烈火のごとく怒り、立てかけてあった呂布の方天画戟《ほうてんがげき》を持ち主目がけて投げつけた。間一髪これを避けた呂布は、そのまま丞相府から逃げ去っていった。

●うつつを抜かす董卓に、李儒は天を仰いで嘆息する

呂布が立ち去ると、騒ぎを聞きつけた李儒《りじゅ》がやってきたので、董卓はこの日起こったことを話して聞かせると、李儒は、

「呂布殿は太師殿の大切な腹心、かけがえのない猛将ではございませんか。それに比べて貂蝉は一介の女子にすぎません。ここでもし殿が貂蝉を呂布殿にお与えになれば、呂布殿はご恩に感じて、殿のため命をかけて働くに違いありません。よくよくお考えくださいますよう」

と答えた。董卓は、李儒の言うことももっともなことだと思い直して、貂蝉を呼んだ。そして「そなたは何ゆえ呂布と勝手なまねをしたのだ」と問い詰めた。返答次第では生死にかかわる場面だが、貂蝉はここでも完璧な立ち回りを見せるのである。

「私が裏庭で花を見ていましたところ、呂布が突然まいりました。驚いて身を隠そうとしたところ、呂布は『太師の息子である俺をなんで避けようとするのだ』と言って、戟《げき》で脅されました。呂布は必ず私を手籠めにするに違いないと思いましたので、蓮池に身を投げようとしましたが、あの下郎に抱きとめられてしまいました。その危ないところに太師さまが駆けつけ、私をお救いくださったのです」

貂蝉がこのように語ったので、董卓はそれ以上咎《とが》めることはできなかった。董卓は責めるのをやめ、「わしはそなたを呂布に与えようと思うのだが、どうじゃ」と李儒とはかって決めたことを打ち明ける。

すると、貂蝉は大いに驚き、はげしく泣いて、「いったんは貴きお方のお世話になって、すぐに下郎のもとに与えられるなどという恥を受けるくらいなら、死んだほうがましです」と、壁にかけてあった宝剣で自分の首をはねようとした。董卓が驚いてこれを止めると、さらに貂蝉は董卓に言った。

「太師様のことですから、そんなお考えはなさらないことはわかっております。きっと李儒の差し金でしょう。李儒は呂布と仲が良いから、こんなことを考え出したに違いありません」

と言うと、董卓は「わしにそなたが捨てられると思うか。よしよし、一緒に郿《び》城に帰ってふたりで楽しく暮らそう」と言って貂蝉をなだめた。

次の日になって、李儒が「今日は吉日ですから、さっそく貂蝉を呂布におつかわしになるのがよろしいでしょう」と言ってきた。しかし董卓は、「呂布にくれてやるのはやめだ」と、昨日とは違う言葉。「女に惑わされてはなりませぬぞ」と諫めるものの、董卓が「この話は二度とするな。言えば斬るぞ」と声を荒らげたため、李儒は引き下がるしかなかった。董卓の姿にこの先がどうなるのか理解できたのだろう、李儒は天を仰いで「我らはみな、女ひとりのせいで滅ぶのか」と嘆息したのである。

●呂布に裏切られて逆賊董卓、ついに討たれる

李儒の忠告も空しく、貂蝉を郿城へと連れ去ったことで、董卓と呂布との仲はもはや修復できないものとなった。そして貂蝉を思って嘆き悲しんでいる呂布に、王允が声をかけるのである。

「これは将軍、なにをお嘆きになっていらっしゃるのでしょうか」と王允が問えば、呂布は「貴殿の娘御のためでござる」と言う。

王允はとぼけ、「私はここのところ身体を悪くいたしておりましたので、家に引きこもっておりました。あれからずいぶんと日が経ちましたが、まだ将軍のもとへおつかわしになられないのですか」と驚いてみせると、呂布は「あの老いぼれめが、とうとう自分のものにしてしまったのだ」と説明した。王允はわが意を得たりとばかり呂布の手をとって、王允の屋敷で相談しようともちかけた。

屋敷では酒を用意してもてなすと、呂布は悔しそうな顔をして董卓の非道を王允に訴えた。すると王允は企ての仕上げに入った。

王允は、「将軍の妻となるはずの私の娘を奪われたことは沽券に関わる問題です。笑いものにされるのは董卓ではなく、私と将軍です。すでに年老いた無能の私について言えばそれも仕方のないことでしょうが、残念なのは当世の英雄と賞賛される将軍が辱めを受けることです」と悔しがって見せた。すると呂布は「あの老いぼれを必ずや殺し、恥をすすいでみせます」と誓った。ところが、しばらくすると「殺そうと存ずるが、子が父を殺すことで後世に汚名を残したりはしないだろうか」と心配し出したので、王允は「将軍の姓は呂、太師の姓は董。それに先日戟を投げつけられて、太師に親子の情があったと言えましょうか」と微笑んだ。ここで、呂布の腹は決まった。

そして王允は、最後のひと押しとばかりに「将軍がもしも漢朝を救うのならば、忠臣として青史(※1)に名をとどめ、百世の後まで名誉が伝わるに違いありません」と告げ、呂布は「それがし、決心いたしました」と刀を抜いて掌を刺し、血を滴らせて、ともに董卓を殺害することを誓った。

王允の手引きによって、宮中に参内した董卓が呂布によって討たれるのは、王允との密談を交わした次の日のこと。時に董卓54歳。さらにこの日、「董卓の横暴を助けたのは李儒である。生け捕りにせよ」との呂布の命令に、董卓の腹心・李儒もまた家臣によって捕縛され、市中に引き出されて斬首となった。李儒と董卓の死骸は都大路にさらされたが、通りかかる人民のなかに、その屍を踏みにじらぬ者は皆無であったという。

※1　歴史書のこと。

敵の退路を断つ

――大敵を破り、大敵から逃げる

反董卓連合の動きに、董卓は洛陽を捨てて長安への遷都を実行。曹操は一軍をもってそれを追撃するが、李儒の策略によって手痛い敗北を喫するのである――。

年号	192年（後漢・初平3年）
計略発案	李儒（董卓配下）➡曹操（反董卓連合軍）

「敵の退路を断つ」とは

戦いにおいて、敵の退路を断つことは有効な戦術である。第一に、相手が退路を絶たれることを懸念して、十分な兵力を注ぎこめないことにつながるからだ。

また、退路を絶つということは、敵の背後を襲うことであり、相手にしてみれば正面と背後に敵を抱えることになる。挟撃されかねない状況であり、必然的に兵力を分散せざるを得ない。大敵といえども破ることが可能となり、破れないまでも撤退させることはできよう。ただし、兵力差があまりに大きい場合には効果はなく、また敵に途中で気づかれたらむろん失敗となる。

たとえば、織田信長《おだのぶなが》が越前《えちぜん》の朝倉義景《あさくらよしかげ》を攻めたとき、義弟の近江《おうみ》の大名・浅井長政《あざいながまさ》が裏切り、信長の背後を攻めた。順調に朝倉を攻め立てていた信長は、浅井軍に退路を経たれることを恐れ、急遽朝倉攻めを中止し、京都にとって返したのだった。

また、徳川側の長篠《ながしの》城を攻めていた武田勝頼《たけだかつより》は、城の前面にあたる設楽原《したらがはら》に織田・徳川軍が布陣しようとするのを見るや、退路を絶たれる可能性を考え、城攻めをやめて織田・徳川軍に対峙するように布陣している。

三国志においては、追撃してきた曹操《そうそう》軍に対して、董卓《とうたく》軍の李儒《りじゅ》が進言した計略が有名である。

「反董卓連合軍」が起こり、袁紹がその盟主となる

189年(中平６)、陳留王《ちんりゅうおう》(劉協《りゅうきょう》)を新帝(献帝《けんてい》)に立てて、董卓がまんまとその後見に収まった。それに反対した袁紹《えんしょう》は、命の危険を察して洛陽《らくよう》の都から引き上げ、曹操らと図って全国に反董卓の挙兵を呼びかける檄文《げきぶん》を飛ばした。すると、諸侯たちは兵を起こしてこれに応じた。集まった諸侯は渤海《ぼっかい》太守袁紹のほか、南陽《なんよう》太守袁術《えんじゅつ》、冀州刺史《きしゅうしし》韓馥《かんふく》、豫州《よしゅう》刺史孔伷《こうちゅう》、兗州《えんしゅう》刺史劉岱《りゅうたい》、河内《かだい》太守王匡《おうきょう》、陳留太守張邈《ちょうばく》、東郡《とうぐん》太守橋瑁《きょうぼう》、山陽《さんよう》太守袁遺《えんい》、済北《せいほく》の相鮑信《ほうしん》、北海《ほっかい》太守孔融《こうゆう》、広陵《こうりょう》太守張超《ちょうちょう》、徐州《じょしゅう》刺史陶謙《とうけん》、西涼《せいりょう》太守馬《ば》騰《とう》、北平《ほくへい》太守公孫瓚《こうそんさん》、上党《じょうとう》太守張揚《ちょうよう》、長沙《ちょうさ》太守孫堅《そんけん》(※1)。それぞれが数万の精兵を引きつれ、一大連合軍となり、袁紹は曹操に推されて、連合軍を束ねる盟主となった。廃立の翌年の190年(初平１)のことである。

こうした袁紹たちの動きに、献帝の兄で前帝の少帝が政治利用されることを恐れた董卓は、腹心の李儒に命じてこれを毒殺。李儒は抵抗する少帝の母・何太后《かたいごう》と后も殺害した。そして少帝が死ぬと、もともと傲慢な性格の董卓の行動はいよいよ暴虐を極めていった。たとえば夜ごとに宮中に踏み込んで女官たちを襲い、天子の床で寝起きするようにまでなった。

一方の「反董卓連合軍」だが、さっそく汜水関《しすいかん》(虎牢関《ころうかん》)から出た董卓配下の軍とあたって勝利し、関へと逃げて守りを固める董卓の兵たちの戦意は失われた。汜水関での敗戦を聞いた董卓は15万の大軍を率いて汜水関へと向かうが、形成は不利である。こうした状況において、李儒は誰もが考えもしない奇手を董卓に献策する。それは、200年にわたって帝都として

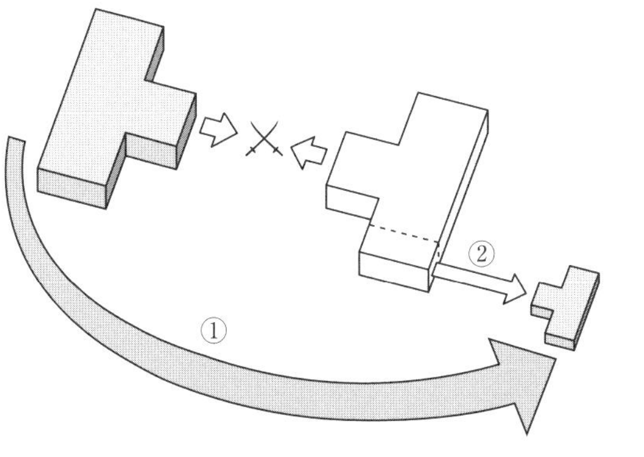

■敵の退路を絶つ

敵と交戦中、その敵の背後に一軍を派遣し(①)、敵の逃げ道をふさいでしまう計略。こうすることによって敵を挟撃できるうえ、敵は兵力の一部を背後の軍勢に割かねばならず(②)、兵力を分散させることもできる。

栄えた洛陽を捨て去り、長安《ちょうあん》へ遷都するというものであった。

●連合軍の脅威に、董卓は帝都洛陽を棄てる

董卓からすれば、長安への遷都は理にかなっている。今や洛陽は袁紹たち連合軍の脅威にさらされており、一方、寂れているとはいえども長安は、東を崤山《こうざん》・函谷《かんこく》など天嶮《てんけん》に守られていて、西側には董卓の地盤としている涼州《りょうしゅう》が控えている。また、木材・石材などの産地となりうる隴右《ろうゆう》に近いため、宮廷の造営にひと月もかからない。「緒戦で敗れた今、このうえは汜水関から引き上げていったん洛陽へ戻り、洛陽の都を捨てて帝を長安へ移したほうがよろしいかと存じます」と李儒が言えば、董卓は「そなたが言ってくれねば、余は気づかなかったぞ」と喜んでこの策を受け入れた。諸官からは「人民が動揺する」とする反対意見が出たものの、董卓は彼らを罷免して庶民に落とし、「遷都は天下のためのことで、人民なぞどうなろうと知ったことではないわ」と言い放った。

さらに「洛陽には分限者がたくさんおりますので、これを機会に官位を取り上げ、一族を殺して財産を取り上げれば、巨万の富を得ることができましょう」と李儒が悪知恵を働かせば、董卓はこれを実行。そしてついには洛陽の都に火をかけて、代々の漢朝皇帝・后の墓を暴いて金銀・財宝を持ち去って、一路長安へと向かった。

●連合軍の脅威に、董卓は洛陽の都を棄てる

洛陽の都はことごとくが灰燼《かいじん》に帰し、董卓は長安へと向かっていった。しかし、盟主・袁紹は董卓をすぐに追おうとはせず、諸将は10万以上の兵を擁しながらも、酒宴に明け暮れていた。煮え切らない袁紹の態度に、曹操は「董卓が西方へ逃げた今こそ、一気に追撃すべきときではないか。それなのに殿はなぜ軍を止めて動こうとしないのだ」と詰め寄ったが、諸将たちは「軽々しく動くべきではない」と言い、袁紹も追撃の素振りさえも見せない。曹操は「豎子《じゅし》謀るにたりず(貴様たち小僧どもとは、一緒に作戦などできるはずがない)」と大喝するなり、自ら騎馬隊一万余を率い、配下の夏侯惇《かこうとん》、夏侯淵《かこうえん》、曹仁《そうじん》、曹洪《そうこう》、李典《りてん》、楽進《がくしん》らを従えて董卓の後を追っていくのである。だが、この曹操の盛んな血気が仇となってしまう。

汜水関から洛陽へ向かう途上、滎陽《けいよう》(※2)では太守の徐栄《じょえい》が董卓を出迎えたが、ここで李儒は董卓に進言する。「このあたりでそろそろ、追っ手を

防がねばなりません。徐栄の軍を滎陽城外の山陰に潜ませ、追っ手が来たら、徐栄にはいったんはやり過ごさせ、それがしが主力をもって追っ手を打ち破り、さらに背後から退路を絶つように徐栄に攻めさせて皆殺しにしてやりましょう。やつらに二度と追おうなどという気をおこさせないように」。董卓はその計略に従い、さらに呂布に精兵を率いさせて李儒の後詰とさせた。すると、曹操が軍を率いて追ってきたので、呂布は「李儒の言ったとおりだ」と笑って、李儒の計略どおりに軍を展開させた。李儒・呂布の軍は曹操軍を数で押してこれを破り、曹操が兵を引いたところでさらに徐栄の軍がこれを攻撃して、曹操をさんざんに討った。曹操は、徐栄が放った矢に肩を貫かれ、あわや捕縛されるところまでに追い詰められたが、曹洪が自分の馬を差し出したおかげで辛くも生き延びることができた。終わってみれば、敗残兵わずかに500人という大敗であった。

戦いでは普通、追う側と追われる側では、敵の背後から攻めることができる追う側が有利である。もちろん敵に追いつかなければならないのだから、兵を休めず、足の速い騎馬隊を率いてすぐに董卓を追った曹操の判断は正しいと言える。しかし、惜しむらくは、袁紹が煮えきらなかったため、曹操ひとりで追撃せざるを得なかったことだろう。追ってくるのを読まれていたとはいえ、正面に待ち構える李儒・呂布の正規部隊を打ち破る戦力があれば、伏兵となるはずの徐栄軍も意味をなさなかったはずで、それどころか、兵力を分散させたことでかえって迎撃側に不利な戦況(各個撃破を受けやすい)ともなりかねないのである。結局のところ、袁紹の優柔不断な性格と、寄せ集めゆえに足並みがそろわない「連合軍」ならではの弱さが出たということだろう。

曹操を蹴散らしたこの勝利によって、董卓は長安へと無事に兵を進めることに成功し、一方の反董卓連合軍は諸侯たちの思惑が一致することのないまま瓦解《がかい》の道を辿っていった。そして連合した諸侯たちはそれぞれの任地へと帰って独立した勢力となり、群雄《ぐんゆう》が割拠《かっきょ》する世となっていくのである。

※1　『正史』によれば、孔融、陶謙、馬騰、張揚、公孫瓚の名は挙がっていない。

※2　『三国志演義』では滎陽の地は、洛陽から長安へ向かう途上にあるかのように描かれるが、実際には洛陽から見て東の汜水関よりも、さらに東に位置する。事件の起こる順番も、物語に緊迫感を出すための演出だろう、『正史』では「汜水関の戦い→曹操の敗北→洛陽炎上」となるはずのところが、『演義』では「汜水関の戦い→洛陽炎上→曹操の敗北」となっている。

虎《とら》を山から誘《おび》き出す

——一計を案じた蒯良《かいりょう》が、江東の雄・孫堅《そんけん》を討つ

「天下を縦横に斬り従える」と気を吐き、日の出の勢いにあった江東の英雄・孫堅。だが、その野望はかなうことはなく、蒯良の策に陥って命を散らすことになる——。

年号	214年(後漢・建安19年)	192年(後漢・初平3年)
計略発案	夏侯淵(曹操配下)➡韓遂(豪族)	蒯良(劉表配下)➡孫堅(群雄)

「虎を山から誘き出す」とは

この計略は文字どおり、敵を誘い出して陣地を離れさせ、その機に乗じて攻略するというものである。三十六計のひとつ。

日本でもこの計略はよく見られ、三方ヶ原《みかたはら》の戦いで武田信玄《たけだしんげん》が浜松城から徳川家康《とくがわいえやす》をおびき出して大勝したのは有名な話である。また、関ヶ原の戦いで、徳川家康が石田三成《いしだみつなり》に挙兵させるように画策して上杉討伐に向かったのも、この計略のひとつといえるかもしれない。

三国志では、『正史』による略陽《りゃくよう》の戦いにおける夏侯淵《かこうえん》の計略が有名である。また、孫堅《そんけん》はこの計略にかかって命を落とした。

韓遂をおびき出した夏侯淵

214年(建安19)、涼州《りょうしゅう》奪還を図って魏《ぎ》領の雍州《ようしゅう》・祁山《きざん》を包囲した馬超《ばちょう》を破った魏将・夏侯淵は、そのまま涼州平定を目指し、韓遂《かんすい》が駐屯する略陽《りゃくよう》へ向けて北上を開始した。

略陽城まであと20里というところで、夏侯淵は兵をとどめた。略陽城に拠る韓遂軍は精鋭ぞろいのうえ、城そのものが堅固である。一筋縄ではいかないことはわかっていた。

そこで夏侯淵は、韓遂軍に多く参加している羌《きょう》族に目をつけた。羌族とは、涼州方面に勢力を誇ったチベット系の異民族で、韓遂や馬超に与し、魏に対してしばしば反乱を起こしていた。

夏侯淵は、略陽城の城外にあった羌族の屯営《とんえい》を攻めた。そうすれば、屯営救出のために彼らは城を出るに違いないと踏んだのである。韓遂が羌族を見捨てれば城に孤立することになり、韓遂も羌族とともに城外に討って出れば平地戦となり、韓遂を生け捕ることもできよう。どちらに転んでも、韓遂を窮地に陥れることができる。

夏侯淵が羌族の屯営を攻めると、案の定、城内の羌族はこぞって救援に赴き、韓遂もまた羌族とともに城外に出てきた。夏侯淵軍は大いに韓遂軍を破り、韓遂は西へ敗走していった。

こうして夏侯淵は、敵を見事に誘い出し、主将である韓遂を打ち破り、略陽城の攻略に成功したのである。

孫堅、伝国の玉璽を手に入れる

三国志には、もうひとつ、この計略を使った有名な戦いがある。呉《ご》の皇帝となる孫権《そんけん》の父・孫堅は、この計略にはまって命を落とした。

黄巾《こうきん》賊討伐において、華々しい活躍を見せたのが孫堅である。劉備《りゅうび》と同じ朱儁《しゅしゅん》に従って転戦し、そこで数々の軍功を挙げて別部司馬《べつぶしば》にまで任じられた。その後の袁紹《えんしょう》を盟主とする反董卓《とうたく》連合においても孫堅は気を吐き、諸侯が汜水関《しすいかん》攻めにかかりきりになっているなか、ひとり董卓の居る洛陽《らくよう》を目指して攻め上った。残念ながら孫堅の軍勢が洛陽に着いたとき、すでに董卓は都に火をかけ、帝を連れて長安《ちょうあん》を目指して立ち去った後であったため、董卓を討つことはかなわなかった。しかし孫堅はこのとき、その後

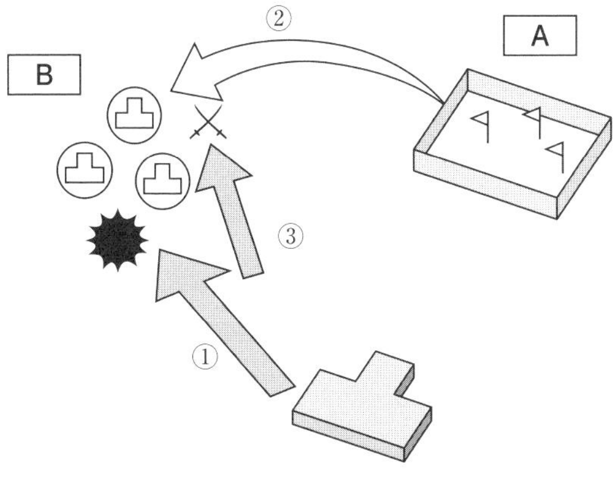

■虎を山から誘き出す

本来の目的はAであるが、これを容易に倒すためにおびき出す計略。AがBに向かうように仕向け(①)、Aが出てきたところを(②)、一気に打って出る(③)ことで、敵を殲滅することができる。

の彼の運命を変えることになる「伝国の玉璽《ぎょくじ》」を手に入れたのである。洛陽市街の消火活動の果てに、「御殿の南の井戸から五色の光が立ち上っている」とする兵からの報告があり、これを調べさせたところ、宮廷装束を着けた女の死体の首にかけられていたのを発見したものであった。

「伝国の玉璽」は皇帝であることの証である。家臣の程普《ていふ》が、「いま、天が玉璽を殿に授けられたのは、いずれ殿が皇帝となるという知らせ。もはや、長く連合に参加する意味もありません。速やかに江東《こうとう》へ帰って、人計をお立てになったほうがよろしいでしょう」と言うと、孫堅は連盟を離脱して江東へと立ち返ることにした。しかし、玉璽の件はすぐに袁紹の知るところとなって、袁紹は荊州《けいしゅう》刺史《しし》の劉表《りゅうひょう》への使者を立てると、孫堅の帰路をさえぎって玉璽を奪うように命令する。そのため孫堅は劉表配下の蔡《さい》瑁《ぼう》・蒯越《かいえつ》に取り囲まれ、兵の大半を失ってからくも逃げ帰ることになった。これ以後、孫堅は劉表を仇と恨み、復讐の機会を待つのであった。

●袁術の企みに乗って、孫堅は劉表を攻める

孫堅に復讐の機会が訪れるのは、192年(初平３)。南陽《なんよう》太守の袁術《えんじゅつ》からの誘いがあったことによる。この年の初め、袁紹は新たに冀州《きしゅう》を手に入れたが、それを聞いた袁術は、袁紹とは従兄弟の関係であることを頼りに分け前に預かろうと、馬1000頭をもらいたいと袁紹に申し入れた。しかし袁紹がすげなくこれを断ったために袁術は腹を立て、以来両者の仲は険悪なものとなっていた。さらに荊州の劉表に対しても兵20万を借り受けたいと申し入れたが、これも断られたことに怒って、袁術は孫堅に密書を送り恨みを晴らそうと考えたのである。

孫堅への密書は次のようなものである。

「先だって貴公の帰路をさえぎったのはわが従兄袁紹が謀ったこと。今、また袁紹は、劉表に江東を襲わせようとしている。ならば、貴公は劉表を討ちたまえ。我らも貴公のために袁紹を討ちましょう」

これを読んだ孫堅は、「こしゃくな劉表め。あのときの恨み、今こそ晴らしてやる」と怒りに肩を震わせた。家臣の程普は「袁術は策を弄《ろう》する輩《やから》」と注意を促したが、孫堅は、「わしはかねてより劉表に復讐するつもりでいた。袁術の助けなぞ当てにしてはおらん」と息巻いた。さらに弟の孫静《そんせい》からも「わずかな怨恨をもとに兵を起こすのはいかがかと存じます」と諌《いさ》められるが、孫堅は「常に天下を縦横に斬り従えようと願っているこのわしが、仇をそのままにしておけると思ってか」と言って、劉表攻めの大軍を起こすのである。

●英雄孫堅、蒯良の計略に掛かって横死する

劉表を攻めると、孫堅は押しに押した。黄祖《こうそ》の守る樊《はん》城を落とすと、劉表の拠る襄陽《じょうよう》を取り囲み、これを力攻めに攻める。

一方の襄陽城内。蒯良《かいりょう》は劉表に「それがし、天文を占ってみますに、将星がひとつ落ちようとしております。これはまさに孫堅のこと。殿には、急ぎ袁紹殿に使いを立て、加勢を求めたほうがよろしいだろうと存じます」と進言した。劉表はこれを聞き入れ、孫堅の囲みを破って出る者があるかと諸将に問えば、呂公《りょこう》という者がこれに応じた。すると蒯良が「そちが行くと申すならば、わしに一計がある」と言って呂公に耳打ちする。

蒯良は言う。「貴公は弓勢のすぐれた者を引き連れ、囲みを破ったら一気に峴山《けんざん》に走れ。孫堅は必ず軍勢を率いて追うだろうから、貴公は100人を山頂に伏せて大石を集めさせておき、100人に弩《ど》(※1)をもたせて林の中にひそませておくのだ。追っ手がきたら、あちこち逃げ回ってから敵を峴山へ誘き寄せ、矢と大石をいっせいに食らわせてやれ。もし追っ手が来ないときは、そのまま袁紹のもとへ急げばよい」。呂公はこの計を受けて軍勢を整える。

黄昏時となり、呂公は城門を開いて出撃、峴山を目指した。すると孫堅は諸将を呼ぶこともせず、わずか30騎あまりを従えただけで追いかけていく。孫堅の馬は早く、やがてただ一騎だけとなるが、それでも孫堅は「逃げるな」と叫びながら呂公を追い続けた。しかし蒯良の言うところの意味を理解する呂公は、ただ一合交えるとすぐにあちこちへと逃げ、距離を置きながら伏兵が準備する時間を稼いだ。

やがて呂公を見失った孫堅が、山頂から敵を探そうと山道へ入ると、その瞬間、山頂からは大石が転げ落ち、林からは雨あられと矢が降り注ぐ。こうして一代の英雄・孫堅は、全身に石と矢を浴び、惜しまれる命を落とすことになるのである。まだ37歳の若さであった。

※1　弓の一種で、春秋戦国期にはすでに発明されていた武器。

刀を借りて人を殺す

――王允《おういん》、貂蝉《ちょうせん》を用いて董卓父子の仲に楔《くさび》を打ち込む

漢朝をないがしろにし長安で横暴の限りを尽くす董卓に対し、司徒の王允は董卓配下の呂布の力を借りて、この暴君を除くことを決めた――。

年号	192年(後漢・初平3年)
計略発案	王允(漢朝廷臣)➡董卓・呂布

「刀を借りて人を殺す」とは

これは文字どおり、人の力を借りて敵を討つ計略である。三十六計のひとつで、戦国時代の魯《ろ》の子貢《しこう》という人が、魯を救うために魯を出て、斉《せい》を乱して呉《ご》を破り、晋《しん》を強くして越《えつ》を覇者にしたことが、その由来とされる。

三国志では、王允《おういん》の計略が有名であろう。董卓《とうたく》政権下で司徒《しと》に任じられた王允は、専横をきわめる董卓をなんとか除きたかったが、官僚である王允には武力がなかった。そこで、董卓の部下である猛将・呂布《りょふ》を使って董卓を殺させることに成功したのである。これは「連環《れんかん》の計」でも説明したが、ここでは王允の動きを中心に見ていく。

また、ここでは紹介していないが、関羽《かんう》に攻められた曹操《そうそう》が孫権《そんけん》と結んで、孫権軍に関羽を殺させたのも、この計略のひとつといえる。

横暴を極める董卓に、王允は政治を正そうと決意する

長安《ちょうあん》に都を移した董卓は、ますます暴威をふるうようになった。自らを『尚父《しょうほ》(※1)』と称して振る舞う様子は、皇帝さながらであった。彼は弟の董《とう》旻《びん》を左《さ》将軍に任じ、甥の董璜《とうこう》を侍中にして近衛《このえ》兵を統率させたほか、ほかの董家の一族も老幼を問わずにみな列諸侯《れつしょこう》に封じて、権勢を獲得していった。

そして、長安から250里に位置する郿《び》に長安の都とまったく同じつくり

の城を築き、そこへ民間から徴発した年若い美女を800人、20年分の食糧と黄金、珠玉《しゅぎょく》、絹布《けんぷ》、真珠などの財宝をかき集めて家族をすべて住まわせた。

あるとき、董卓が百官《ひゃくかん》を集めて酒宴を開いていると、北の蛮地から捕虜数百人が護送されてきた。すると董卓は、その場で捕虜たちの手足を斬らせ眼をえぐらせ、舌を抜かせて、そのうえ大鍋で煮殺させるという蛮行に出た。宮中には泣き叫ぶ声がこだまして諸官は恐怖に箸を落としたが、董卓は平然として談笑を続けたという。

漢《かん》朝がないがしろにされる状況に、董卓政権で司徒《しと》に任じられていた王允は、心中では苦々しく思う日々を過ごしていた。王允は董卓政権下にいたが本意ではなく、漢朝への忠義を胸に秘めていた能吏であった。

ある日、董卓の非道な行いに王允は家に帰っても寝つけず、杖を手にして庭に出て、ひとり天を仰いで涙をはらはらと流していた。その様子を、牡丹の花咲く垣根越しに一人の美女が見ながらため息をもらした。

この女の名は貂蝉《ちょうせん》といい、幼い頃から王允に召し抱えられて歌や舞を仕込まれた娘で、年は16。容色も優れ、芸ごとにも才能を発揮したため、すでに老境に入った王允からはわが子のように可愛がられていた。

貂蝉のため息に気づいた王允は、「そなたは男のことでも思っているのか」と声をかける。「滅相もございません」と貂蝉。「隠し事はよくない。なんなりと申してみなさい」と王允が問うと、貂蝉はこう返答した。

「私をこの年まで育て、実の子同様に可愛がっていただいた旦那様のご

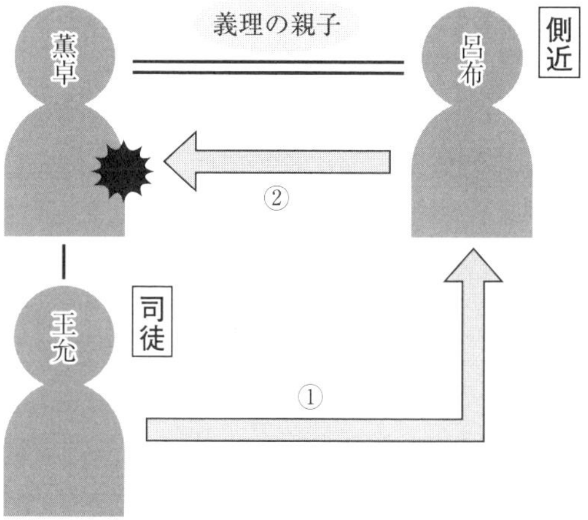

■刀を借りて人を殺す

他人の力を借りて、目的とする相手を葬る計略。この場合、王允の目的は董卓の殺害であるが、自身の力ではそれが果たせない。そこで董卓の部下・呂布に利をもって働きかけ(①)、内応させて彼に董卓を殺させた(②)。

恩は、私の骨を粉にしようとお返しできるものではありません。ところが大切な旦那様のこのところのお姿を拝見いたしますに、心配事がおありになるご様子。きっと国家の大事があってのことだろうと思っておりましたが、今夜もたいへんお悩みの御気色です。それでついため息をついてしまいましたところ、思いがけなく旦那様のお目にとまってしまったのでございます。もし私でお役に立つようなことがございましたら、わたくしは命を捨てる覚悟です」

貂蝉の言葉に、王允ははたとひらめいた。そして「おお、そうだ。漢の命運はそなたの手のなかにあったのじゃ。一緒に来なさい」と貂蝉に告げた。部屋に入って人払いを済ますと、王允は貂蝉を正面の席に座らせ、彼女の前にぱっとひれ伏した。そして、

「今や天下の危機である。これを救うことができるのは、そちしかいない。国賊・董卓は天子の御位を奪おうとしているのに、百官はそれを黙ってみているばかり。さらに董卓には呂布という養子がいて、これが天下無双の剛の者。しかしながら、付け入るすきはある。彼らはいずれも色好みの輩ゆえ、わしはそなたを用いて『連環の計』を仕掛けたいと思う」

と打ち明けた。「なにとぞ私を用いてください」と応える貂蝉に、王允は深々と白髪頭を下げた。

●王允、呂布と董卓の双方に貂蝉の輿入れを約束する

さっそくあくる日、王允は秘蔵の真珠を用意して細工師に命じて黄金の冠にはめこませると、密かに呂布のもとへ届けさせた。すると呂布は答礼のために王允の館を訪ね、王允は酒席をもってこれをもてなした。

「なにゆえ朝廷の重臣である司徒殿が、一介の侍大将のそれがしに贈り物をくだされたのでござるか」

呂布が尋ねると、王允は「天下に英雄と呼べるのは呂将軍ただおひとり。私は将軍の官職に贈ったのではなく、将軍の才能に対して敬意を払ったのです」ともち上げた。呂布は大いに喜び、相好を崩して杯を重ねた。ほどよく酒がまわった頃合を見計らって、王允が貂蝉を呼ぶと、あまりの美しさに呂布は眼を奪われる。さらに貂蝉を同席させて杯を重ねてから王允は「この娘を将軍のおそばに差し上げたいと存じますが、お受けいただけますでしょうか」と切り出した。呂布は驚き、直立して「もしもそうしていただけるのならば、それがし、ご恩に報いるために犬馬の労もいとい

ません」と答えた。王允が近日中の輿《こし》入れを約束すると、天にも昇る心地の呂布は何度も礼を言って帰っていった。

それから数日後。宮中で董卓に会った王允は、呂布がそばにいないのを確認してから平伏し、「董太師のご威光を仰ぎ、それがしのあばら家で一席をもうけたく存じますが、ご承知いただけるでしょうか」と誘うと、董卓は「ほかならぬ司徒殿のお招きとあれば」とこれを受けた。その翌日、王允は山海の珍味をつらねて董卓を迎える。やがて夜になり、酒宴もたけなわになったところで董卓を奥の部屋に招き入れ、従者たちを退けると、王允は貂蝉を呼んだ。貂蝉が舞を舞い、歌を歌って董卓に見せる。「まるで天女のようだ」と董卓が見入っている様子に、王允は、呂布に言ったのとまったく同じように、貂蝉を差し上げたい旨を董卓に打ち明けた。すると、董卓もまた喜び、王允に何度もくりかえし礼を言って帰っていった。王允はすぐに輿入れの準備を行うと、先に董卓のいる丞相《じょうそう》府《ふ》に貂蝉を送り届けた。

貂蝉が董卓のもとへ贈られたのを知った呂布は、王允を見つけると、その襟元をつかんで「先日はそれがしにくれると言ったはずなのに、約束が違うではないか」と詰め寄った。すると王允は、

「昨日、董太師が拙宅にお越しになっておっしゃるには、『貴公はわが息子・奉先《ほうせん》(呂布のこと)に娘をくれると約束いたしたそうだな。そこで、養父であるわしからもお頼みに上がったのじゃ。ついでに貂蝉という娘に引き合わせてもらいたい』とのこと。貂蝉にご挨拶させましたところ、『今日は日が良いので、さっそくわしが連れ帰って呂布に渡してやる』との仰せ。太師直々のご指示に、それがしごときがお断りできましょうか」

と、呂布に嫁入りさせるために董卓が連れていったのだとごまかした。

呂布は「これは申しわけない。それがしの思い違いでござった」と王允に詫びたが、董卓のほうでは自分がもらったものだと思っているのだから当然のこと、それから数日たっても呂布に対して何の音沙汰もない。

こうして呂布は、董卓に対して次第に不信感を抱くようになり、ついに呂布は王允側に寝返り、王允の策略どおり董卓を殺害してしまうのである。

王允は、自らの手では到底なし得なかった董卓殺害を、まさに「刀を借りて人を殺す」で成し遂げたのだった。

column 6

曹操が使った「刀を借りて人を殺す」の計

あるとき、祢衡《ねいこう》という名士が、荊州《けいしゅう》から曹操《そうそう》のいる許都《きょと》にやってきた。祢衡は才能豊かな人物であったが、その才能を鼻にかけた傲《ごう》慢無礼《まんぶれい》な人格で、容赦なく他人を批判したため、人々の恨みを買っていた。ただ一人、孔子《こうし》の末裔《まつえい》で後漢王朝に仕えていた孔融《こうゆう》だけが、彼の才能を認めていた。

祢衡の態度は曹操に対しても変わらなかった。あるとき、曹操のもとに身を寄せていた孔融が、祢衡を曹操に会わせた。祢衡は簡素な服を着て曹操と面会するや、杖で地面を叩きながら曹操を批評したという。

激怒した曹操は、祢衡を殺そうと思ったが、自分で手を下すのは得策ではないと考え直した。曹操は、孔融にこう言った。

「私が祢衡を殺すのはたやすいことだが、祢衡は虚名であるにせよ、遠近に名を知られている。こういう人間を殺してしまうと、人々は私のことを狭量というだろう」

そこで人望を失うことを恐れた曹操は、祢衡を荊州《けいしゅう》の劉表《りゅうひょう》のもとへ送り、これに殺させようとした。

しかし、祢衡は劉表には徹底してごまをすり、劉表を褒め称えたため、劉表は祢衡を上賓として迎えた。だが、祢衡の批判好きは収まらず、劉表の部下については容赦なかったため、部下たちからは大いに嫌われた。そこで部下の一人があるとき、

「将軍(劉表のこと)の仁徳は周の文王《ぶんおう》さえも及ばないと祢衡は申しておりますが、その一方で、万事がうまくゆかないのは将軍に決断力が欠けているからだ、とも申しております」

と、劉表に告げ口をした。怒った劉表は、祢衡を家臣の黄祖《こうそ》のもとへ送り、黄祖は、その悪口に怒ってついに祢衡を殺してしまった。

※1　周朝の創始者である武王が、王朝創始に功のあった呂公を敬う気持ちから、呂公のことをこう呼んだ。董卓は自ら呂公になぞらえて自称したものである。

草を打って蛇をいましむ

——李傕《りかく》と郭汜《かくし》、賈詡《かく》の智謀を知ってこれに従う

董卓死後、董卓の部下であった李傕と郭汜らは、長安をあきらめ王允に降ることにした。しかし、同僚の賈詡は彼らを諫め、王允陣営をワナにかけ長安を奪回した——。

年号	192年(後漢・初平3年)
計略発案	賈詡(李傕配下)➡馬騰・韓遂

「草を打って蛇をいましむ」とは

三十六計のひとつ。この言葉は、「これを懲《こ》らして彼をいましむ。草を打ちて蛇《へび》をいましむ」が由来で、「いましむ」とは、「驚かす」という意味である。

これを応用すると、敵情に関する情報の真偽を疑い、正確な敵情視察を行ったうえで、敵をワナにかけるという計略になる。

日本の合戦では、関東の覇者・北条氏康《ほうじょううじやす》がこの計略を用いて河越《かわごえ》の戦いに勝利している。8万5000という大軍に包囲された河越城に対し、氏康は

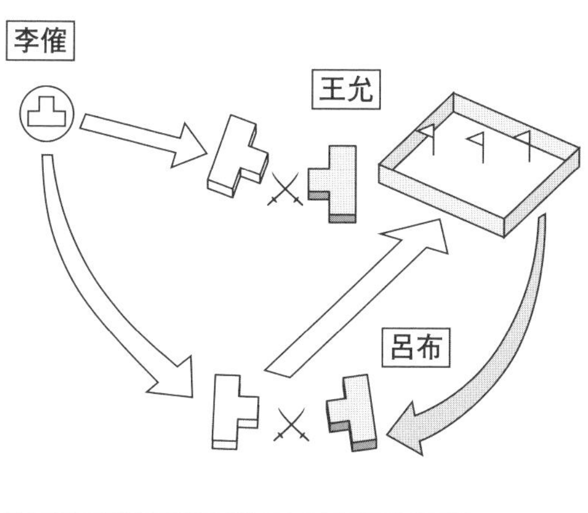

■草を打って蛇をいましむ

王允陣営の内部を観察し、呂布さえいなければ勝利できると読んだ賈詡は、李傕らに呂布をおびき出させておいて、別働隊に王允陣営を攻撃させた。李傕らの誘いに乗った呂布は案の定、おびき出され、主力を失った王允はまたたく間に敗れ去った。

忍びの者を放って敵情を視察させ、敵が大軍に驕《おご》って油断していることを知る。そこで氏康は、敵の大将に城の明け渡しと引き替えに籠城《ろうじょう》兵の命乞いを嘆願し、一方で小競り合いを仕掛けては相手が応戦してくると退却するということを繰り返した。こうして敵を油断させておいて、一気に夜襲をかけ大軍を破り去ったのである。

ここで紹介する賈詡《かく》の計は、王允《おういん》・呂布《りょふ》側の状況を把握したうえで彼らをワナにかけ、続いて馬騰《ばとう》・韓遂《かんすい》を退けて、李傕《りかく》らの長安《ちょうあん》征圧を成功させた。

李傕、賈詡の提案を入れて長安を目指す

諸葛亮《しょかつりょう》やそのライバル・司馬懿《しばい》の活躍に埋もれがちだが、賈詡という人物もまた軍師・参謀として非常に有能な人物で、そして何より、処世術が巧みな政治家であった。

賈詡は、はじめ董卓に仕えていた。董卓が死ぬと李傕、段煨《だんわい》、張繡《ちょうしゅう》と主君を変え、最後は魏《ぎ》に仕えて曹操《そうそう》·曹丕《そうひ》の２代にわたって活躍するのだが、そのことだけをもってしても、政治家としての有能さと処世のうまさが見て取れるだろう。『正史』においても『演義』と変らぬ有能さを見せた政治家であった。

呂布と謀って董卓を殺した後、王允は呂布と皇甫嵩《こうほすう》に命じて郿《び》城に兵５万を派遣し、その財産を官に没収するように命じた。呂布は郿城に着くとすぐに貂蝉《ちょうせん》を引き取り、皇甫嵩は城内に捕らわれていた良家の子女を解放。そして董卓の親族は、老幼を問わずにすべて殺された。

郿城にいた董卓配下の李傕・郭汜《かくし》・張済《ちょうせい》・樊稠《はんちゅう》らは、呂布が押し寄せて来ると聞くと、長安の西方、涼州《りょうしゅう》へと難を逃れたが、やがて使者を長安に使わせて許しを求めることにした。しかし王允は、「董卓が跋扈《ばっこ》したのは、この四人が助けたからだ」と言って赦さない。李傕たちは「ならば、それぞれ落ちのびるほかあるまい」と言って逃亡の覚悟を決めた。

しかし、ここで董卓の幕僚のひとりで、李傕らと行動を共にしていた賈詡が、李傕たちに進言した。

「おのおの方が軍を捨て、身ひとつで逃れられるとあれば、一介の地方役人であっても簡単に捕えられてしまうに違いない。ならば、涼州の人民を集めて手勢と合わせ、長安へ攻め入って董卓殿の仇を討ってみようではないか。うまくいけば天子を奉じて天下を正し、もし敗れれば、そのとき

になってから身ひとつで逃げても遅くはあるまい」
李傕たちは、賈詡の提案をもっともであると思い、これに同意した。そして、「王允は、董卓の出身地である涼州のことを恨んでいるから、皆殺しにするために攻めてくる」という噂を涼州に広め、「我らとともに立ち上がろう」と誘った。
賈詡の策略は当たり、涼州の人々はこぞって李傕軍に合流し、こうして十余万の兵を集めた李傕たちは、長安を目指して軍を押し出すのである。
李傕たちにとって、長安を攻めるにあたっての最大の障壁は呂布の存在であった。王允が呂布と協議し、「司徒《しと》殿、ご案じなさるな。奴らごとき物の数ではない」と言って呂布が出陣すれば、案の定、李傕らは抗しようもない。
そこで李傕たちは隊をふたつに分けて、李傕と郭汜が呂布を引きつけ、その間に張済・樊稠が長安を攻めることにした。この李傕の策略は見事にはまり、さらに董卓の残党である李蒙《りもう》・王方《おうほう》が城内から内応してきたこともあって、李傕らは長安を落とすことに成功する。
李傕たちが長安の城内になだれ込むと、もはやこれまでと呂布は妻子も連れずに逃げて行った。そして、最後まで漢朝の臣として献帝《けんてい》のそばに残った王允は、李傕らによって一族もろともに殺されてしまうのである。

●馬騰・韓遂を退けた賈詡、李傕・郭汜に重用される

長安を落とした李傕・郭汜たちは、献帝を強要して希望の官位にありつくと、すぐに政治をほしいままにし始めた。朝廷の人事はすべて李傕・郭汜の思うまま。帝の左右には腹心の者を配置して動静をうかがわせ、告げ口する者があればただちに斬り捨てさせたので、またもや献帝は心の休まらぬ日々を過ごすことになった。
こうしたある日、西涼《せいりょう》太守の馬騰《ばとう》と并州《へいしゅう》刺史の韓遂《かんすい》が賊を討つと称して長安に攻めてくるとの知らせが入った。馬騰・韓遂の軍は合わせて十余万、献帝と謀り、その密詔によってそれぞれ征西《せいせい》将軍・鎮西《ちんぜい》将軍に封じられての動員である。
さて、李傕たちが軍議に入ると、ここで賈詡がまたもや献策する。
「彼らは遠方より攻め上ってくるのだから、要害を固めて守りに徹するのがよろしかろう。100日も経たずに兵糧つき果てて兵を引くに違いないから、その機に追い討てば二将軍を生け捕りにすることもできるはずだ」

ところが、李蒙･王方が威勢よく飛び出て、これに真っ向から反対した。
「愚策である。身どもに精兵1万をくだされば、たちどころに馬騰・韓遂の首を献じましょう」
と、積極的な出撃を唱えた。賈詡は「今もし戦えば勝ち目はござらんぞ」と言ったものの、二人は「敗れることがあれば、この首を差し上げよう。しかし、もし勝ったならば貴公の首をもらい受ける」と言って引こうとしない。
そこで賈詡は、李傕と郭汜に向き直って言う。
「ならば、長安の西に険しい要害の山がありますから、そこを張済・樊稠の両将軍に固めていただいたうえで、李蒙・王方に出陣させるがよろしかろう」
李傕・郭汜はこれに従い、李蒙たちは1万5000の兵馬を与えられると大いに喜んで出陣していった。
勇んで出撃した李蒙と王方だが、敵の若武者・馬超《ばちょう》が出陣してくると、賈詡の読みどおりにあっけなく大敗を喫した。そして、二人が討たれたと聞いて李傕と郭汜は、はじめて賈詡の先見の明を信じるようになった。
それからはひたすら防備を固めると、西涼の軍勢は2カ月も経たずに兵糧に窮して軍を引き返し始めた。そこで李傕らは、樊稠・張済に命じて馬騰・韓遂を追撃させたところ、果たせるかな、西涼の軍勢は散りぢりになって敗走していくのである。
「討って出るべきだ」と強弁する李蒙・王方に対し、一見すると大きく譲歩している賈詡の提案だが、考えてみれば、防備を固めるために必要な張済・樊稠の主力はしっかりと温存されているのである。譲歩しているようでいて、実のところは譲歩していない。さらに言えば、賈詡をあなどった李蒙・王方は敵に討たれ、李傕・郭汜は賈詡を信頼するようになり、そして最終的には馬騰・韓遂の軍を退けることにも成功しているのだから、ここで描かれる賈詡の遠謀は実に見事なものである。
馬騰・韓遂の長安奪回が失敗に終ってからというものは、諸侯も帝も、誰も李傕に対して謀をおこそうとしなくなった。しかしながら、李傕・郭汜に信用されて政治の場においても意見を入れられるようになった賈詡が、賢人を積極的に採用させ、民を安んじたことで、漢朝はしばしの平穏を取り戻すのである。

彭越《ほうえつ》が楚《そ》を悩ませた法

——呂布《りょふ》を翻弄した李傕《りかく》の攪乱作戦

長安の奪回を目指す李傕は、強敵・呂布への対応策として、この計略を採用し、呂布を大いに攪乱した。呂布が翻弄されているすきをつき、李傕はついに長安を奪回したのである——。

年号	192年(後漢・初平3年)	200年(後漢・建安5年)
計略発案	李傕(群雄)➡呂布(群雄)	袁紹(群雄)➡曹操(群雄)

「彭越が楚を悩ませた法」とは

長安《ちょうあん》を攻める場面において、李傕《りかく》らは「彭越《ほうえつ》が楚《そ》を悩ませた法」という作戦を用いて呂布《りょふ》を翻弄《ほんろう》している。

彭越は、紀元前2世紀前半、秦《しん》朝末期からの楚の項羽《こうう》と劉邦《りゅうほう》による戦いで、後に漢《かん》朝を創始する劉邦に協力した大盗賊。彼は、劉邦が項羽に敗れて劣勢となったときに、一軍を率いて項羽軍の背後を突き、現れては項羽の兵糧を焼き、項羽がやってくると逃亡するという戦術を用いて劉邦の軍を助けた。今で言うところの「ゲリラ戦による後方攪乱《かくらん》作戦」である。

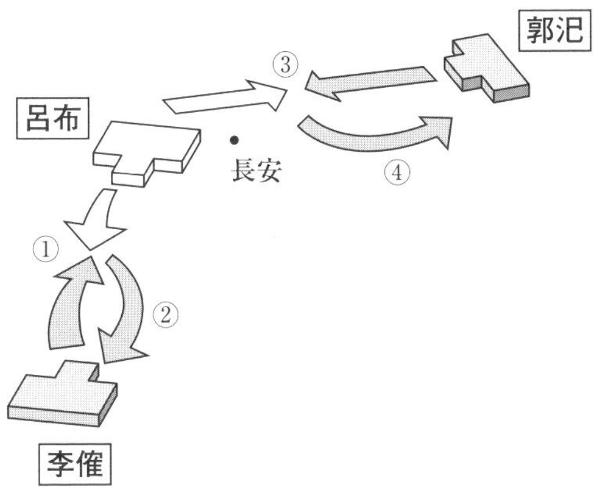

■彭越が楚を悩ませた法

李傕は呂布に攻撃を仕掛け(①)、呂布が出てくると撤退し(②)、そのすきをついて呂布の背後に回った郭汜が呂布を攻める(③)。呂布が郭汜攻撃に転じると、郭汜が撤退し(④)、再び李傕が呂布を攻撃する。こうして呂布を翻弄した李傕たちは、ついに長安の奪回に成功した。

李傕はこの計略を用いて呂布を破り長安奪回を果たしたが、袁紹《えんしょう》の計略は失敗に終わった。

呂布を翻弄した李傕の策略

「彭越が楚を悩ませた法」は李傕が提案した。「呂布は勇将とはいえ頭の足りない奴だから、恐れることはない。私が連日出撃して呂布を誘い出すから、郭汜《かくし》殿は一隊を率いて呂布の背後を襲い、銅鑼《どら》を合図に兵を出し、太鼓《たいこ》を合図に退いてくれ。張済《ちょうせい》殿と樊稠《はんちゅう》殿は、その間に長安を攻めてくれ」と李傕が言うと、諸将はさっそくこれを実行した。

戦闘が始まると、呂布が李傕を攻めれば李傕が逃げ、背後から郭汜が出現する。ならば今度はと郭汜を攻めれば、郭汜が退いて李傕が攻めてくる。戦おうとするものの、まともに戦えない状況に呂布は苛立った。

そうこうしているうちに、長安が落城寸前との知らせが届いたため、呂布が急いで軍を引き返したところ、李傕・郭汜は全軍をもってこれを追い討ちにした。そして、長安に戻ったものの、すでに兵馬の多くを失っていた呂布は落城を防ぐことができず、ついに袁術《えんじゅつ》を頼って逃げ落ちていくことになるのである。

袁紹・劉備の計略は失敗に終わる

200年(建安5)、曹操《そうそう》の急襲を食らった劉備《りゅうび》は、小沛《しょうはい》を捨てて青州《せいしゅう》の袁譚《えんたん》を頼り、袁譚の仲介で袁紹陣営に身を寄せた。袁紹はその頃、官渡《かんと》で曹操軍と対峙していた。袁紹軍が有利に戦いを進めるなか、曹操の本拠地である許都《きょと》の南の汝南《じょなん》郡隠強《いんきょう》で、黄巾《こうきん》賊の残党である劉辟《りゅうへき》が、袁紹有利の戦局を見て曹操に反旗を翻した。

袁紹は劉備を汝南に派遣し、劉辟とともに曹操の後方を攪乱させることにした。劉備が汝南に入ると、周辺の県令たちは劉備に降り、許都は窮地に陥った。許都危うしの報告を受けた曹操に対し、曹仁《そうじん》が進言した。

「南方の諸県は、わが軍が袁紹との戦いのために動けず、援軍が期待できないために降伏したまで。しかし、劉備は袁紹の軍勢を指揮することになったばかりで、まだ十分に彼らを動かせるはずがありません。いま攻めれば、必ず打ち破れます」

曹仁の進言を容れた曹操は、すぐさま曹仁を汝南へ派遣し、曹仁は大いに戦果を上げ、劉備は袁紹のもとへ逃げ帰った。

屍《しかばね》を借りて魂を返す

——張邈《ちょうばく》を説いて陳宮《ちんきゅう》、曹操《そうそう》の徐州攻めを阻止する

「殺された父の恨みを晴らすため」と称して曹操の大軍が徐州に迫った。一方、徐州太守の陶謙と親交の深い陳宮は、これを阻止するために手をつくすのであった。

年号	193年(後漢・初平4年)
計略発案	陳宮(張邈客将)➡曹操

「屍を借りて魂を返す」とは

これは三十六計のひとつで、一度滅んだものを、新しい形で復活させるという計略である。古来、滅んだ国の末裔《まつえい》がよく使う手だが、実は成功した例はあまり見られない。

日本の例でいえば、戦国武将たちがすっかり権威を失ってしまった天皇や将軍の虚名だけを借りたのも、この計略といえようか。織田信長《おだのぶなが》が入京できたのも、幕府将軍の足利義昭《あしかがよしあき》を奉じてのことであった。

三国志の世界でも、漢王朝最後の皇帝・献帝《けんてい》が、曹操《そうそう》の力を借りて王朝

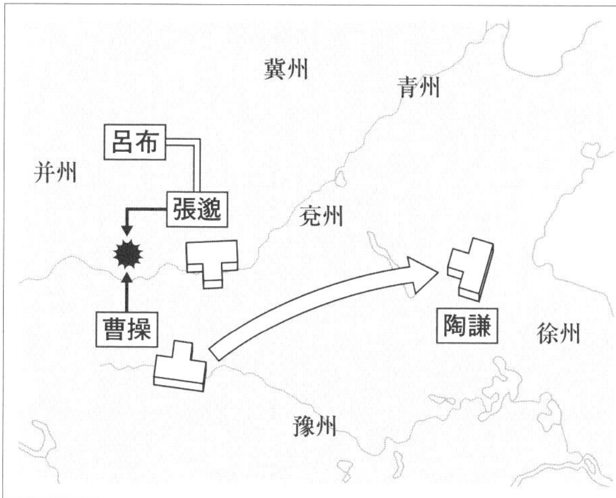

■屍を借りて魂を返す

かつて董卓とともに朝政を握った呂布だったが、長安を逃亡後、并州に隠遁していた。曹操と対立した張邈は、呂布に目をつけ味方に引き入れると、曹操が陶謙を攻めている隙をついて、またたく間に兗州を席巻し、曹操の領土を奪い取ったのだった。

復興を目指したことがあった。しかし、結局は曹操の傀儡《かいらい》となって終わった。

また、三国のひとつである蜀《しょく》を滅ぼした魏《ぎ》の将軍・鍾会《しょうかい》が独立を図り、蜀の生き残りである姜維《きょうい》とともに魏に反旗を翻したが、これも失敗に終わった。

ここで紹介する陳宮《ちんきゅう》の計略は、亡国の復活とはいえないが、王允《おういん》に滅ぼされた董卓《とうたく》政権下の重臣である呂布《りょふ》を、張邈《ちょうばく》のもとで復活させることで、一時的ではあるにせよ曹操から兗州《えんしゅう》を奪い取っている。この計略が成功した一例ではある。

陳宮、曹操の不仁を知ってこれと別れる

劉備《りゅうび》にとっての最大・最強のライバルで、物語の敵役といえば曹操である。その曹操の、「敵役」ならではの性質を読者に強く印象づけているのは、次の場面であるに違いない。

董卓が少帝《しょうてい》を廃して献帝を立て、政治を己がものとしてすぐのことである。曹操は、宮中で董卓を暗殺しようとしたものの、すんでのところで呂布に見つかって失敗。「この宝剣は董卓殿に献上しようとしたものだ」と偽ってその場をごまかすと、洛陽《らくよう》を離れ郷里へ向かって逃げていった。その途上、曹操は中牟《ちゅうぼう》県の関所で捕らわれたが、県令の陳宮と「董卓を倒して天下を正す」と意気投合すると、漢朝に対する忠義の心に感動した陳宮が密かに曹操を開放し、そのまま行動をともにすることにした。

ところが、それから３日ほど経った日のことである。曹操が、父の義兄弟である呂伯奢《りょはくしゃ》という者の屋敷が近くにあるというので、彼らがそこへ向かったときに、事件が起こった。甥の命を救ってくれた礼を言い、呂伯奢が酒を買い求めると言って屋敷を出ていった。そしてしばらくすると、屋敷の奥で刃物を研ぐ音がする。曹操は「叔父とは言え血縁の者ではない。にわかに出てゆくというのも解せぬことだ」と怪しんで様子を覗うと、「ふん縛って殺してしまおう」と声がしたから驚いた。これは殺されるに違いないとふたりは剣を抜き、居合わせた家人を皆殺しにしたが、落ち着いてみれば豚が一頭、縛って殺すばかりになっている。「疑いが過ぎて罪もない者を殺してしまった」と後悔したところで後の祭りである。曹操と陳宮は急いでそこから逃げ出した。

さらに間の悪いことに、しばらくすると驢馬の背に酒を乗せた呂伯奢に

行き当たった。「なにゆえ早々に立ち去られるのか。おふたりのため、家人に命じ、豚をつぶしておもてなしするように申しつけておいた。ささ、馬をお返しなされ」と誘う叔父だったが、曹操は急に剣を引き抜くや、呂伯奢を殺してしまった。「先ほどは思い違いでござったに、これはなんとしたこと」と陳宮が驚くと、曹操は「叔父が家に帰れば黙ってはおるまい。人々をかり集めて追って来たなら、大変なことになるではないか」と言う。「しかし、無罪を承知で殺すのは、不義と申せましょうぞ」と陳宮。すると曹操は、「わしは、自分が天下の人に背こうと、天下の人に背かれることは我慢ならんのだ」と言ってのけた。この言葉を聞いた陳宮は、「かくも残忍な男とは知らなかった」と曹操のもとを立ち去るのである。

●曹操、青州黄巾賊を退治して一大勢力となる

陳宮に去られた曹操は、昼夜を問わず馬を走らせようやく郷里の陳留《ちんりゅう》に辿りつくと、そこで兵を集め、諸将に呼びかけて袁紹らとともに反董卓連合軍を結成した。

しかし、挙兵はしたものの、物語の序盤での曹操は失敗続きで「最大の敵役」というのにはいささか物足りない。

その曹操が、ようやく快進撃を始めるのは、董卓政権が終わり、李傕《りかく》の時代になってからである。192年(初平３)12月、青州の黄巾《こうきん》賊が再び反乱を起こし、朱儁《しゅしゅん》の推挙によって曹操が賊の平定を命じられた。

この命令を受け、曹操がまず寿陽《じゅよう》に拠る黄巾賊を攻めると、数万の賊が投降してくる勝利となった。そこで曹操は、投降してきた賊に一隊を任せて先鋒として用いたところ、これが功を奏し、向かった戦場のすべてで賊たちが曹操に帰順を申し立ててくるという大勝利となった。

こうしてわずか100日足らず、降参した賊兵の数は30万余りとなって乱が平定されると、この功により曹操は漢王朝から鎮東《ちんとう》将軍に任じられた。

すると、各地から名士・豪族たちが曹操のもとへと馳せ参じてきた。このとき、新しく曹操に寄せた者の名を挙げれば、文官は荀彧《じゅんいく》・荀攸《じゅんゆう》のほか、程昱《ていいく》・郭嘉《かくか》・劉曄《りゅうよう》・満寵《まんちょう》・呂虔《りょけん》・毛玠《もうかい》。武官は、挙兵以来の夏侯惇《かこうとん》・夏侯《かこう》淵《えん》・曹洪《そうこう》・曹仁《そうじん》・曹純《そうじゅん》たちに、新たに于禁《うきん》と典韋《てんい》が加わった。さらに、黄巾の投降兵から精鋭を選んで「青州兵」と呼ばせて手兵に加えると、曹操の陣営はにわかに一大勢力となって充実するのである。

●陳宮、張邈に助言して曹操の留守を突く

戦力を整えた曹操が、まずその標的としたのは徐州《じょしゅう》の陶謙《とうけん》であった。陶謙は温厚篤実な人であったが、曹操が父親の曹嵩《そうすう》を呼び寄せようとしたところ、護衛につかせた陶謙配下の張闓《ちょうがい》という者が財宝に目がくらんで曹嵩を殺したことで曹操の恨みを買ったのである。曹操は大軍を発し、「報讐雪恨(あだをほうじてうらみをすすぐ)」の四字を旗に掲げて徐州の領民10万を殺し、いまにも城下へと迫った。

この状況に、曹操を阻止しようと動いたのが陳宮である。陳宮はかねてより陶謙と深い親交をもっていたが、曹操の徐州攻めを知って、陶謙の無罪を説いてこれを止めようと曹操に会いに行った。しかし曹操に「貴公は昔、わしを見限って逃げたことを忘れたか。よくも図々しくわしの前に出られたものだ」と激怒されてしまったため、今度は陳留太守の張邈を頼った。張邈のそばには呂布の姿があった。

呂布は李傕と郭汜《かくし》に敗れた後、袁術《えんじゅつ》を頼ろうと長安から逃げ落ちたものの、袁術が寝返ってばかりの呂布を嫌ったことで受け入れられず、次に袁《えん》紹《しょう》のもとへ向かった。ところが袁紹のところでも、傲慢な態度をとって袁紹の部下たちと諍《いさか》いを起こし袁紹の怒りを買って逃げ出した。こうして転々とした挙句に呂布は張邈のところへ身を寄せていたのである。

陳宮は張邈に助言して言う。

「天下大いに乱れ、英雄豪傑が各地で起こっておりますのに、殿は広大な国を領されながら、人に使われるばかりとは不甲斐なき仕儀。いま、曹操は東征して本拠の兗州に人なく、しかも呂布は並ぶものなき勇士。もし呂布と力を合わせて兗州をお取り召されるなら、天下の覇業は殿のお手のうちにあると申せましょう」

陳宮のこの言葉に張邈は大いに喜び、呂布を盟主とすると、呂布はただちに兗州を攻めて濮陽《ぼくよう》まで攻め落とし、兗州の大半を占領してしまった。

「兗州が落ちたら、わしが帰るところはない」。歯噛みして悔しがった曹操は、父親の仇討ちと徐州をあきらめて兵を返すよりほかなかった。

一方の陳宮は、そのまま呂布の下で兗州の占領地経営に当たることになるが、思慮の足りない主君のせいでこちらも苦労を強いられることになる。

天を瞞《だま》して海を渡る
——曹操《そうそう》、計略を逆手にとって呂布《りょふ》を破る

うかつにも陳宮の計略に掛かって大火傷を負った曹操だが、そこは一代の英雄。この状況を逆手にとった計略を用いて、呂布をさんざんに打ち負かした——。

年号	192年(後漢・初平3年)	194年(後漢・興平1年)
計略発案	太史慈(孔融客将)➡黄巾賊	曹操(群雄)➡呂布(群雄)

「天を瞞して海を渡る」とは

多くの人たちが経験していることだろうが、ふだん見慣れているものは意外と見過ごしやすい。それを利用したのが、この計略である。三十六計のひとつで、船に乗るのを怖がった王に対し、海を陸地であると騙して海を渡ったという故事が由来とされる。要するに、相手を騙《だま》すわけだ。

ここでは、黄巾賊との戦いにおいて太史慈《たいしじ》が見せた計略(『正史』による)と、曹操《そうそう》が呂布《りょふ》との戦いで用いた例を見ていく。

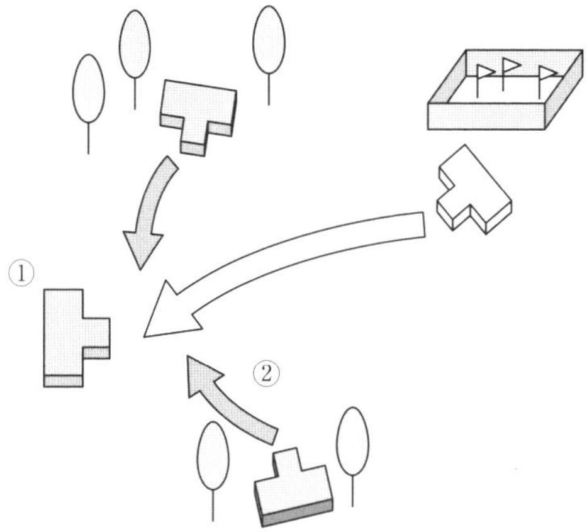

■天を瞞して海を渡る

①は農民らをかき集めて、あたかも自軍の兵士に見せかけた一軍である。戦場では見慣れた光景であるため、敵はそれを本陣だと思い込んで攻めてくる。そこを森などに潜んでいた軍勢に襲わせれば(②)、敵を破ることができる。

黄巾賊を騙した太史慈

東莱郡《とうらい》に太史慈という者がいた。郡に仕える役人だったが、東莱郡を管轄する青州《せいしゅう》の役人ににらまれて遼東《りょうとう》に身を隠していた。太史慈の才能を見込んだ北海国《ほっかい》の孔融《こうゆう》は、太史慈が隠遁《いんとん》している間、彼の母親に贈り物を届けるなどして面倒をみてやった。

192年(初平３)、黄巾賊《こうきん》の残党が北海国で挙兵したため、孔融は鎮圧に出向いたが、都昌《としょう》で黄巾賊に包囲されてしまった。その頃、太史慈は郷里に戻り、母親から孔融に受けた恩義を聞き、孔融救出のために都昌へ赴き、包囲網をかいくぐってひそかに城内に入り込んだ。

日毎に包囲網が厳しくなるなか、孔融は平原《へいげん》の相・劉備《りゅうび》に救援を要請することに決めたが、黄巾賊の包囲を打ち破れそうにない。そこで太史慈が、劉備への使者を買って出た。

太史慈は、ふたりの騎兵に的をもたせて城外に出た。包囲軍はいっせいに太史慈のもとに押し寄せたが、太史慈は堀の中に入って弓の稽古を始め、それが終わるとまっすぐ城内に戻っていった。

翌日も、太史慈は同じように弓の稽古を始めた。包囲軍はまたしても押し寄せてきたが、太史慈は稽古を終えると再び城内に帰った。

太史慈の弓の稽古は数日続き、はじめは警戒していた包囲軍も、毎日ともなると誰も気にしなくなった。

そしてある日、太史慈は馬に飛び乗るや鞭《むち》を当てて駆け出した。敵が気づいたときには、太史慈はすでに包囲網を突破し、その間に数人を射殺したが、誰も追おうとする者はいなかった。

こうして太史慈は平原へ到達し、無事に劉備を説得して孔融を救出したのだった。

計略を逆手にとって曹操、恨みを晴らす

曹操も、呂布との戦いにおいて、この計略を使っている。

曹操が、どのようにこの計略を用いたのか、背後関係からやや詳しく見ていこう。

194年(興平１)、曹操は、陳宮《ちんきゅう》が策した偽りの内応を信じて無用心にも濮陽《ぼくよう》城に入って火攻めに遭い、そして大火傷を負った。陳宮の計略にまんまと引っかかったのである。

しかし、曹操もさるものである。陣屋に戻ると諸将を前に「匹夫《ひっぷ》の計にかかるとは腹立たしい。この恨みは必ず晴らしてやる」と言ってからからと笑って見せると、「敵の計の裏をかいてやる」とすぐに計略を練り始めた。

そして「わしが火傷で死んだと聞けば、呂布のやつは必ず自ら兵を率いて攻め寄せてくるであろう。わしは馬陵《ばりょう》山中に兵を伏せておいて、やつが来たら一挙に叩いてやる」とする策を郭嘉《かくか》にはかった。郭嘉が「まことに良計」とうなずくと、さっそく全軍に喪服を着せて「曹操死す」と言いふらした。

すると、狙いどおりに呂布の軍が馬陵山に殺到してきた。そこへ曹操の伏兵が四方から討って出ると、呂布はおびただしい数の兵馬を失って濮陽へと逃げ帰っていった。

以来、呂布は城の守りを固めて出ようとしなくなった。折も折、この年は蝗《いなご》が大量発生し作物のことごとくが食い荒らされたため、曹操・呂布の双方で糧秣《りょうまつ》不足となり、戦いは一進一退のまま、しばしの中断となった。

●勝敗を分けることになった糧秣不足への対処策

呂布と曹操の両軍にとって、糧秣不足が喫緊《きっきん》の問題となった。そして、このときの双方の対処の違いが、結局は兗州《えんしゅう》争奪戦の勝敗を分けることになるのである。

194年(興平1)8月、徐州《じょしゅう》太守の陶謙《とうけん》が死に、劉備《りゅうび》がその後を継いで徐州牧となったとの知らせが曹操のもとに届いた。曹操は、

「わしがまだ父の仇を討たぬというのに、一本の弓も使わずに徐州を乗っ取るとは不届きなやつ。まずは劉備を血祭りにして、陶謙の屍を粉々にくだいてくれよう」

と歯噛みして悔しがり、すぐに徐州攻めの兵を起こそうとした。

すると荀彧《じゅんいく》が、

「今、徐州を攻めれば呂布に虚を襲われること必定。それに、徐州の民は劉備を慕っているため、攻め落とすことも容易ではございません」

と諫《いさ》めた。

それでも曹操は、

「今年は凶作で兵糧も乏しい。軍をただ城に止めておいても糧秣を食うばかりだが……」

と言って打ち明けると、荀彧は、
「ならば、軍を東に転じて陳国《ちんこく》をお取りになるのがよろしいと存じます」
と提案した。
このとき陳国では、汝南《じょなん》・潁川《えいせん》郡の黄巾賊の残党・何儀《かぎ》・黄邵《こうしょう》が州都を略奪してまわって、食糧・財宝を多く蓄えていたが、荀彧は「劉備に比べれば、賊どもを破るは安きこと。これを破って食糧を召し上げれば、朝廷も喜び、人民も喜び、そして我が軍を養うこともできましょう」と言う。曹操は荀彧の案に飛びつくと、簡単に陳国を落として糧秣問題を解決した。
曹操が陳国攻めから帰ると、曹仁《そうじん》・夏侯惇《かこうとん》が出迎えて言うには、「薛《せつ》蘭《らん》・李封《りほう》が守る兗州《えんしゅう》では、兵士がみな城外に出払って略奪を働いており、城は空になっているから、そのまま兵を率いてこれを攻めれば一撃にて落とすことができよう」とのことである。曹操は喜んで兗州を攻めることにした。
曹操が兗州を攻めてみれば、曹仁らの言ったとおりである。城を守る兵がいないのだから城攻めは楽で、許褚《きょちょ》が李封を斬り、呂虔《りょけん》が矢を射って薛蘭を殺すと、曹操は再び兗州を取り戻した。さらに兵を進めると、濮陽では城内からの内応があったため、これも簡単に落とすことに成功した。

●呂布がただ帰るのを見て曹操、その裏をかく

濮陽が落ちると、呂布は定陶《ていとう》県へと兵を引いた。曹操は劉曄《りゅうよう》に濮陽の守備を任せて、定陶へ向かうが、このとき、呂布が高順《こうじゅん》・張遼《ちょうりょう》・臧覇《ぞうは》たち主だった将軍たちを遠く沿海地方にまで兵糧調達に出していたため、これまた城は手薄となっていた。
折しも、定陶一帯では麦の収穫期であり、陣中も食糧不足であったために、曹操はこれを刈り取って兵糧とすることにした。
曹操の陣が兵を少なくしていることを間者から知らされた呂布は、すぐさま軍を率いて城を出た。しかし、本陣に迫ってはみたものの、左手に奥深い森があるのを見た呂布は、「きっとここに伏兵があるに違いない」としたり顔をして、いったん城へ引き返すことにした。
呂布が引き揚げるのを見ていた曹操は、
「やつは森に伏兵があるものと見誤ったに違いない。ならば、余計に疑わせてくれる。明日、呂布は必ず森を焼きに来るに違いないから、その裏

をかくのだ」

と言って、次の日、森の中へ旗指物だけを立てておき、さらに村から男女を借り立てると、それらを本陣に入れてにぎやかにさせておき、屈強の精兵はといえば西の堤防の陰に隠して伏兵とした。そして呂布が来るのを待ち構えた。

一方の呂布は、陣に戻って森に伏兵があるに違いないことを陳宮に知らせたが、陳宮は「曹操は策士ゆえ、軽々しく討って出るのは禁物」と用心することを説いた。

しかし、それでも呂布は得意満面に「わしは火攻めで曹操の伏兵を打ち負かせてやるのだ」と意気込んで言葉も聞かず、ついに城から出陣してしまう。

すると案の定、呂布が森を焼いたところで敵兵はいない。仕方なく本陣を突けば、そこにいた男女はただ一目散に逃げ出すばかり。どこに曹操がいるのかと呂布が混乱したところで、堤の陰から夏侯惇・夏侯淵《かこうえん》・許褚・典韋《てんい》・李典《りてん》・楽進《がくしん》ら曹操軍きっての武将たちが馬を並べて襲ってきたのだから、さすがの猛将・呂布も太刀打ちできるはずがなかった。

呂布が一目散に逃げ帰ると、軍勢の３分の２を失うという大敗を喫してしまうのである

呂布が大敗したとの急報を聞いて、陳宮は「軍勢がなくては、城も守りきれぬ」と定陶城をあきらめ、呂布の家族を守って落ちのびていった。勝ちに乗った曹操の勢いはすさまじく、呂布を取り込んでいた張邈《ちょうばく》のいる陳留まで進軍すると、山東一帯のことごとくを我がものとした。そして、張邈は袁術《えんじゅつ》のもとを頼って落ちる途上で部下に裏切られて首を斬られ、呂布は陳宮とともに劉備を頼って徐州へと向かうのである。

疎《うと》きは親《した》しきをへだてず

——呂布《りょふ》を取り込むために袁術《えんじゅつ》が仕掛ける

劉備に対する恨みを晴らしたい袁術であるが、気がかりなのは呂布の動向である。そこで袁術は、劉備に加勢させないために呂布との縁組を進める——。

年号	196年(後漢・建安1年)
計略発案	楊弘(袁術配下)➡劉備(群雄)

「疎きは親しきをへだてず」とは

「疎《うと》きは親《した》しきをへだてず」とは、「親しい間柄の物事に疎遠な者は口を出さない(出せない)」という意味である。本来は、人間関係の原理を言った故事成語だ。

この言葉を利用して、劉備《りゅうび》を攻略しようとしたのが、淮南《わいなん》の雄・袁術《えんじゅつ》であった。

劉備を討とうと、袁術は兵糧を呂布に送る

196年(建安1)、江東《こうとう》を平定した孫策《そんさく》は、将兵を分けて各地を守らせ、朝廷にその旨を報告。曹操《そうそう》に対して誼《よしみ》を通じるとともに、袁術に対しては書面を送って玉璽《ぎょくじ》の返還を求めた。

しかし袁術は、伝国の玉璽をもって内心では帝位につく腹づもりでいたので、孫策の要求を断わり、

「孫策はわしの軍勢を借りて江東の地を得たというのに、恩も忘れて玉璽を返せと言ってくるとは、無礼な奴。どうしてくれよう」

と諸将にはかった。すると楊弘《ようこう》が進み出て言うのに、

「孫策は長江《ちょうこう》の要害に拠って精兵を養い、兵糧も十分に蓄えておりますから、すぐに攻めるのは得策ではございません。まず徐州《じょしゅう》の劉備を討って、過日、理由もなく攻め寄せた恨みを晴らし、その後で孫策を討つことをお考えになっても遅くはございますまい。それがしに劉備を破る一計が

あります」

とのこと。袁術が「その計とは？」と尋ねると、楊弘は次のように説明した。

「劉備が拠る小沛《しょうはい》は小さな城ゆえ、これを破るのは易きことです。しかし気にかかるのは呂布が徐州にいること。先だって殿は、呂布に対して兵糧や名馬を与えると約束しておきながら、それを果たしておりませんから、いつ劉備に加勢するかわかりません。ただちに兵糧を送って彼の心を取り結び、兵を出させぬようにしておけば、劉備は我らが手に落ちましょう。しかる後に呂布を討てば、徐州も簡単に得ることがかなおうというもの」

袁術はすぐに配下の韓胤《かんいん》に密書をもたせ、兵糧を呂布のもとへと送り届けると、呂布は大いに喜んだ。そしてそのことを韓胤が立ち返って報告すると、すぐに袁術は紀霊《きれい》を大将に数万の軍勢を整えて小沛へと向かわせるのであった。

●袁術による「疎きは親しきをへだてず」の計

ところが、このときの袁術の目論見は、呂布が予想を超えた行動をしたことにより潰えてしまう。なんと呂布は、袁術から兵糧をせしめておきながら、

「思うに、劉備が小沛におってもわしに害はないが、もし袁術が劉備を亡ぼせば、わしを取り潰しにかかるに違いなく、わしとて枕を高くしては

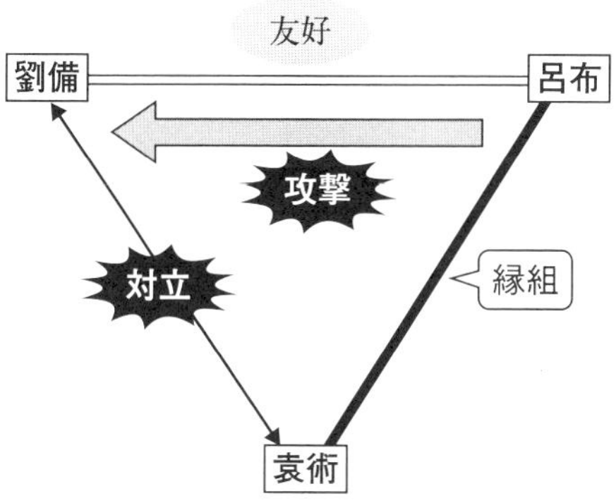

■疎きは親しきをへだてず

対立する相手との間にいる勢力を自軍に引き込むために、「親しい仲」になる計略。簡単な例が「縁組」である。親戚関係になれば手を結ぶこともたやすくなる。袁術がこの計略を用いて劉備を追いつめた。

おれぬ」
と劉備に加勢してしまったのである。そして紀霊が呂布の背信を非難したところ、
「わしは日頃から争いを好まぬ。もとより争いを仲裁するのが好きな性分だ。そこでわしがひと肌脱いで、袁術と劉備の仲を取りもってやろう」
などと言って、劉備と紀霊を宴席に招くと、戦いも約束もすべてうやむやにしてしまった。当然、これに怒ったのが袁術である。
「わしから多量の兵糧を受け取っておきながら、劉備に力添えするとは不届き千万。わしが自ら出陣して劉備を亡ぼし、かたがた呂布に痛い目に遭わせてくれる」
と息巻いたが、紀霊がこれを押しとどめて進言する。
「殿、よくよくご考慮ください。劉備を攻めて、もし呂布が劉備と相通じたときには容易には扱いかねます。聞けば、呂布には妙齢の娘があるとのこと。殿にも若君がおありのことですから、呂布に縁組を申し入れてはいかがでしょうか。もし縁組が成れば、呂布はこれまでのように劉備に肩入れしなくなるはずです。『疎きは親しきをへだてずの計』でございます」
袁術はこの意見に従い、さっそく韓胤を使者に立てると、進物を携えて徐州へと向かわせるのである。

●縁談の狙いを察知した陳珪、呂布を諭す

呂布にはもともと二人の妻と一人の妾がいた。まず厳氏を正妻に迎え、その後に貂蝉《ちょうせん》を妾とし、小沛に入った折に曹豹《そうひょう》の娘を第二夫人としたのだが、曹氏は子供のないままに亡くなり、貂蝉にも子ができず、子を授かったのはただ厳氏との間に生まれたひとり娘だけである。呂布は、この娘を掌中の珠のごとく可愛がっていたため、袁術との縁組には慎重であったが、厳氏が「袁術殿は兵糧軍備の蓄えも多く、近いうちに天子の位にも昇られるとのお噂。その大業が成った暁には、わたくしの娘が皇后となるやもしれません。たとえ皇后となれなくても、お相手はひとり息子とのことですから、徐州にとっても心強いこと」と言って賛成した。これに加えて、袁術の狙いが劉備の命であることを察した陳宮《ちんきゅう》も、後々の憂いを除けるのであればこれ幸いと「まことに祝着。すぐに御輿入れください」と強く勧めたので、陳宮に言われるがまま、呂布は縁組を受け入れるとすぐに娘を送り出した。

一方、この縁談に「劉備殿が危ない」と危機感を抱いたのが陳珪《ちんけい》である。もとは陶謙《とうけん》の配下であり、呂布が徐州を支配するのを好ましく思っていない陳珪はこのとき病に臥せっていたが、それをおして呂布を訪ねると、

「袁術が縁組を申し入れてきたのは、貴公のご息女を人質として、そのうえで小沛を取ろうとする下心からですぞ。小沛が亡べば徐州も危ないことは貴公もご承知のはずです。強欲な袁術のことだから、やれ兵糧を貸せ、兵を貸せとうるさく言ってくるに違いなく、まして袁術は帝位を狙う逆賊。彼がもし漢朝に謀反いたせば、貴公は逆賊の縁者となり果て、天下に身のおきどころがなくなるではござらぬか」

と言って諭した。すると呂布は仰天し、大あわてで張遼《ちょうりょう》に命じて娘を奪い返すと、袁術と呂布との縁組は破談となるのである。

●張飛は馬を盗み、劉備は呂布に攻められる

楊弘が「疎きは親しきをへだてず」と言い表した袁術と呂布との縁組は、呂布の心を劉備から引き離し、小沛の弱体化を図ったものである。それは、かつて曹操が「二虎競食《にこきょうしょく》の計(→38ページ)」「駆虎呑狼《くこどんろう》の計(→42ページ)」で目論んだこととまったく同じ意図であるが、これまでの劉備はそのたびに身を低く呂布に接し、すんでのところで危機を脱してきた。

呂布と劉備が力を合わせることは、とりわけ徐州に境を接する勢力にとっては脅威であり、また、劉備の拠る小沛を攻める場合には、呂布がそのすきに本拠を攻めるかもしれず、別働隊となって背後を襲うかもしれないことから、劉備にとって呂布は自然と安全を保障する存在となっていた。

だが、呂布と劉備の仲は、思いがけないことから決裂してしまう。原因となったのは、義弟の張飛《ちょうひ》の軽率な行動であった。小沛を呂布に奪われ、劉備に苦労をかけさせることになったのはすべて自分のせいだと悔やむ張飛が、覆面をして呂布の配下から軍馬を盗むのである。

呂布から見れば、娘を奪い返し、袁術との縁組を破談にしてすぐのことであった。配下の宋憲《そうけん》・魏続《ぎぞく》が呂布の前へ歩み出て、

「我ら両名、良馬を求めて山東《さんとう》へ参り、沛《はい》県の県境まで帰り着いたところを山賊に奪われてしまいました。聞けば、張飛が山賊といつわって馬を奪ったとのこと」

と訴えたものだから、呂布は大いに怒った。呂布はすぐに兵を整えて小沛に向かうと、劉備はこれを聞いて驚き、「この度の出陣はいかがなされ

たのか」と呂布に聞く。すると「貴様、張飛にわしの良馬を奪わせておきながら、白を切るというのか」と呂布。事情が飲み込めない劉備だったが、横から張飛がしゃしゃり出て、

「確かにお前の馬を獲ったのは俺だ。だからどうだって言うのだ。そういう貴様だって俺の兄貴から徐州を奪ったではないか」

と目をむいて槍をしごいたものだから、どうにも取り繕えない。呂布は物も言わずに張飛目がけて踊り出ると、張飛もこれに応えて刃を交える。そして劉備は、呂布の兵が張飛を取り囲もうとしているのを見ると、急いで銅鑼《どら》を鳴らして張飛もろとも城へと兵を引き上げさせるのであった。

城へ帰り、張飛を呼んでしかりつけると、劉備は呂布の陣に人を遣わせて馬を返すから兵を引いてくれるよう頼んだ。呂布はこれを承諾しようとしたが、陳宮から「ここで劉備を殺しておかねば、後に苦しめられることになりましょうぞ」と言われて思い直し、城攻めの手を強めた。

劉備にとっては生命線であったはずの呂布に攻められては、さすがに小沛を保てるわけもなく、窮した劉備が糜竺《びじく》・孫乾《そんけん》と協議したところ、孫乾が、

「曹操は呂布をひどく憎んでおります。この際、城を捨てて、いったん曹操のもとに身を寄せ、折をあらためて軍勢を借りて、呂布を討ち破るが上策です」

と進言すると、劉備はこの意見を容れて、曹操のいる許都《きょと》へと逃げ落ちていくのであった。

column 7

劉琦に忠告した諸葛亮

刺史《しし》として荊州《けいしゅう》を治めていた劉表《りゅうひょう》には、劉琦《りゅうき》と劉琮《りゅうそう》という2人の息子がいた。長男は劉琦だったが、劉表は劉琮を愛し、しだいに劉琦を遠ざけるようになった。劉琦はこのままでは身が危ないと感じ、諸葛亮《しょかつりょう》に相談した。すると諸葛亮は、「疎きは親しきをへだてず」と言って、劉琦の相談を受け付けなかったという話がある。

ただし、その後諸葛亮は「襄陽《じょうよう》を出て地方の太守になる」よう、劉琦にアドバイスしたという。

坑《あな》を掘って虎《とら》を待つ

——呂布《りょふ》に仕掛けられたワナ

西の張繡、南の袁術に対して兵を向ける曹操。こうしたなか、東の呂布に対しては懐柔策をとりながらも、曹操は「坑を掘って虎を待つ」を仕込むのである。

年号	198年（後漢・建安3年）
計略発案	曹操（群雄）➡呂布（群雄）

「坑を掘って虎を待つの計」とは

戦場では常に、背後を急襲される可能性を忘れてはならない。どの時代でも武将たちはそのためにあらゆる手を尽くす。この計略も、背後を固めるための計略のひとつである。

坑《あな》とは落とし穴のことで、本来は落とし穴を掘って虎を待ち受けるという意味である。ここで紹介する曹操《そうそう》の作戦は、荊州《けいしゅう》の張繡《ちょうしゅう》を攻めるために、背後にいる呂布《りょふ》への牽制役として劉備《りゅうび》を徐州《じょしゅう》に派遣したというものだ。劉備という坑を掘って、呂布という虎（背後の敵）を監視させたのである。

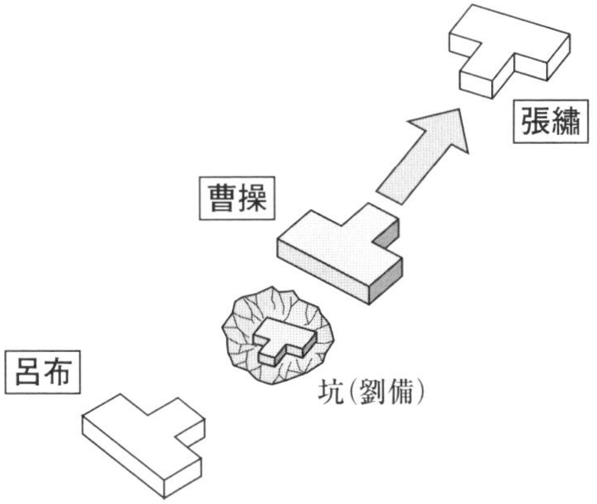

■坑を掘って虎を待つ

曹操は張繡を攻めるにあたって、背後をつかれる恐れのある呂布への対策として、劉備という坑を用意して、これにあたらせた。

呂布に追われた劉備、曹操を頼る

劉備が許都《きょと》の曹操のもとへと頼ってくるのは、196年(建安1)10月。ちょうどこの前月、曹操は献帝《けんてい》を許都に迎えたばかりのことである。

しかし、そのことが理由となって、これからしばらくは張繍(弘農《こうのう》を支配した張済《ちょうせい》の甥。張済はこのときすでに死亡している)をはじめとする洛陽《らくよう》の勢力に帝を取り替えそうとする動きが生じた。さらに南の淮南《わいなん》では袁術《えんじゅつ》が皇帝を僭称《せんしょう》して拡大を図った時期でもある。

曹操は、これらの対策に追われながらも、いずれ敵となるはずの呂布への対策も着々と進めて怠らなかった。

許都に到着した劉備が呂布に追われてきたことを告げると、曹操は、「玄徳《げんとく》(劉備のこと)とわしは兄弟の間柄」と言って宴席を設けてこれをもてなした。劉備を歓迎する様子に、参謀の荀彧《じゅんいく》と程昱《ていいく》は、「今のうちに亡きものとせねば、この先必ずや面倒なことになります」

と諌《いさ》めるが、曹操は聞き入れなかった。

これに対して、郭嘉《かくか》は、

「劉備は英雄の聞こえ高き人物。その彼が窮迫して殿を頼ってきた今、これを殺したら、そのことを知った天下の賢者たちが殿に対して疑念を抱くようになり、御前へ馳せ参ずるのに二の足を踏むようになります。後の禍根のただひとつを絶って天下の人望を失ってよいものか、よくよくご考慮ください」

と意見した。曹操はひざを叩いて郭嘉の意見を取り入れ、劉備を豫州《よしゅう》の牧《ぼく》に推挙して兵卒3000を与えると、ともに呂布を討とうと約束した。

こうして曹操と劉備は呂布の討伐を決めたが、そのための出陣の準備をしていたところ、張繍が荊州の劉表《りゅうひょう》と手を結び、天子を奪おうと兵を起こしたとの知らせが入った。そのため呂布討伐は後回しとなり、まずは張繍を討伐することになったが、ここで問題になったのは呂布の動きである。許都を離れたすきを呂布につかれはしないか、さらに、劉備から聞くところによれば、袁術が呂布との婚姻話を進めて連携を深めようとしているとのことであったが、そのことも懸念材料となった。

曹操は荀彧にはかると、

「呂布は目先の利益に飛びつく男。官位を進めて恩を売り、恩賞を与えて劉備と和解するように言えば、そのことに満足して先々のことなど考えもいたしますまい」

と言う。そこで曹操は、奉軍都尉《ほうぐんとい》の王則《おうそく》を使者に立て、任官の斡旋と劉備との和解の勧告を記した書状を徐州に届けさせ、197年（建安２）５月、張繍討伐の軍を起こした。

●曹操、官位を餌に呂布を懐柔する

使者となった王則が徐州に着くと、呂布はこれを役所に迎えた。

すると王則は、呂布を平東《へいとう》将軍に任ずる詔書とは別に曹操から預かった私信を取り出し、そこに書いてある呂布に対する敬慕の情を語って聞かせたところ、うぬぼれる心の強い呂布は「そうであろう」と相好を崩した。

折も折、そこへ呂布との縁組を求める袁術からの使者が再び到来するが、曹操の態度にすっかり気を良くした呂布は、

「逆賊の袁術が、何をぬかしやがる」

と言って使者を斬り捨てると、陳登《ちんとう》を使者として許都へ遣わせ、正式に徐州の牧に任じてほしいと曹操にせがむのである。

曹操は、呂布が官位に飛びついて曹操を頼ってきたことににんまりとした。そして、呂布が袁術との縁談を取りやめたことを知って大いに安堵したが、さらに、このとき使者の陳登がひそかに曹操に耳打ちし、

「呂布は身の程をわきまえぬ男。早いうちに片づけておくがよろしいと存じます」

と言ってきたことも曹操を喜ばせた。曹操は、

「奴が大それた野心をもっており、長く味方につけておくことができぬことはわしも知っている。なんじら父子は彼の内情について知り尽くしているが、どうかわしの力になってはくれぬか」

と頼むと、陳登は、

「丞相《じょうしょう》がお手を下されるときには、必ずお手引きいたします」

と誓った。

●曹操の放つ「坑を掘って虎を待つ」の遠謀

婚姻を求める使者を呂布が斬ったことを知ると、これに怒った袁術はすぐに大軍20万をもって徐州を攻めた。しかし、呂布は強く、また陳登の計略も功を奏したことで袁術は惨敗を喫してしまう。

すると曹操は、孫策《そんさく》を会稽《かいけい》太守に封じて袁術討伐の軍を起こさせ、自ら

は呂布·劉備を伴って袁術を攻めた。曹操の大軍に袁術が守りを固めると、そこへ今度は張繡が劉表と再び結んで南陽《なんよう》・江陵《こうりょう》を奪ったとの知らせが入った。曹操は、急ぎ孫策に命じて劉表を足止めさせるとともに、張繡攻めに取り掛からなければならなくなった。197年から以後の数年にかけては、曹操の人生の中で最もあわただしい時期だったと言える。

こうした状況で、曹操にとってはかつて兗州《えんしゅう》を争った仇であり、いずれは亡ぼさなければならない敵に違いない呂布ではあるが、一方で袁術攻略においては利用できる存在でもある。

曹操は、劉備を以前のように豫州から小沛へと移らせると、呂布と劉備に兄弟の契りを結ばせ、互いに助け合って二度と争わないように呂布に言い含めた。そして劉備に向かっては、

「貴殿を小沛に移らせたのは、『坑を掘って虎を待つの計』だ。万事、陳珪・陳登と語らって、よしなに取り計らうように。身どもも何かとお力添えいたそう」

とささやいた。もちろん、いずれ呂布を討つための遠謀であるが、このときに仕込んだ「虎を待つ坑」——小沛に駐屯させた劉備と徐州城内の陳桂父子——が、来たる呂布討伐戦に向けて大いに役立つことになるのである。

途《みち》を借りて虢《かく》を滅ぼす

――劉備《りゅうび》が益州を奪い取った計略

赤壁の戦い後でさえ、自らの領土をもたない劉備に、
益州奪取という願ってもない話が舞い込んでくる。
劉備は計略を使ってついに益州牧劉璋を降した――。

年号	211年(後漢・建安16年)	197年(後漢・建安2年)
計略発案	劉備(群雄)➡劉璋(群雄)	張繡(劉表客将)➡曹操(群雄)

「途を借りて虢を滅ぼす」とは

春秋戦国時代の晋《しん》が、虢《かく》を滅ぼすために虞《ぐ》国の道を借り、ついでに虞国も滅ぼしてしまったことに由来する計略である。三十六計のひとつ。「庇《ひさし》を貸して母屋《おもや》を取られる」という言葉があるが、これと同意といえよう。いってみれば、善意の第三者を騙すようなものであり、恩を仇《あだ》で返す計略である。

赤壁《せきへき》の戦いのあと、劉備《りゅうび》は孫権《そんけん》から荊州《けいしゅう》を貸与されるという形で、荊州南4郡を治めることになった。

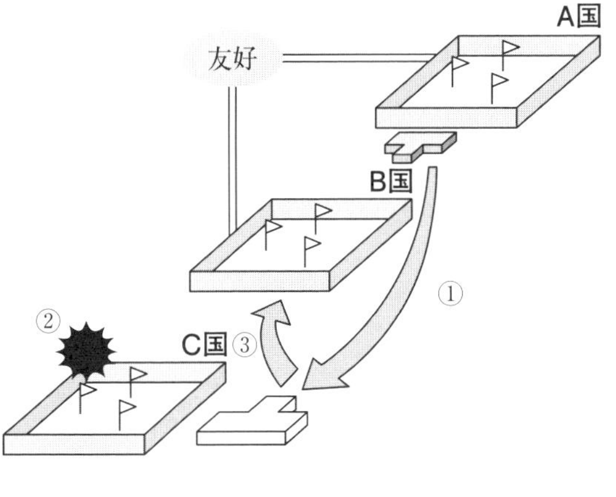

■途を借りて虢を滅ぼす

敵対する国に侵攻するために、その間にある国と誼を通じておいてそこを通過し(①)、敵対する国を滅ぼしたあとに(②)、誼を通じていた国も滅ぼしてしまう(③)。図でいえばA国に騙されたB国はとんだとばっちりである。

そのとき劉備は、呉《ご》の将軍・周瑜《しゅうゆ》に対し、「蜀《しょく》(益州《えきしゅう》)をとったら、荊州は引き渡す」と言うと、周瑜は「私が代わりに蜀をとってみせます」と返した。このとき周瑜は、蜀とともに、貸しているとはいえ実質的に荊州南部を抑えている劉備から荊州を奪取しようと考えたのである。しかし、周瑜の思惑は諸葛亮《しょかつりょう》に見抜かれてしまい、失敗に終わった。そして、その劉備がのちに、この計略を使って益州を乗っ取ってしまうのである。

張松と法正が劉璋を裏切る

当時の益州は、牧《ぼく》の劉璋《りゅうしょう》が支配していた。益州は中原《ちゅうげん》からは離れた地域にあり、三国時代でも比較的戦乱の少ない地域だった。しかし、益州北部に割拠していた五斗米道《ごとべいどう》(※1)の教主・張魯《ちょうろ》がしだいに勢力を強め、これが曹操《そうそう》を刺激することになった。211年(建安16)、劉璋のもとに、曹操が張魯討伐のために兵を挙げたとの知らせが舞い込んだ。張魯が降れば、曹操の次なる目標は益州となるに違いないと、劉璋は恐れた。

そのとき、劉璋側近の張松《ちょうしょう》が、次のように進言した。

「荊州の劉備は、殿と同じ劉氏であり一族にあたります。劉備と曹操は仇敵《きゅうてき》の間柄であり、劉備は用兵も長《た》けています。劉備を呼び寄せて張魯を討伐してもらうのが得策です。張魯さえ討伐できれば、曹操が攻めてきても大丈夫です」

そして、法正《ほうせい》という者を使者として推薦した。実は、張松の進言には裏があった。張松は劉璋に仕えながらも、主君の凡庸さに飽き足らず悶々とした日々を送っていた。それは法正も同じで、ふたりはいつしか劉璋に代えて劉備を益州の主君に迎え入れようと話し合っていたのである。

●劉備が劉璋を破り、益州を奪い取る

張松の意見を入れた劉璋は、ふたりの画策とは露知らず、法正に4000の兵を与えて劉備を迎えにいかせた。

法正は、張魯討伐の要請を劉備に言上したあと、こう付け加えた。

「劉備殿の英明は承っています。その英才をもって凡庸な劉璋を討ち、益州の当主となってください。益州内では、劉璋側近の張松が呼応します」

「天下三分の計」を目指していた劉備にしてみれば、益州はのどから手が出るほどほしかった地である。法正の話は渡りに舟であり、劉備は益州侵攻を決めた。

人の良い劉璋は、劉備がまさか益州の奪取を目論んでいるとも気づか

ず、劉備に張魯討伐のための兵まで与え、さらに漢中《かんちゅう》に通じる要衝である白水関《はくすいかん》の指揮権さえも与えたのである。

白水関の南・葭萌《かぼう》まで進軍した劉備だったが、当然、張魯討伐などには向かわず、その地で人心収攬《しゅうらん》に努め、チャンスをうかがった。

いつまでたっても張魯討伐に向かわない劉備の行動に、劉璋の重臣たちも疑念をもち始め、ついに張松の内応が暴露された。劉備は今が好機と兵を挙げ、益州の都・成都《せいと》に向けて進軍を開始した。213年(建安18)のことである。荊州に残っていた諸葛亮、張飛《ちょうひ》、趙雲《ちょううん》らも益州に侵攻し、雒城《らくじょう》を落とした劉備軍と合流した。さらに、張魯のもとに身を寄せていた馬超《ばちょう》が劉備軍に加入し、劉璋はついに降伏したのだった。

こうして、劉璋の人のよさにつけ込んだ、劉備の「途を借りて虢を滅ぼす」計略は見事に成功し、益州を奪取したのである。

ところで、劉備には益州奪取以前にも、前科といえるような出来事があった。劉備が徐州《じょしゅう》牧となったのも、劉備にその気はなかったとはいえ、結果的には、途を借りて虢を滅ぼしたと言えなくもないのである。

賈詡の計を用いて張繍が曹操から逃れる

197年(建安２)５月、曹操が荊州宛《えん》城に拠る張繍《ちょうしゅう》を攻め、これを降したが、そのとき張繍がこの計略を使って、曹操のもとから遁走《とんそう》することに成功している。張繍は、曹操が攻め寄せると聞き、幕僚の賈詡《かく》(※2)にはかったところ、賈詡は「曹操の軍勢は多くとても防ぎきれません。ここは、全軍あげて降参したほうがよろしいと存じます」と進言した。張繍はこれに従い、賈詡を使者として曹操に降参を申し入れることを決めた。

張繍が降参を申し入れた次の日、さっそく曹操は宛城へと入城するが、連れてきた大軍は城には入れず、城外の各地に屯営させた。

これより数日にわたって張繍は酒宴を開いて曹操をもてなしたが、ある夜、曹操が酔って寝所へと入ると、側近たちを呼んで「この城内に妓女《ぎじょ》はおらぬか」と尋ねた。すると、その心中を察した曹操の兄の子である曹安民《そうあんみん》が、「昨晩、城内で美しい女を見かけましたので問いただしたところ、張繍の叔父の張済《ちょうせい》の妻とのことでしたが……」と答えた。曹操はすぐに曹安民に命じて、武装した兵士を率いさせると、その女を連れて来させる。すると、やって来たのは花のような美女であった。曹操は「わしはそなたのために、張繍の降参を特別に許したのじゃ。今宵、わしの伽《とぎ》をしてくれれば、都へ連れていって思いのままの暮らしをさせてやろう」と言って口説くと、女はひれ伏し、ともに一夜を過ごした。

●賈詡の一計に従い、張繍は曹操を追い詰める

一度は降参した張繍だが、叔父の妻を手籠めにされたとあっては心中穏やかではない。「おのれ、曹操。馬鹿にするにもほどがある」と怒ると、すぐに賈詡を呼んだ。すると賈詡は、「されば、これから申し上げるとおりになさいませ」と一計を献じた。

日が明けて、幕中の曹操の前へ張繍が罷《まか》り出ると、張繍は「このたび降参いたしましたが、それがしの配下に脱走する者が多く、我が軍を全軍の中央、本陣のそばに移動させていただきたく存じます」と申し出て、曹操はこれを許可した。張繍は自軍を４隊に分けて本陣近くに配置し、夜になって張繍の手勢が曹操のいる本陣を囲んだ。

夜中にもかかわらず話し声や馬の嘶《いなな》きが聞こえてきたため、曹操が側の者を見にやらせたところ、張繍の軍が夜警に当たっているようだとの報告がなされた。しかし、前もって張繍から脱走兵のことを聞かされていた曹操は、この報告を気にも留めなかった。さらに夜が更け、突然本陣で叫び声があがり、糧秣《りょうまつ》車に火がついたと知らせが入る。だが曹操は今度も、「陣中のこと。失火ぐらいのことで騒ぐな」とたしなめたが、やがて四方から火の手があがり、ここにきて曹操はようやく事の重大さに気づいた。

曹操は、側近の典韋《てんい》が門を防いでいる間に、裏手から馬に乗って囲みを抜けた。ようやく淯水《いくすい》という川のほとりまで逃れたものの、従う曹安民は力尽き、そこで敵兵に追いつかれて切り殺された。

さらに曹操は馬を急がせて川を渡ったが、今度は曹操の乗る馬が敵の矢に眼を刺されて倒れてしまう。すると長子の曹昂《そうこう》が馬を差し出したため、曹操はそれに乗り換えることができたものの、馬を譲った曹昂のほうは敵兵から矢を浴びせられて若い命を散らした。やっとのことで逃げおおせた曹操は、于禁《うきん》が隊を率いて駆けつけたおかげで追っ手を撃退することとなり、張繍は劉表を頼って逃げ落ちて行った。

※1　五斗米道とは、漢中の張脩が広めた宗教団体で、水や札を使って病気を治療したという。病人の家から五斗の米を供出させたため、この名がついた。張魯は張脩の後継者だが、血縁があったかどうかは不明である。

※2　賈詡はもともと董卓配下にあり、董卓死後に郭汜らをたきつけて王允を殺させ、再び長安に混乱をもたらした。その後、郭汜らから逃げるように長安を出て、この頃は張繍のもとに身を寄せていた。

煉瓦《れんが》を投げて珠《たま》を引く

——曹操《そうそう》の愚策提案が関羽《かんう》を撤退させる

漢中を得た劉備軍の勢いはすさまじく、荊州南部にいた関羽も、ついに北上を開始し曹操領に侵攻した。曹操は「遷都」という愚策を司馬懿に提案し、逆に司馬懿から上策を得ることに成功した——。

年号	219年（後漢・建安24）	230年（蜀・建興8年、魏・太和4年）
	197年（後漢・建安2年）	
計略発案	曹操（群雄）➡司馬懿（曹操配下）	曹叡（魏帝）➡陳羣（魏将）
	呂布（群雄）➡陳登（呂布配下）	

「煉瓦を投げて珠を引く」とは

「煉瓦《れんが》を投げて珠《たま》を引く」とは、「海老《えび》で鯛《たい》を釣る」という意味がある一方で、「浅薄《せんぱく》な意見を述べて、よりよい意見を引き出す」という意味でも使われる。三十六計のひとつである。

軍議の席では、さまざまな意見が飛び交う。優秀な意見もあれば、中には取るに足らない意見も出てくるが、その取るに足らない意見を発展させ

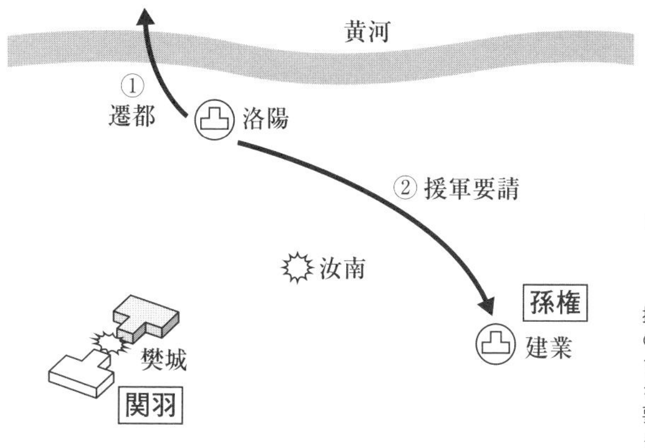

■ 煉瓦を投げて珠を引く

関羽の猛攻に驚いた曹操は、都を洛陽から黄河の北に遷都しようと提案するが（①）、司馬懿はそれを退けて孫権に援軍を要請して事態の打開を図ることを進言した（②）。

て上策の手段を導き出すという意味合いである。

山陰《さんいん》を支配下に置く尼子晴久《あまこはるひさ》が、勢いをつけてきた毛利元就《もうりもとなり》討伐のために出陣を決めたが、その前に一族重臣を集めて「安芸吉田《あきよしだ》に遠征して、毛利元就を攻略しようと思うが、どうか」と尋ねた。一族の長老・久幸《ひさゆき》は、「元就は侮れず、うかつに攻めれば失敗し、のちのちまでの名折れになる。今はやめたほうがよい」と答えた。病床にあった晴久の父・経久《つねひさ》も、「吉田に遠征するなら、その前に石見《いわみ》や備後《びんご》など背後を固めてからにするべきである」といった。晴久の浅はかな進軍論に対して、ふたりの重鎮が現状を踏まえたうえで上策を提案したわけである。

結局、晴久はふたりの意見を受け流して出陣し、惨敗を喫して帰ってくることになる。

三国志においても、やはりこのような場面は出てくる。曹操《そうそう》は関羽《かんう》との戦いにおいて、見事に司馬懿《しばい》から上策を引き出し、呂布は陳登《ちんとう》の良策を採用することで袁術軍を破った。

関羽が荊州における魏の拠点・樊城を包囲

益州《えきしゅう》を得た劉備《りゅうび》は、219年(建安24)、漢中《かんちゅう》に駐屯していた曹操軍を攻め、漢中を征圧し、さらに孟達《もうたつ》と劉封《りゅうほう》に房陵《ぼうりょう》と上庸《じょうよう》を攻略させ、その版図を広げていった。

劉備の漢中征圧に呼応したのが、荊州《けいしゅう》の留守を預かっていた関羽であった。北上を開始した関羽は、魏《ぎ》の将軍・曹仁《そうじん》が守る樊城《はんじょう》を包囲した。そのとき、運良く雨が十数日も降り続き、樊城近くの漢水《かんすい》が氾濫した。平地の水位は5メートルほども上がり、樊城は水の中に孤立してしまった。

樊城は魏にとっては荊州防備の要である。落城の危機の知らせを受けた曹操は、長安《ちょうあん》にいた于禁《うきん》と龐悳《ほうとく》を救援軍として派遣、彼らは樊城の北10里のところに布陣して、関羽の背後を固めた。

しかし、関羽の軍勢の勢いはとどまるところを知らず、洪水の影響もあって于禁と龐悳は堤の上に避難したが、関羽の大船団に囲まれてしまった。多くの部将が関羽に投降し、于禁までも関羽に降伏してしまった。龐悳だけは、

「烈士というものは、節義を失うくらいなら死を選ぶもの。今日が私の死ぬ日である」

と言って、関羽軍の猛攻を退けながら樊城を目指したが捕らえられ、関

羽に斬られた。その様子を聞いた曹操は、

「私は于禁を知って30年になるが、危難に臨んで龐悳に及ばないとは思わなかった」

と歎息したという。

●曹操の愚策を聞いた司馬懿の献策

関羽軍の攻勢を見た周辺の郡では、関羽に呼応して魏に反する反乱が相次ぐようになった。魏の拠点のひとつである許都《きょと》近くの潁川《えいせん》郡や汝南《じょなん》郡でも、反乱軍が蜂起した。

勇将で知られた于禁と龐悳を失い、関羽軍の勢いは止まらず樊城はもはや落城寸前。都のお膝元である潁川郡では反乱の火の手も上がっている。曹操には次の一手が思い浮かばない。そこで、曹操は太子中庶子の司馬懿を呼び寄せて、こう言った。

「関羽の勢いはすさまじく、許都も危うい状況である。この際、都を黄《こう》河《が》の北に移してはどうか」

この危急のときに遷都するとは、敵に弱みを見せることになり、一帯の住民にも不安が広がるし、前線で戦っている将兵たちの士気にも関わる。金も時間も労力もかかる遷都など、愚策中の愚策である。

曹操の狼狽《ろうばい》ぶりに驚いた司馬懿は、

「都を移すなどとんでもないこと。それでしたら、孫権《そんけん》を動かすことです。関羽の増長は、孫権にとっても面白いことではありません。現在、孫権と劉備は表面的には友好関係を保っていますが、内心では反発しあっているのが実情です。孫権を動かし、関羽の背後をつかせれば、樊城の包囲も解けます」

と献策した。

こうして上策を手に入れた曹操は、さっそく孫権に使者を派遣し、江南《こうなん》の支配権を孫権に委ねることを条件に、関羽の背後を攻めるよう要請した。孫権は、曹操の要請を快諾した。

そこで曹操は、新たに徐晃《じょこう》に兵５万を与えて樊城に向かわせ、呉《ご》の援軍が来るとの矢文《やぶみ》を樊城内に射込ませ、同様の矢文を関羽陣営にも放った。樊城の城兵たちは「援軍来る」の情報に士気が上がった。

関羽は徐晃軍への対応として、樊城北部の偃《えん》城に進出するが、徐晃軍が背後に回って塹壕《ざんごう》を掘り始めて退路を絶とうとする。浮き足立った関羽陣営は偃城を放棄して樊城包囲に戻ったが、そこを徐晃に急襲され、ついに包囲網を解いて撤退していったのである。

曹操が「遷都」という愚策を本心から言ったのか策略であったのかはわからないが、彼のひと言が関羽を撤退させることにつながったのは事実であった。

「煉瓦を投げて珠を引く」を生かせなかった曹叡

『正史』によると、曹操の2代後継・曹叡《そうえい》も、似たような経験をしている。219年(建安24)に蜀《しょく》が魏から漢中を奪って以来、漢中周辺は両国の争奪戦の場となっていた。蜀の諸葛亮《しょかつりょう》は、漢中を足場に北伐《ほくばつ》を敢行し、たびたび魏を苦しめたが、成果はなかなか上がらなかった。そして229年(蜀の建興7、魏の太和3)、諸葛亮が魏領である雍州《ようしゅう》西端の武都《ぶと》・陰平《いんへい》を平定した。

武都と陰平を奪われた魏内では、蜀への対応を決める朝議が開かれた。当時の魏は、皇帝の曹叡をトップにして、曹真《そうしん》・曹休《そうきゅう》・陳羣《ちんぐん》・司馬懿の4人が曹叡の後見人として朝廷の最高位に君臨していた。席上、曹真が、

「蜀がしきりにわが領土を侵犯しているとはいえ、数道に分かれていっせいに攻め込めば、蜀を叩き潰すことも可能です」

と上奏した。曹叡はこの奏請を容れて漢中侵攻の兵を挙げ、曹真と司馬懿に進軍を命じた。230年(蜀の建興8、魏の太和4)7月のことである。

しかし、漢中への通り道である斜谷道《やこくどう》は道が険しく、曹真がいうほど簡単にいくかどうか曹叡は不安だった。そこで陳羣を呼んで尋ねた。すると陳羣は、

「かつて太祖(曹操のこと)が漢中の張魯《ちょうろ》を攻めたときには、兵糧《ひょうろう》不足に大いに悩まされました。また、斜谷道などは輸送もままなりません。多くの将兵を駐屯させれば、その損害も少なくありません。よくよく考えたほうがいいでしょう」

と、出兵に反対の意見を上申した。

曹叡は「それもそうだ」と思い直し、進軍中の曹真に陳羣の意見を伝えたが、漢中奪還の使命に燃える曹真は「だったら子午道《しごどう》から入る」と奏請し、そのまま進撃を続け、長安まで進んだ。曹叡も正式な中止を命じることができなかった。諸葛亮も自ら赤阪に陣を構え、両軍は一触即発となったが、そこを秋の長雨が襲った。その雨はなんと30余日も降り続き、川は

増水し桟道《さんどう》は崩れた。曹真軍は進むに進めなくなってしまい、出兵から2カ月後、何も得ることなく撤退した。

袁術に攻められた呂布、陳登の計を用いる

197年(建安2)春、寿春《じゅしゅん》一帯を支配下に置いていた袁術《えんじゅつ》が、徐州《じょしゅう》の呂布《りょふ》を攻めた。呂布は、袁術から兵糧をせしめておきながら、婚姻を求める袁術の使者を斬って、さらには曹操と結んでおり、意趣返しの一戦であった。

20万という袁術軍の勢いにさすがの呂布もたじろいだ。すぐに陳宮《ちんきゅう》や陳《ちん》珪《けい》・陳登《ちんとう》父子たち幕僚一同を呼び集めて協議すると、陳宮が「このたびの危機は、すべて陳珪父子が招いたもの。破談を言い出した彼らの首を差し出せば、袁術も兵を返しましょう」と提案した。陳宮が言うように、呂布を説いて袁術との縁組を破談にさせたのは陳珪であった。しかも、陳珪は呂布のためを思って忠告したのではなく、むしろ呂布を忌み嫌っており、破談を進言したのも袁術の仕掛けた「疎《うと》きは親《した》しきをへだてず(→110ページ)」から劉備を救おうと考えてのことであった。

呂布は陳宮の言葉にうなずくと、すぐに陳珪父子を捕縛するように命じた。すると陳登は、「将軍ともあろうお方が情けない。袁術なぞ塵芥《ちりあくた》のごとき輩《やから》であり、あわてふためいてとやかく言うようなことではありません」と笑い飛ばして呂布を挑発した。呂布が「貴様に袁術を破る計があるならば見逃してやる」と言うと、陳登は、

「袁術の軍は多勢とは申せ、寄せ集めの烏合《うごう》の衆《しゅう》。わが方が要害を固め、奇兵を出してこれをつけば、勝ちを得ることは疑いのないこと。また、敵将の韓暹《かんせん》・楊奉《ようほう》は仕方なく袁術を頼った者たちです。彼らと内通を申し合わせ、加えて劉備殿に加勢を頼めば、袁術を手捕りにできるでしょう」

と献策した。

陳登の策は見事に功を奏した。韓暹と楊奉はあっさりと袁術を裏切り、袁術軍が混乱したところに呂布が総攻撃を仕掛け、さらに曹操のとりなしによって駆けつけた劉備配下の関羽が退路をふさぐと、袁術軍は総崩れとなり、袁術はほうほうの態で淮南《わいなん》へと逃げ帰ったのである。

東を指して西を撃つ

——官渡《かんと》の戦いを決定づけた曹操《そうそう》の計略

袁紹と曹操による天下分け目の戦いである「官渡の戦い」において、数に劣る曹操軍がこの計略を使い、見事に袁紹軍に勝利した——。

年号	200年（後漢・建安5年）	198年（後漢・建安3年）
計略発案	荀攸（曹操配下）➡袁紹（群雄）	曹操（群雄）➡張繡（劉表客将）

「東を指して西を撃つ」とは

三十六計のひとつに数えられ、文字どおり、口では東を攻めると言いながら、実は西の討伐に向かうという計略である。相手をワナにかける奇策のひとつだ。

『孫子・勢篇』では、この計略を「敵を誘い出すときには、はっきり敵にわかるように示すと、敵はそれについてくる。利あると見せかけて誘い出し、その裏をかくのである」と説明している。

日本でもよく使われる計略だが、中でも明智光秀《あけちみつひで》の例が有名だろう。

光秀は中国攻めに向かうと言いつつも、その実は京都の本能寺《ほんのうじ》にいた織《お》田信長《だのぶなが》を急襲し、一代の英傑である信長を誅殺することに見事に成功したのである。

三国志の世界では、官渡《かんと》の戦いにおける曹操《そうそう》の戦略がよく知られている。まずは、曹操の例から見ていこう。

官渡の戦いの緒戦で、荀攸の計略がはまる

後漢《ごかん》皇帝・献帝《けんてい》を迎えて大義名分を得て、強敵・呂布《りょふ》を倒した曹操の面前の敵は、袁術《えんじゅつ》亡き今、黄河《こうが》北方の并《へい》・冀《き》・青《せい》の３州と幽州《ゆうしゅう》の一部を領する一大勢力・袁紹《えんしょう》であった。

曹操は黄河南方の兗《えん》・豫《よ》の２州を抑えていたとはいえ、両州ともに戦乱激しく兵力・食糧ともに袁紹領には遠く及ばなかった。

また、袁紹は四代三公を出した名門の出身である。格的にも実力的にも、曹操はとうてい袁紹の敵ではなかった。

200年（建安５）２月、ついに袁紹が動き、顔良《がんりょう》・郭図《かくと》・淳于瓊《じゅんうけい》らに兗州の白馬《はくば》へ侵攻させた。

白馬を守るのは東郡《とうぐん》太守の劉延《りゅうえん》だが、たちまち危機に陥った。

曹操はすぐさま救援軍を派遣しようとしたが、参謀の荀攸《じゅんゆう》がそれを留めて、

「袁紹軍は大軍であり、まともに戦ったのでは勝ち目はありません」

と言った。袁紹軍が約10万に対し、曹操軍は約２万。荀攸の意見はもっともであった。そして、次のように具申した。

「ここは、敵の力を分散させるのがよいでしょう。まず延津《えんしん》まで兵を進めます。そこで、黄河を渡って敵の背後をつくように見せかけるのです。そうすれば袁紹は、必ず主力を延津のほうへ向けてきます。その間に白馬に急行すれば、自軍も救援できましょう。つまり、敵の裏をかくのです」

曹操は荀攸の意見に従い、延津に兵を差し向け、そのうちの一部隊に黄河を渡河させた。すると、果たして袁紹は約半分もの兵力を延津に向かわせた。

これを見た曹操は機動部隊を率いて昼夜兼行で白馬に急行した。関羽《かんう》・張遼《ちょうりょう》らが、それに続いた。

白馬まであと10里ほどとなったところで、顔良が曹操軍の動きに気づき、急ぎ取って返したが、そこに関羽と張遼が襲いかかり、これを撃退した。

官渡の戦いの緒戦である白馬の戦いは、こうして曹操軍に凱歌《がいか》が上が

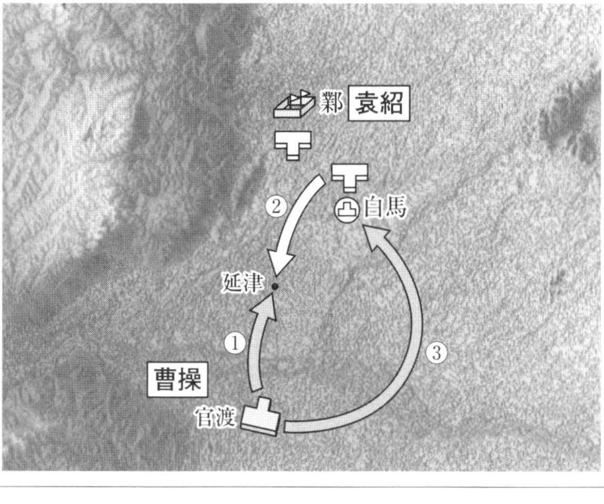

■東を指して西を撃つ

袁紹軍に白馬を包囲された曹操は、袁紹軍の主力を引きつけるために延津に囮の一軍を派遣した(①)。果たして袁紹軍は主力を延津に差し向けてきたため(②)、曹操はその隙をついて主力を白馬救援に向かわせることができた(③)。

り、袁紹は白馬の囲みを解いたのだった。

官渡の戦いの趨勢を決めた烏巣の戦いにおける許攸の計略

官渡の戦いでは、この計略と似たような戦いがもうひとつあった。それが烏巣《うそう》の戦いである。

白馬の戦いから数カ月が経ったが、いまだ勝負の趨勢《すうせい》は決まらず、消耗戦の様相を呈していた。袁紹軍に比べて兵糧も兵力も少ない曹操軍にとって、持久戦はきわめて不利であった。

そこに、曹操にまたとないチャンスが転がり込んでくる。袁紹配下で参謀として腕をふるっていた許攸《きょゆう》が、献策をたびたび袁紹に無視されたことに怒り、曹操のもとに投降してきたのである。

許攸は袁紹軍の内情を曹操に打ち明け、次のような作戦を披瀝《ひれき》した。

「袁紹は今、1万台あまりの輸送車を烏巣に集結させ、兵糧をそこに集めていますが、警戒はさして厳しいものではありません。軽装の機動部隊で烏巣を襲撃して兵糧を焼き払えば、袁紹軍を壊滅させることも可能です」

降伏してきたばかりの許攸の言葉を信じてよいものか側近たちは危ぶんだが、荀攸と賈詡《かく》が支持したため、曹操は許攸の言に乗った。

こうして曹操は自ら軍を率いて烏巣に向けて出陣した。烏巣を守っていた淳于瓊は曹操軍の急襲に奮戦したが、曹操軍に敗れた。

曹操が烏巣に向かったことを知った袁紹は、そのすきに官渡の曹操軍本営を攻めることにし、張郃《ちょうこう》と高覧《こうらん》を派遣した。しかし、烏巣の敗北を知ったふたりは、そのまま曹操軍に投降してしまった。これをきっかけにして袁紹軍は総崩れとなり、圧倒的な兵力差のあった袁紹は曹操の計略の前に破れ、敵の追撃を振り切りながら、かろうじて鄴《ぎょう》へ帰還したのである。

以降、袁家は復活することができず、三国志の最初の山場である官渡の戦いは、曹操の圧勝のうちに終わったのである。

曹操は南陽城を囲み、賈詡は曹操の作戦を見抜く

官渡の戦いの2年前、実は曹操は、似たような計略を使ったものの、それを逆に利用されて敗戦を喫したことがあった。198年(建安3)の張繡《ちょうしゅう》討伐戦でのことである。

袁術討伐に向かっていた曹操のもとに、劉表と結んだ張繡が再び行動を起こし、南陽《なんよう》と江陵《こうりょう》が奪われたという知らせが届いた。曹操はすぐに許都《きょと》

へと引き揚げ、張繍討伐へと向かった。

曹操が攻め寄せると知った張繍は、手勢を率いて城外へと出陣したが、曹操方から猛将・許褚《きょちょ》が出馬してくるとまるで歯が立たず、総崩れとなって南陽城内へと逃げ帰った。

南陽城は、にわかに敵を寄せつけない堅城である。曹操軍は攻めあぐんだ。そこで曹操は、西門の隅に薪《まき》を積み上げるように下知し、諸将に対してそこから城壁に取りつくように命じた。

それを見た張繍の参謀・賈詡が、張繍に献策した。

「曹操は、東南角の城壁の煉瓦《れんが》の色が違うことや、逆茂木《さかもぎ》(※1)の傷みのはげしいのを見て、そこから攻め入ろうと考えたに違いありません。彼らが西の門に薪を積み上げて気勢をあげたのは、わが方を西側に引きつけようと考えてのこと。曹操は必ず、東南の角から乗り込んでくるはずです。そこで、屈強の兵士たちに農民の格好をさせて東南の民家にひそませ、農民には兵士の格好をさせて西の守りを固めているよう見せかけるのです。そして、寄せ手が東南の城壁に取りついてもはじめは相手にせず、城壁を乗り越えたところで伏兵を繰り出せば、曹操を手捕りにもできましょう」

張繍は、賈詡の献策どおりに手筈を整えた。すると果たして、曹操軍は昼の間は西側の城壁ばかりを攻め立てていたが、夜が更けた頃、精鋭を率いて東南の壕を越えていっせいに城内へとなだれ込んできた。

張繍軍にしてみれば、「飛んで火にいる夏の虫」である。潜んでいた伏兵が四方から討って出ると、曹操軍は敗走していった。

終わってみれば、討ち取られた兵士は5万余、失った輜重《しちょう》(※2)は数え切れず、呂虔《りょけん》・于禁《うきん》といった勇将までもが手傷を負う大惨敗であった。

※1　バリケードのひとつ。とげのある木の枝や根を幾重にも絡み合わせて垣状にして侵入者を防ぐ。土塁や環濠の外側に設置されることが多い。

※2　軍隊に付属する糧食・武器・弾薬など軍需品の総称。

大業を成すために味方を欺く——曹操《そうそう》、小升《しょうしょう》を用いて兵糧不足をしのぐ

自軍の兵士たちの不満を抑えるために味方を欺いた曹操、皇帝まで翻弄して出兵の機会を待った劉曄、そして諸葛亮はこの計略を用いて反乱を防いだ——。

年号	198年（後漢・建安3年）	230年（魏・太和4年、蜀・建興8年）
	225年（魏・黄初6年、蜀・建興3年）	
計略発案	曹操（群雄）➡王垕（曹操配下）	劉曄（魏侍中）➡曹叡（魏帝）
	諸葛亮（蜀丞相）➡趙雲（蜀将）	

「大業を成すために味方を欺く」とは

「敵を欺くにはまず味方から」という言葉があるように、戦いに勝利するためには味方をも欺かなければならない場面もある。

たとえば、明智光秀《あけちみつひで》は本能寺で主君の織田信長を討つとき、ほとんどの味方兵士に本当の目的を教えずに自軍からの情報漏えいを防ぎ、信長を討つことに成功している。

三国志の世界でも、こうした計略は見られる。味方に騙されたとあっては、その当事者としては面白くないが、これも乱世の時代の悲しい現実というほかないだろう。ここでは、曹操《そうそう》と劉曄《りゅうよう》、諸葛亮《しょかつりょう》の例を見ていく。

小升を用いて兵糧不足をしのいだ曹操

呂布《りょふ》との戦いで大敗を喫した袁術《えんじゅつ》は、もとは自軍の客将だった孫策《そんさく》に加勢を依頼して呂布に対抗しようとした。しかし、孫策は逆賊には手を貸せぬとこれを断った。

こうした状況を袁術攻めの好機とみたのが曹操である。曹操は、孫策と図って袁術を挟撃する約束を得ると、198年（建安３）９月、劉備《りゅうび》・呂布を伴って袁術討伐に向かった。

攻め寄せる軍勢の数は、17万という大軍である。これに怯《ひる》んだ袁術は、寿春《じゅしゅん》を配下の李豊《りほう》に守らせると、淮水《わいすい》を渡って西へと逃げていった。する

と曹操は、北上してくるはずの孫策を待たずに城を攻めることにしたが、李豊は城門を固く閉ざして持久戦の構えを見せた。持久戦となれば、大軍を擁したことがかえって仇となる。日々の兵糧《ひょうろう》は莫大な量となり、瞬く間に曹操軍は兵糧不足に陥ったのである。

このとき、管糧官《かんろうかん》・任峻《じんしゅん》の部下で王垕《おうこう》という者が曹操に兵糧不足を訴えた。すると曹操、「小升で計って配り、急場をしのいでおけ」と言う。「兵士が不満をもつようなことがあれば、いかがなされますか」と王垕が重ねて尋ねると、曹操は「そのときはわしに考えがある」とだけ答えた。

王垕は言われたとおりに小升で分配した。すると案の定、兵士たちは皆、曹操を恨みに思った。そこで曹操は、ひそかに王垕を呼ぶと、なんと「兵士たちの心を鎮めるために、是非ともそちに借りたいものがある。そちの首じゃ」と言い出した。王垕は驚いて「それがし、罪を犯した覚えはありませぬ」と抗弁したものの、曹操は「それはわしもよく知っている。だが、そちを殺さねば軍の統率が利かなくなる。妻子の手当は十分につかわすから心配いたすな」と言うや、王垕の首をはねさせた。そうして、「王垕が小升を用いて管糧を盗んだため、軍律をもって処刑した」と告示して王垕の首をさらすと、兵士たちの不満はどうにか収まったのである。

だが、依然として兵糧は不足している。曹操はすぐに「3日以内に城を攻め落とす」と全軍に命令して総攻撃を開始。逃げ出す兵は斬首に処して士気を上げ、また、曹操自ら進んで土を運び、手ずから堀を埋め立てて、ようやく城を陥落させるのであった。

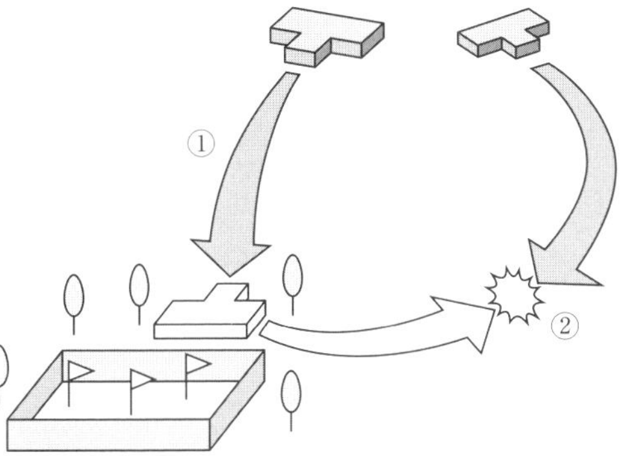

■大業を成すために味方を欺く

諸葛亮によって主力からはずされた趙雲と魏延は、諸葛亮の命令を無視して敵陣深く斬り込み、敵の大将ひとりを討ち取った(①)。しかし、敵将ふたりを逃してしまったが、諸葛亮が放った伏兵がこれを討ち取った(②)。趙雲と魏延を騙して、彼らの士気を奮い立たせた諸葛亮の計略だった。

曹叡の侍中・劉曄の謀りごと

230年(魏の太和4、蜀の建興8)、魏《ぎ》の将軍・曹真《そうしん》が、皇帝・曹叡《そうえい》に漢《かん》中《ちゅう》侵攻を上表した。上奏文を受け取った曹叡は、侍中《じちゅう》の劉曄《りゅうよう》を呼び出し、

「曹真が漢中侵攻について上奏してきたが、お前はどう思うか」

と尋ねた。劉曄は曹操の代から魏に使える重臣であり、曹丕《そうひ》・曹叡にも重用された忠臣である。

曹叡の下問に対し劉曄は、

「曹真殿の言葉はもっともと存じます。蜀《しょく》を倒さなければ、わが魏にとってのちのち国家の大事となりましょう」

と答えた。

しかし劉曄は、文武の諸臣に対しては、漢中侵攻に反対してみせた。そのことを伝え聞いた曹叡は、再び劉曄を召し出して尋ねた。

「先日は曹真の言葉どおり蜀を討つように言っておきながら、前言を撤回するとはどういうことか」

劉曄が答えて曰く。

「蜀の討伐は国家の大事です。敵に漏れ伝わる危険もあり、みだりに人に漏らしてはなりません。事を起こすまでは軽々しく言明なさらぬように」

劉曄の答えに、曹叡ははっとしたという。

味方を欺いて反乱を平定した諸葛亮

諸葛亮《しょかつりょう》も、この計略を用いて、南中《なんちゅう》の反乱を抑えることに成功している。諸葛亮に欺かれたのは、趙雲《ちょううん》と魏延《ぎえん》という蜀を代表する将軍である。

益州《えきしゅう》南部で反乱を起こした孟獲《もうかく》討伐のために出陣した諸葛亮は、軍議の席上に趙雲と魏延を呼び出しておきながら、王平《おうへい》と馬忠《ばちゅう》に先鋒として出陣するように命じた。続いて張嶷《ちょうぎょく》と張翼《ちょうよく》のふたりが呼ばれ、王平と馬忠とともに出陣するよう命ぜられた。

蜀の武将としてこれまで数々の戦功を挙げてきた趙雲と魏延は、諸葛亮の采配に不満をもった。諸葛亮は、

「私も当初は、ふたりに出陣してもらおうと思っていたのだが、ふたりは南中の地理に明るくないし、その年齢で山中に分け入って南蛮《なんばん》(南部の反乱軍)の策略にかかってしまったら、かえって軍の士気に関わる。そなたたちは自重して、みだりに動かないことだ」

と言ってふたりを諭した。

だが、趙雲と魏延にもプライドがある。ふたりは陣屋に戻ると密談した。

「われわれは、ともに先鋒を命じられて参ったのに、地理を知らないからといって退けられ、張嶷や張翼といった若輩者に先鋒を奪われるとは納得いかない」

と趙雲が言えば、

「よし。これからふたりで出陣し、敵軍を捕らえて案内をさせて討ち入れば、手柄はわれわれのものだ」

と魏延が返し、ふたりは勝手に出陣することにした。

ふたりが数キロを馬で駆けると、果たして敵軍がやって来たので、左右から攻めてこれを破り、数人を捕縛した。捕虜から敵情を聞きだしたふたりは、5000の軍勢を率いて敵陣に突入し、孟獲軍の将軍・金環三結《きんかんさんけつ》を討ち取った。

すると、王平と馬忠が左右から現れ敵に襲いかかり、反乱軍は総崩れとなった。しかし、董荼那《とうとな》と阿会喃《あかいなん》というふたりの大将は取り逃がしてしまった。

本営に戻った趙雲と魏延は、諸葛亮に金環三結の首を差し出して、

「残念ながら、董荼那と阿会喃は討ち取れませんでした」

と報告した。すると、ほどなくして張嶷と張翼が、ふたりの首をもって現れた。いぶかしがるふたりに対し、諸葛亮は、

「私は呂凱《りょかい》からもらった絵図によって、あらかじめ敵の陣地を知っていました。だから、趙雲殿と魏延殿には、わざとあのように言って士気をかきたてれば、ふたりは必ず敵中深く進軍し、大将の首を取ってくれると思っていました。そして、董荼那と阿会喃が逃げ出すのを見越して、張嶷と張翼に待ち伏せさせておいたのです」

と説明した。趙雲と魏延は、ただただ平伏するのみだったという。

鋭気《えいき》を養い疲れた敵に当たる

——主導権を握った陸遜《りくそん》が、劉備軍を殲滅《せんめつ》

関羽の弔い合戦となった「夷陵の戦い」で、劉備は陸遜の計略にはめられ、半年もの間戦線は膠着。そして陸遜の一斉攻撃の前に、敗走を余儀なくされた——。

年号	225年（蜀・建興3年）	219年（後漢・建安24）
計略発案	陸遜（孫権配下）➡劉備（蜀帝）	趙雲（劉備配下）➡徐晃（曹操配下）

「鋭気を養い疲れた敵に当たる」とは

戦場においては、当然のことながら、先に布陣して敵の到着を待っているほうが有利であり、後からやってきた軍勢は不利である。

「鋭気《えいき》を養い疲れた敵に当たる」とは、先に戦場に拠ることで、主導権を握って敵に当たれば楽であるという意味である。三十六計のひとつだ。

日本を見ると、織田信長《おだのぶなが》は姉川《あねがわ》の戦いや長篠《ながしの》の戦いでいちはやく有利な布陣をしき、勝ち戦につなげた。また、相手が疲れるのを待つという意味では、豊臣秀吉《とよとみひでよし》の小田原《おだわら》城攻めも、この計略のひとつに数えられるかもしれない。

ただし、布陣したとしても、漫然と敵の到着を待っていては仕方がない。関ヶ原の戦いでは、先に布陣したのは石田三成《いしだみつなり》であったが、三成は陣をしいただけで自軍の内情を見ることを怠った。そのため、吉川《きっかわ》や小早川《こばやかわ》の内応に気づかず、敗れ去ってしまった。

劉備軍の遠征の弱点を陸遜が見破る

樊城《はんじょう》の戦い(219年)で盟友・関羽《かんう》を失った劉備《りゅうび》の衝撃は大きかった。それは、時を経るに従って、関羽を斬った孫権《そんけん》率いる呉《ご》への憎しみに変わっていった。そして221年(蜀の章武4)、劉備はついに孫権討伐の兵を挙げるのである。だが、蜀内では反対論が多かった。趙雲《ちょううん》の言葉がもっとも的を射ている。

「そもそも国賊は、漢《かん》の帝位を簒奪《さんだつ》した魏《ぎ》(曹操《そうそう》・曹丕《そうひ》)であり、呉(孫権)ではありません。われわれがなすべきことは、関中《かんちゅう》(雍州《ようしゅう》)に兵を進めて逆賊・魏を討つことです。魏をそのままにして呉討伐の兵を挙げるなんて、とんでもない」

しかし劉備は、こうした諫言《かんげん》にも耳を貸さず、ついに出陣してしまった。呉蜀国境あたりの白帝城《はくていじょう》に入った劉備軍は、長江《ちょうこう》に沿って荊州《けいしゅう》に侵攻し、222年(蜀の章武５)2月には猇亭《おうてい》に布陣した。しかし、夷道《いどう》に駐屯する呉将・陸遜《りくそん》は動かず、劉備も動きを取れないまま半年が過ぎてしまう。

これは陸遜の戦略であった。劉備軍は遠征軍である。遠征軍にとっての最大の課題は、なんといっても兵糧《ひょうろう》確保の問題であり、戦いが長引けば長引くほど困難になる。また、呉軍は劉備より先に夷道に布陣したことで、当陽《とうよう》や江陵《こうりょう》といった要地に自軍を配置することもできた。

一方の劉備軍は、猇亭に布陣後は戦いらしい戦いもできないままに半年を費やし、厭戦《えんせん》気分も蔓延《まんえん》し始めていた。また、長江沿い700里にわたって屯営《とんえい》を築いたため、隊が伸びきってしまっていた。

こうして陸遜は、劉備軍が疲れ果てるのを待ったのである。

●疲れきった劉備軍に、陸遜が全軍挙げて襲いかかった

いよいよ陸遜は、一斉攻撃の時がきたと判断した。しかし、帯同していた諸将は口々に反対した。

「劉備軍はすでに500里ほども自領に入り込んできています。今さら攻撃

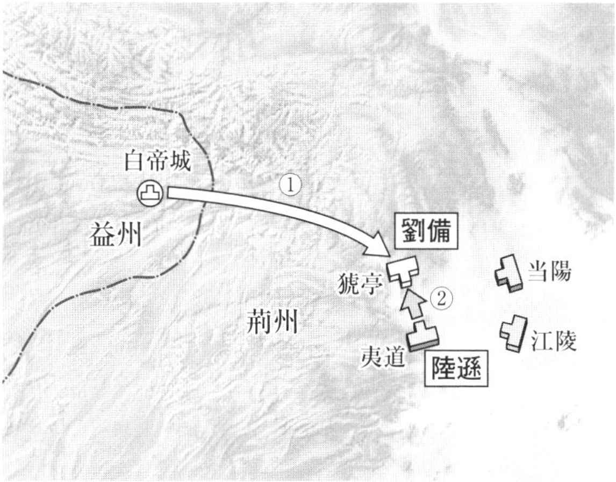

■鋭気を養い疲れた敵に当たる

荊州に侵攻してきた劉備軍に対し(①)、陸遜は劉備軍と対峙しながら持久戦をとる。遠征軍の劉備軍を疲れさせてから一気にたたこうという計略である。そして半年後、陸遜軍が総攻撃を仕掛けると(②)、劉備軍はあえなく総崩れとなり退却していくのである。

を仕掛けても勝ち目はありません」

陸遜はこうした意見を退け、こう言った。

「劉備が荊州に攻め込んできたということは、当初はそれなりの作戦を立てていたはず。戦っても勝ち目はなかっただろう。しかし、今は違う。戦線は膠着《こうちゃく》し、敵の疲労は限界に達しているはずで、士気も当初に比べれば相当に下がっている。今こそが好機である」

陸遜は、兵士に一束ずつ茅《かや》をもたせて、劉備軍の屯営に火攻めをかけ、これを落とした。浮き足立った劉備軍に対し、陸遜はさらに全軍を投入して40余りの屯営を落とし、追撃の手をゆるめない。劉備は馬鞍山《まあんさん》に入って陣容を立て直そうとしたが、陸遜軍が四方から襲いかかり、劉備軍は総崩れとなってついに退却した。

劉備の戦略の拙《つたな》さもあったが、陸遜の「鋭気を養い疲れた敵に当たる」計略が、見事に成功したのである。

漢中争奪戦で見せた劉備軍の計略

さて、大軍を相手にする場合、城や陣地などをしっかりと守って、敵が疲れるのを待つという計略はかなり効果的である。曹操と劉備が漢中《かんちゅう》をめぐって争奪戦を繰り広げた際、劉備軍がこの計略を使い、局地戦で曹操軍に勝利している。

218年(建安23)に漢中に進出した曹操軍と劉備軍の戦いは、下辨《かべん》の戦いで曹操側が勝利すると、定軍山《ていぐんさん》の戦いでは劉備軍が夏侯淵《かこうえん》を破るといったように、年を越しても一進一退の情勢が続いていた。約1年にわたる遠征で曹操軍にも疲れが見え始めた頃、劉備軍が漢水《かんすい》のほとり近くに布陣し、曹操軍と対峙した。これを見た曹操軍の徐晃《じょこう》は、劉備軍と雌雄を決すべく、漢水を押し渡って布陣しようとすると、副将の王平《おうへい》がこれを諫《いさ》めた。

「渡河したうえで、もし急に撤退ということになったら困ります」

というのである。しかし、直前に趙雲《ちょううん》との戦いに負けて気負い立っていた徐晃は、王平の諫言《かんげん》を聞かずに河を渡ってしまった。

一方の劉備陣営では、勝ち気にはやる徐晃の心理状態を見透かし、相手が疲れるのを待つ作戦に出た。徐晃が何度も打ちかけるが、劉備陣営はまったく動かない。そして、徐晃軍の士気が低下した頃を見計らった黄忠《こうちゅう》と趙雲がいっせいに打って出ると、徐晃軍はまたたく間に瓦解《がかい》し、四散した多くの兵士が漢水の水流に飲み込まれたという。

火を見てこれを奪う

——袁《えん》兄弟の内部分裂を利用して曹操《そうそう》が利を奪う

曹操は袁紹亡きあとの袁家との戦いにおいて、兄弟の内部分裂に乗じて本拠地・鄴を攻め、ついに袁家の本拠地を奪うことに成功した——。

年号	204年(後漢・建安9年)	205年(後漢・建安10年)
計略発案	曹操(群雄)➡袁尚・袁譚(群雄)	高幹(袁家配下)➡曹操(群雄)

「火を見てこれを奪う」とは

人の弱みにつけこんだり、敵の被害が甚大なのを見たりしたときに、間髪入れずに利を取る計略。要するに火事場泥棒のことで、三十六計のひとつである。

日本で言えば、北条早雲《ほうじょうそううん》の堀越御所《ほりごえごしょ》の戦いがこれにあたるだろう。関東《かんとう》管領《かんれい》の上杉《うえすぎ》氏が関東の戦乱に兵を送っていたため、堀越御所の守兵が少なく、そこを早雲が一気に攻略したのである。

また、徳川家康《とくがわいえやす》が今川氏真《いまがわうじざね》の助命と引き替えに掛川《かけがわ》城を手に入れたの

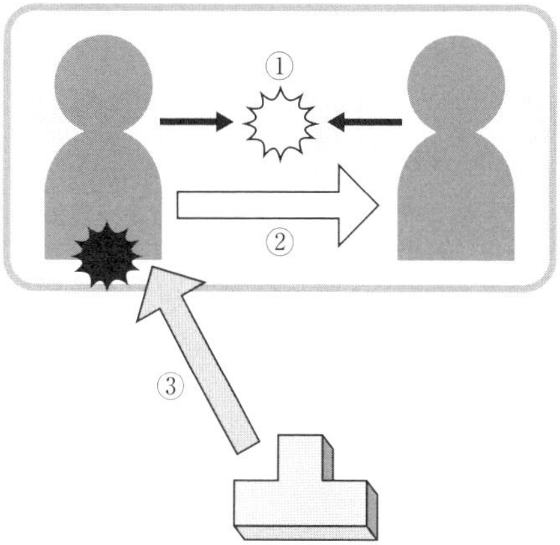

■火を見てこれを奪う

敵に内部分裂の兆候が見える場合、内輪もめを待って(①)、一方が城を出たあとに(②)、すかさず攻めれば(③)、戦力が減った相手を攻撃でき、勝ちやすくなる。

も、この計略のひとつの例であろう。

三国志においては、徐州《じょしゅう》にいた頃の劉備《りゅうび》が、曹操《そうそう》と袁紹《えんしょう》が対立しているすきをついて曹操に反したが、これは失敗に終わった。

その曹操は、袁家討伐の際、この計略を仕掛ける側と仕掛けられる側の両役を演じることになる。

袁家内部で後継争いが勃発

官渡《かんと》の戦い(200年)で曹操に敗れたとはいえ、袁紹の所領が減ったわけでもなく、まだまだ袁紹の力は強大であった。しかし、曹操に負けたという事実の影響は大きかった。幽州《ゆうしゅう》や冀州《きしゅう》の河北《かほく》地方の反乱分子が、反旗を翻したのである。袁紹は、官渡での敗戦や、続けざまに起こる反乱鎮圧に心労を重ねた挙げ句、202年(建安7)5月、失意のうちに死亡した。

曹操にとっては願ってもないチャンスである。袁紹は、言ってみれば一代の英傑だ。袁紹亡き今、その力は強大とはいえ、付け入るすきができたのである。それが、袁紹の後継争いであった。

袁紹には3人の息子がいた。長男が袁譚《えんたん》、次男が袁熙《えんき》、三男が袁尚《えんしょう》である。袁紹が愛したのは三男の袁尚で、袁譚と袁熙はそれぞれ青州《せいしゅう》と幽州に赴任させて遠ざけ、袁尚だけを居城の鄴《ぎょう》に置いてかわいがった。幕下の諸将も、袁尚が後継で決まりと思ったが、袁紹はなぜか後継者を誰にするかはっきりと決めずに死んでしまった。そして、袁譚と袁尚の間で、後継者争いが勃発し、諸将も袁譚派と袁尚派に分裂した。

●袁兄弟の内部分裂に乗じて、曹操が鄴を攻略

袁紹が死去して4カ月後、早くも曹操が行動を起こし、黄河《こうが》を渡った。そのとき袁譚は、青州から冀州に戻ってきて黎陽《れいよう》に駐屯しており、早速袁尚に援軍を要請した。しかし袁尚は、下手に兵力を与えると袁譚が鄴に攻め入るかもしれないという疑心にかられ、兵力を与えたくないばかりに自ら援軍を率いて袁譚と合流した。こうして袁尚・袁譚連合軍が曹操軍を迎撃することになったが、もとより仲が悪い両者の足並みはそろわず、黎陽は陥落し、袁尚と袁譚は鄴へ逃亡した。

しかし、曹操はこれを追わなかったし、改めて鄴を攻撃することもなかった。諸将の中には、一気呵成《いっきかせい》に鄴に攻め込むことを意見した者もいたが、軍師の郭嘉《かくか》が反対して言った。

「袁尚と袁譚は、必ず内輪もめを起こし、袁家は再び分裂します。ここで急迫しても、両者を団結させるだけです。ここはいったん撤退し、南の荊州《けいしゅう》を攻めると見せかけ、両者の暗闘を待ちましょう」

郭嘉の意見を採用した曹操が南に向かうと、果たして袁兄弟は内紛を起こし、袁譚は鄴から追放され青州へ落ち延びた。こうして再び袁尚と袁譚の戦いが始まり、鄴の勢力が半減したところを狙って、曹操が大軍を率いて袁尚陣営に攻め寄せた。

「兄弟が団結すれば討伐は容易ではありません。どちらかが勝利して一方の兵力を手に入れれば、それもまた倒すのは難しくなります。仲違いしている今こそがチャンスです」

という荀攸《じゅんゆう》の進言に従ったのである。これこそが、「火を見てこれを奪う」の計略である。

204年(建安９)、袁紹が築き上げた権力の拠り所である鄴は、ついに落ちた。

高幹が曹操の留守のすきをついて挙兵

鄴を出た袁尚は北へ逃走し、異民族の烏丸《うがん》を頼って、幽州北部でなおも抵抗を続けた。曹操はこれを追撃したが、曹操が遠く烏丸討伐に出陣したすきに、并州《へいしゅう》の高幹《こうかん》が反乱ののろしを上げた。高幹は袁紹の甥にあたり、鄴陥落とともに曹操に降っていた人物である。

火を見てこれを奪った曹操が、火を見られて奪われる立場になったのである。

驚いた曹操は、楽進《がくしん》と李典《りてん》を鎮圧に向かわせたが、高幹が拠った壺関《こかん》城は堅城で、なかなか落とせない。

そうこうするうちに、高幹の反乱に呼応して、河内《かだい》郡の張晟《ちょうせい》や弘農《こうのう》郡の張琰《ちょうえん》、河東《かとう》郡の衛固《えいこ》らが反旗を翻し、反乱は司州《ししゅう》にまで飛び火した。河東郡と弘農郡は、洛陽《らくよう》と長安《ちょうあん》を結ぶ要地であり、曹操は自らの出陣を決めた。

壺関城を囲む一方で、曹操は涼州《りょうしゅう》の馬騰《ばとう》と結び、馬騰に側面からの援護射撃を要請した。曹操の求めに応じた馬騰は、出陣すると張晟・張琰・衛固の反乱をまたたくまに鎮圧してしまった。高幹は壺関城に孤立し、頼みの匈奴《きょうど》の援軍もやってこず、３カ月の奮戦も及ばず、壺関城は落城した。こうして高幹の「火を見てこれを奪う」の計略は、失敗に終わった。

濁《にご》り水に魚を捕らえる

――敵と敵が戦っているすきに漁夫の利を得る

樊城の戦いは、関羽にしてみれば「天下三分の計」実現のためにも負けられない戦い。一方の曹操にとっては荊州統治の要である樊城は失えない。両軍の死力を尽くした戦いを横目に見て、呉の呂蒙が荊州を奪回した――。

年号	204年（後漢・建安9年）	219年（後漢・建安24年）
計略発案	袁譚（群雄）➡曹操（群雄）	呂蒙（孫権配下）➡関羽（劉備配下）

「濁り水に魚を捕らえる」とは

三十六計のひとつで、戦乱の混乱に乗じて利を得るというもので、「漁夫の利」に似た計略である。どさくさにまぎれて実利を得るというものだ。

たとえば日本でいえば、扇谷上杉氏《おうぎがやつうえすぎ》と山内《やまのうち》上杉氏が戦っているすきに伊豆《いず》を奪った北条早雲《ほうじょうそううん》や、大内《おおうち》氏と尼子《あまこ》氏の対立の中で成長した毛利元就《もうりもとなり》などがこれにあたろうか。

さて、三国志の世界では、袁尚《えんしょう》を攻めている曹操《そうそう》のすきをついて、袁尚の支配地を手に入れた袁譚《えんたん》と、呉《ご》の将軍・呂蒙《りょもう》が荊州《けいしゅう》を奪回した作戦が、有名である。

曹操にひと泡ふかせた袁譚の計略

河北《かほく》の雄・袁紹《えんしょう》の死後、袁家では後継者争いが勃発し、袁譚と袁尚の兄弟が後継の座をめぐって、し烈な争いを繰り広げることになる。しかし、袁尚が正式な後継者となったため、袁譚は兵力差で負けていた。

そこで袁譚は、親の仇である曹操と結ぶという意表をつく手に出た。さすがの曹操も袁譚の真意を計りかねたが、荀彧《じゅんいく》の進言もあって袁譚の申し出を受け入れ、袁尚の本拠地である河北最大の都市・鄴《ぎょう》に攻め入った。

曹操は、築山《つきやま》や地下道を壊したり、40里にもわたって堀をめぐらしたりするなど鄴攻略に心血を注いだ。しかし、袁紹が築いた鄴は堅城で、半年を費やしてようやく攻略した。

鄴で袁尚と曹操が死力を振り絞って戦っていたとき、手を結んだはずの袁譚は曹操に加勢しなかった。何をしていたかというと、両軍の戦闘を横目に見ながら、袁尚の支配地である冀州《きしゅう》の各郡を攻略していたのである。まさに火事場泥棒である。

甘陵《かんりょう》・安平《あんぺい》・渤海《ぼっかい》・河間《かかん》の諸郡を奪い取った袁譚は、さらに、曹操に敗れて命からがら逃げ出した袁尚を追撃して幽州故安《ゆうしゅうこあん》で破り、彼の兵力と輜《し》重《ちょう》まで手に入れたのだった。

「濁《にご》り水に魚を捕らえる」を見事に体現した袁譚だったが、詰めが甘かった。

激怒した曹操が袁譚征伐の兵を挙げ青州《せいしゅう》に攻め込んでくると、恐怖した袁譚は冀州《きしゅう》の南皮《なんぴ》に逃げ出したが、曹操軍の猛攻の前に敗れ、斬り殺されてしまったのである。

劉備が荊州を孫権に返さないワケ

荊州をめぐる劉備《りゅうび》と孫権《そんけん》の争いは、赤壁《せきへき》の戦い(208年)以降、長年にわたって続いていた。

荊州はもともと、赤壁の戦いに勝利した孫権の戦利品といってよい。しかし、曹操と対峙するためには劉備を懐柔《かいじゅう》する必要があったため、孫権は劉備に〝貸す〟という形で荊州の支配権を与えたのである。

一方、劉備にとって荊州は「天下三分の計」を実現するためにも、手に

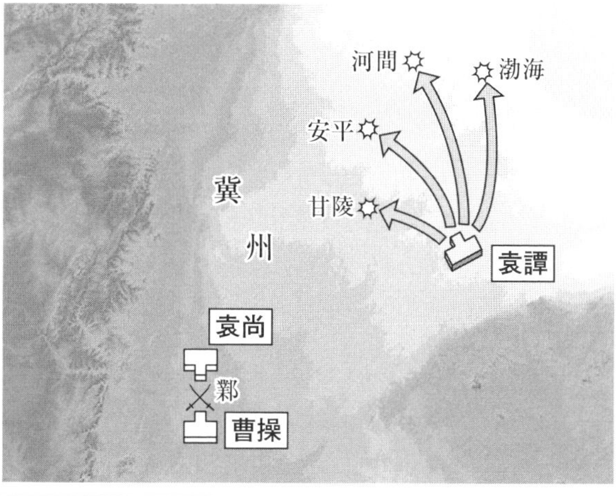

■濁り水に魚を捕らえる

漁夫の利を得る計略。曹操と袁尚が鄴をめぐってし烈な戦いを繰り広げている頃、袁譚は彼らの死闘を横目に、袁尚の領土である諸郡に攻撃を仕掛け、これを奪い取ってしまう。

入れておきたい地であった。そのため、劉備は劉璋《りゅうしょう》から蜀《しょく》(益州)を奪ったあとも、荊州を孫権に返そうとしなかった。

孫権はたびたび劉備に荊州の返還を迫ったが、劉備は「涼州《りょうしゅう》を奪ったら返す」と、にべもない。

さらに219年(建安25)に漢中《かんちゅう》を征圧した劉備は、返す刀で荊州北部の曹操領の房陵《ぼうりょう》郡と上庸《じょうよう》郡まで征圧し、確実に勢力範囲を広げていった。

一方の孫権陣営では、陸口《りくこう》に駐屯していた呂蒙が「関羽《かんう》から荊州を奪回するべきである」と上表するなど、荊州奪回を目指す動きが出てきた。

●濁り水に魚を捕らえた呂蒙が荊州奪回に成功

そんな折、荊州の留守を任されていた関羽が動いた。劉備に呼応して北上し、曹操陣営の樊《はん》城を攻めたのである。

関羽は北上にあたって、呂蒙の動きを警戒していた。そこで、江陵《こうりょう》に大軍を置いて背後を固めた。関羽の狙いを察した呂蒙は、病気療養と嘘をついて建業《けんぎょう》(呉の都)に戻り、後任として陸遜《りくそん》を派遣した。

陸遜といえば、現在では呉を代表する武将のひとりとして名声を獲得しているが、当時はまだ名を知られていない若輩者である。呂蒙は、関羽が陸遜を見くびって警戒を怠ると考えたのである。しかも呂蒙は、陸遜に関羽宛に低姿勢の書状を送らせた。

呂蒙の読みどおり、関羽は陸遜など眼中にないとばかり、江陵の軍勢に樊城攻略への出陣を命令した。関羽の背後はがらあきとなった。

こうして、関羽と曹操が死力を尽くして戦っているすきをついて、呂蒙が行動を開始した。水軍を編成して江陵に向かい、江陵と公安《こうあん》をまたたく間に征圧したのである。

魏の徐晃《じょこう》軍に敗れた関羽は、敗走途中に江陵の陥落を知って急いで南下したが、孫権軍が長江《ちょうこう》流域をすでに抑えてしまったため、当陽《とうよう》から進路を西にとって麦《ばく》城に籠城《ろうじょう》。しかし、ついに捕らえられ斬罪となった。三国志の英雄・関羽のあっけない最期であった。

やや火事場泥棒的で卑怯な面は否めないが、呂蒙は見事に劉備から荊州を取り戻したのだった。

対岸の火を見る

——敵の内部分裂を利用して自滅を待つ

曹操に冀州から追い出された袁尚は、ついに遼東の公孫康《こうそんこう》のもとに落ち延びた。曹操は自ら出馬せず、両者の仲間割れを見越して自滅するのを待った——。

年号	207年(後漢・建安12年)
計略発案	曹操(群雄)➡公孫康(群雄)

「対岸の火を見る」とは

この計略はきわめて老獪《ろうかい》な手段で、敵内部の反目を利用して、内部分裂による自滅を待つという計略である。三十六計のひとつに挙げられ、言ってみれば、高見の見物を決め込んで自軍の利とするわけである。

139ページで紹介した「火を見てこれを奪う」に似た計略だが、「火を見てこれを奪う」は自らが動いて活路を開く計略だが、「対岸の火を見る」はなりゆきにまかせるという点で違いがある。自滅を待つには、それなりの確信がないとできないのである。

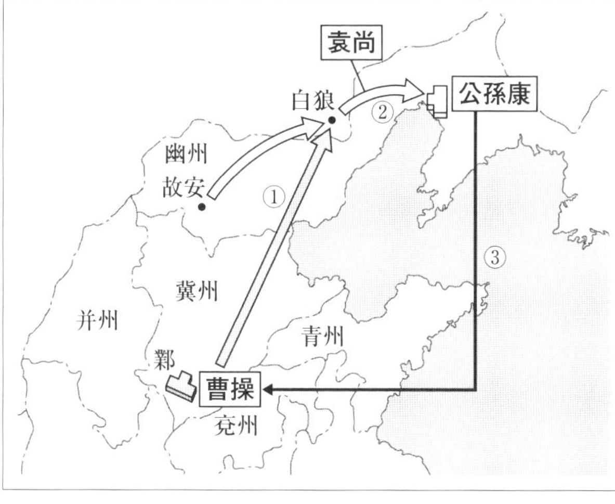

■ 対岸の火を見る

袁尚を白狼まで追いつめた曹操だったが(①)、袁尚が公孫康のもとに逃げ込むと(②)、追撃をやめた。公孫康が袁尚を殺すと確信したからである。果たして、公孫康から袁尚の首が曹操のもとに届けられた(③)。

三国志においては、官渡《かんと》の戦いで敗れた袁紹《えんしょう》の死後、曹操《そうそう》が袁家を滅ぼす際に、この計略を使っている。

対岸の火を見た曹操が河北を平定

「火を見てこれを奪う」の項で説明したように、袁紹死後の袁家内では、後継者争いがこじれにこじれ、他家を圧倒していた強大な力は分裂し、四代三公を輩出した名門がもつ権威も失墜した。

袁家の正式な後継者だった袁尚《えんしょう》は、本拠地の鄴《ぎょう》を曹操に落とされ北に逃げ、幽州故安《ゆうしゅうこあん》にいた兄・袁熙《えんき》を頼った。しかし、袁熙の部下が曹操に内応したため、袁兄弟はさらに北を目指し、異民族の烏丸《うがん》の首領・蹋頓《とうとつ》のもとに逃げ込んだ。烏丸は幽州北部に勢力を張っていた異民族だが、袁兄弟とともに曹操に反抗する姿勢を見せたため、曹操軍の攻撃を受け敗走した。袁尚と袁熙は東へ逃げ、遼東《りょうとう》郡地方でほぼ独立した勢力を保っていた公孫康《こうそんこう》のもとへ逃亡した。

曹操軍内では、烏丸討伐の勢いに乗じて、遼東まで攻め込み、袁兄弟の息の根を止めるべきであるとする意見が多数出た。しかし、曹操はこの献策を容れず、「私は公孫康に、袁兄弟の始末をつけさせるつもりでいる。こちらからわざわざ出向いていくことはあるまい」と述べて、軍を撤退させて鄴へ帰還した。

それから間もなくのことである。曹操のもとに、公孫康から袁尚と袁熙の首が送り届けられたのだ。これまで独立勢力として遼東に割拠し、曹操ともそれほど悪くない関係だった公孫康にとって、袁兄弟の来訪は迷惑な話でしかなかった。また、しだいに勢力をつけつつある曹操を敵に回すことも恐れ、ついにふたりを殺害したのである。

ある臣下が曹操に、「なぜ公孫康がふたりの首を送ってくることがわかったのですか」と尋ねた。曹操はこれに対して、「かねてから公孫康は袁兄弟のことを恐れていた。もし、こちらが力をもって攻め立てれば、放っておけず力を合わせて戦わざるを得ない。しかし、こちらが放っておけば内輪もめする。自然の勢いに任せただけである」と答えた。こうして袁家は滅亡し、曹操は冀州《きしゅう》以北の河北《かほく》地方を平定した。曹操はこれ以降、いよいよ中原《ちゅうげん》の覇者として君臨していくことになる。

袁家と公孫康の関係を把握し、公孫康がどう動くか曹操に確信があったからこそ実行できた計略であった。

手に順《したが》って羊を牽《ひ》く
——敵のすきを見逃さずに大敵を破る法

どんなに大敵であろうと、どこかにすきはあるもの。そのわずかなすきを見つけたときは、一気呵成にそこをつくことで勝利を得られるのである——。

年号	207年（後漢・建安12年）	211年（後漢・建安16年）
	227年（魏・太和1年、蜀・建興5年）	
計略発案	賈詡（張繍配下）➡曹操（群雄）	馬超（豪族）➡曹操（群雄）
	司馬懿（魏将）➡孟達（魏将）	

「手に順って羊を牽く」とは

「手に順《したが》って羊を牽《ひ》く」とは、本来は不意に現れた羊を自分のものにするという意味で、〝羊〟はチャンスの象徴として扱われている。

これは、敵を倒すチャンスを見極めて攻撃を仕掛けることであり、わずかな敵のすきに乗じて自軍に利する計略のことである。三十六計のひとつに数えられる。

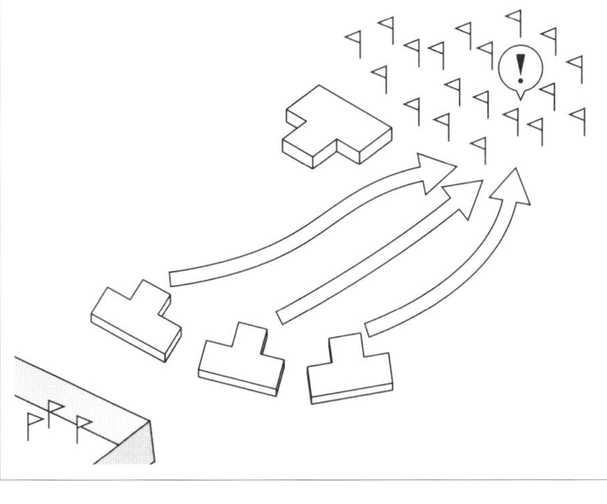

■手に順って羊を牽く

自軍が少数で敵が大軍である場合、もちろん不利である。しかし、大軍であればあるほど、隙が生じやすいのも事実で、そのわずかな隙を見逃さず、そこを一気につけば、自軍の利にできる。

魏延の反乱を食い止めた何平

諸葛亮《しょかつりょう》の死後、ともに北伐《ほくばつ》に出陣していた魏延《ぎえん》は、諸葛亮の代わりに指揮をとるのが自分ではなかったことに腹を立て、反旗を翻した。そして、漢中《かんちゅう》へ撤退を始めた楊儀《ようぎ》・姜維《きょうい》軍より先回りして、彼らの撤退を阻むために桟道《さんどう》を次々と焼き払いながら南下し、楊儀軍の到着を待った。

山林を切り開きながら、ようやく漢中へ出た楊儀軍の前には、すでに魏延軍が布陣している。そこで、楊儀軍の先鋒である何平《かへい》が進み出て、魏延軍に向かってこう言い放った。

「丞相(諸葛亮のこと)が死んでまだ間もないというのに、この所業はどういうつもりか!」

すると、内心では魏延の振る舞いに疑問をもっていた多くの兵士たちは四散してしまった。

魏延が、その大義名分を下の兵士たちまで伝達していないことを見抜いた何平の機転であった。

曹操のすきをついて一矢を報いた賈詡の計略

198年(建安3)、南陽城《なんようじょう》で張繍《ちょうしゅう》軍の賈詡《かく》の計に破れた曹操《そうそう》は数十里退いて、安衆県《あんしゅう》というところで劉表《りゅうひょう》と合流を果たした張繍の軍と対峙した。そこへ「袁紹《えんしょう》が兵を起こして許都《きょと》を侵そうとしている」との知らせが入ったため、曹操はあわてて引き揚げることにしたが、これはその追撃戦でのことである。

退却していく曹操を見た張繍は、すぐに追撃すると言い出したが、賈詡はそれを制止して、

「追うことは禁物。追えば必ず敗れます」

と言った。しかし、横から劉表が、

「今日追わねば、無駄に好機を逸するというもの」

と強く言うので、張繍は1万余りの兵を率いて劉表とともに曹操軍を追撃した。すると曹操は伏兵をもって待ち構え、殿軍の兵士たちも予想以上に奮戦して、劉表と張繍は大敗を喫して戻ってきた。

張繍と劉表が戻ったところ、先ほどは出陣を止めた賈詡が、今度は「すぐに軍をそろえて追撃なさい」と進言した。ふたりは、

「今、敗れて帰ったばかりで、もう一度追えとはどういうことか」

と疑ったが、それでも賈詡は、
「今追えば必ず勝てます。勝てなければ、私の首を差し出しましょう」
と言い張った。劉表は疑って出陣しなかったが、言われるままに張繍が手勢を率いて追ったところ、果たして曹操の軍はさんざんに駆け散らされ、道筋に軍馬輜重《しちょう》の一切を捨てて逃げていった。先に大敗を喫した張繍と劉表が、曹操に一矢報いたのである。
この勝利を見た劉表が賈詡に尋ねた。
「先には、曹操に勝利して意気盛んな兵をもって追うのに、貴公は必ず敗れると言われ、後には敗兵をもって勝って士気の上がる曹操を攻めるのに、貴公は必ず勝つと言われ、いずれもそのとおりとなった。これはどういうことか」
すると賈詡は、
「曹操の兵は強く、普通に戦えば我らは曹操軍の相手になりません。さらに戦略に長《た》けた曹操のこと、勇将を殿軍にして追手を防ぐはずですから、味方の兵の士気がいかに上がっていようと、かなうはずがありません。しかしながら、曹操が帰京を急いだのは、必ず許都でなにか変事が起こったために違いなく、一度追手を打ち破ったうえは、殿軍の手配もせずにひたすら先を急ぐに違いありません。その虚を突いて追撃したために、2度目の出撃では勝利することができたのです」
と説明した。劉表も張繍も賈詡の見識に感服した。そして賈詡から勧められるがまま、互いに助け合うことを誓うと、劉表は荊州《けいしゅう》に戻り、張繍は襄陽《じょうよう》城に拠ってこれを守ることにしたのである。
好機をとらえ、曹操軍のすきをついた賈詡の計略が見事に成功したのだった。

「潼関の戦い」における馬超の計略

生涯を戦場で過ごした百戦錬磨の曹操も、わずかなすきをつかれて窮地に陥ったことがあった。
211年(建安16)、曹操は漢中の張魯《ちょうろ》討伐の兵を挙げ、雍州《ようしゅう》に進軍した。当時の雍州は、一応は曹操の支配下にあったが、韓遂《かんすい》や馬超《ばちょう》といった豪族たちの古くからの地盤であり、彼ら豪族たちの影響力が曹操のそれより勝っていた。
そのため、韓遂と馬超は、張魯討伐は建て前で、曹操の本当の目的はわれわれを倒すことにあるのではないかと疑った。そして侯選《こうせん》・程銀《ていぎん》・楊《よう》秋《しゅう》・梁興《りょうこう》といった雍州の豪族たちに呼びかけて、司州《ししゅう》と雍州の境界近くの潼関《どうかん》に防衛拠点を築き始めた。こうして潼関で両軍が対峙した。曹操は主力に馬超軍と正面衝突させ、徐晃《じょこう》・朱霊《しゅれい》に兵4000を与えて黄河《こうが》を渡らせて潼関の裏に回り、馬超軍を挟撃しようとした。

そして、徐晃らの軍勢とともに、曹操も親衛隊100余人を引き連れて黄河を渡ろうとしたときである。主力と戦っているはずの馬超が１万の軍勢を率いて現れ、曹操軍を急襲した。徐晃軍がすでに渡河し陣を築き始めていたため、曹操は不意をつかれるかっこうとなった。

許褚《きょちょ》があわてて曹操を船に乗せると、岸に取り残された兵士たちも、我先にと船に乗ってきたため、その重みで船は傾き沈没しそうになった。許褚はやむなく、船に乗ろうとする自軍の兵士を斬り捨て、馬超軍の矢の雨を交わしながら、なんとか対岸にたどり着いたのだった。

孟達の油断を見逃さなかった司馬懿の計略

魏帝・曹丕《そうひ》が死ぬと、荊州《けいしゅう》北部の上庸《じょうよう》郡新城《しんじょう》太守の孟達《もうたつ》が、魏に反旗を翻した。

孟達はもともと益州《えきしゅう》の劉璋《りゅうしょう》の部下で、劉備《りゅうび》が益州を奪ったときにその配下となったが、樊《はん》城の戦いのときに関羽《かんう》に援軍を出さなかったことから劉備の叱責を恐れて魏に寝返り、曹丕の寵愛《ちょうあい》を受けていた。しかし、曹丕が死んだことで、孟達の立場は微妙になった。そこに、諸葛亮から内応の誘いが届いた。対立していた劉備亡き今、蜀《しょく》に帰順する手もなくはない。

しかし、孟達は迷った。そこで諸葛亮は、孟達が蜀に寝返ろうとしているという情報を魏側に漏らしたため、宛《えん》城に駐屯していた司馬懿《しばい》が孟達討伐の兵を挙げることになった。

司馬懿の動きを察した孟達は、当然、司馬懿は洛陽《らくよう》にいる皇帝に勅許《ちょっきょ》を奏請してから進軍してくるものと思っており、そのためには少なくとも１カ月はかかるだろうと予測していた。

しかし、司馬懿は孟達の油断をついて、上奏せずに昼夜兼行で討伐軍を進め、わずか数日で新城郊外までやってきた。

驚いた孟達は急遽、諸葛亮に援軍を要請したが、すでに間に合わない。孟達は城の守りを固めて奮戦したが、準備もままならないうちの戦闘であり、あっさり司馬懿軍に敗れたのだった。

醒《さ》めていて痴《ち》を装う

——司馬懿《しばい》、痴呆のふりをして政権を奪う

曹爽《そうそう》の謀略によって政権を追われた司馬懿は、雌伏すること10年ののち、痴呆を装って曹爽一派を欺き、ついに魏朝の実権を握った——。

年号	249年（魏・正始10年）
計略発案	司馬懿（魏国太傅）➡曹爽（魏国大将軍）

「醒めていて痴を装う」とは

三十六計のひとつで、表面上は頭がおかしいふりや痴呆《ちほう》を装いながら、実は冷静に計算しつくしたうえで、相手の警戒心を解く計略である。

日本では、織田信長《おだのぶなが》が「うつけ者」のふりをして、敵どころか味方まで騙していた話が有名である。

「醒《さ》めていて痴を装う」といえば、三国志では司馬懿《しばい》のほかは見当たらない。なんといってもこの計略を使って権力を手中に収めてしまったのだから、彼の演技力はまさにアカデミー賞級といっていいだろう。

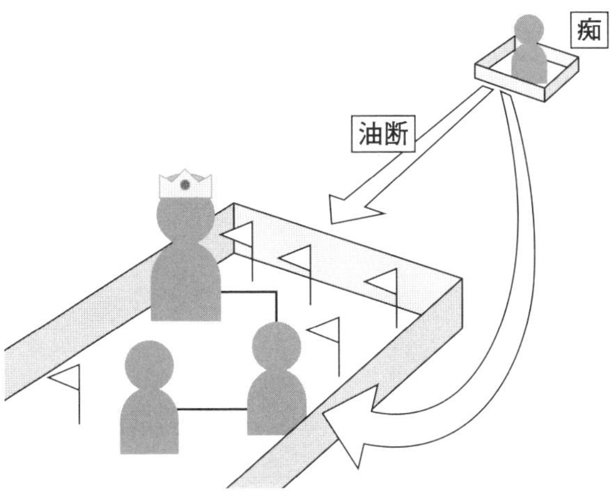

■醒めていて痴を装う

中央から遠ざけられた司馬懿は、9年という長きにわたる雌伏の期間を経て、ついにクーデターを敢行する。このとき司馬懿は、高齢であることを利用して「痴呆」を装い、政敵である曹爽一派をあざむいた。

痴呆のふりをして曹爽一派を騙した司馬懿

239年（魏の景初３）、魏《ぎ》の２代皇帝（曹操《そうそう》から数えると３代目）・曹叡《そうえい》が死去した。後継の曹芳《そうほう》は８歳という幼君であり、曹叡は死の直前に司馬懿と曹爽《そうそう》のふたりを後見人に命じた。曹爽は曹操の直系ではないが、祖父と父の活躍のおかげで、朝廷内では皇族として重用されていた。司馬懿は曹操・曹丕《そうひ》・曹叡の３代にわたって仕えた、魏の重臣であり長老である。

当初、ふたりの仲は悪くなかった。曹爽はその名声に敬服して司馬懿を立て、司馬懿は皇族としての曹爽に敬意を表していた。

しかし、幼少の君主のもとで権力争いが繰り広げられるのは世の常である。魏もその例に漏れず、しだいに両者は対立するようになった。

そこで曹爽は、司馬懿を「太傅《たいふ》」という役職に祭り上げることにした。「太傅」とは、人臣最高位の役職だが、実態は皇帝の教育係であり、実権をほとんどもたない名誉職のような地位である。こうして曹爽は、司馬懿を政権から遠ざけ、朝廷の実権を握ることに成功したのである。

政権の座を去った司馬懿は自宅に引きこもり、いっさい動きを見せなかった。それ以来、重病と称して表舞台に立つこともなく、9年が過ぎた。すでに「過去の人」となっていたのではなかろうか。

248年（魏の正始９）、曹爽の取り巻きのひとりである李勝《りしょう》が、荊州刺史《けいしゅうしし》赴任の報告を兼ねて司馬懿の様子を探るために、司馬懿の家を訪れた。現れた司馬懿に昔日の面影はなく、上を向いて口を指さして飲み物がほしいと侍女に言ったかと思えば、侍女がもってきた粥《かゆ》をすべてこぼし、胸を濡らしてしまうという体たらくだった。李勝はまさかこれほど病状が悪化しているとは思いもよらず、かつての政敵とはいえ、思わず涙がこぼれた。

司馬懿はさらに、李勝が荊州に行くと言っているのに、「并州《へいしゅう》に赴任したら、君もご自愛なされよ」と、とんちんかんなことを言ってみせた。そして、「これが、君とは今生《こんじょう》の別れとなるだろう」と言って涙を流した。

曹爽のもとに戻った李勝は、司馬懿の状態を話し、「太傅はもう長くないでしょう。あの様子は、見る者を痛ましくさせます」と言って落涙した。

もちろん、これはすべて司馬懿の芝居であった。政権を追われて９年、司馬懿はじっとチャンスが来るのをうかがっていたのである。恐ろしいまでの執念である。

こうして曹爽一派を油断させた司馬懿は、翌年１月、乾坤一擲《けんこんいってき》のクーデターを起こす。曹爽たちが皇帝・曹芳とともに先帝の墓参に出かけたのを見計らって参内し、皇太后《こうたいごう》の協力を取りつけて曹爽らの官位を剥奪《はくだつ》したのだ。雌《し》伏《ふく》すること10年。見事に「醒めていて痴を装う」の計を成功させたのである。

column 8

臆病者を装った司馬懿

司馬懿《しばい》は、実はこれより前にも似たような策を使ったことがあった。諸葛亮《しょかつりょう》の死で有名な「五丈原《ごじょうげん》の戦い」のときのことである。

前回の北伐《ほくばつ》から3年経った234年(蜀《しょく》の建興12、魏の青龍2)、諸葛亮は満を持して5度目の北伐を敢行した。これまで兵糧《ひょうろう》不足で撤退することが多かったため、今回は兵站《へいたん》には万全を期しての出陣であった。また、東では孫権《そんけん》が兵を挙げており、魏は両面作戦を取らざるを得ない。

前回の北伐以後、長安《ちょうあん》に駐屯していた司馬懿は、諸葛亮が動くとただちに渭水《いすい》南岸に布陣したが、魏帝・曹丕《そうひ》より「専守防衛に徹すること」という勅が下されたため、一向に動く気配を見せず、ただ守りを固めていた。

一方の蜀陣営では、孫権が合肥新城《がっぴしんじょう》から撤退してしまったため、魏軍の攻撃を一手に引き受けなければならない状況に陥った。兵糧を十分に用意してきたとはいえ、魏の大軍を相手に長期戦は避けなければならない。しかし、司馬懿がご覧のとおりの状態なので、いくら戦を仕掛けても、まったく動かなかった。

そこで諸葛亮は、婦人用の髪飾りと衣服を司馬懿に送りつけ、「男らしく戦え」と挑戦状をたたきつけた。しかし、司馬懿は臆病者を装い、出撃しようとしなかった。魏陣営では、「このまま出撃しないのは名折れである」という意見も噴出し、仕方なく司馬懿は曹丕のもとに出撃要請の上表文を提出した。しかし、司馬懿の思惑を知る辛毗《しんぴ》が出撃不可の詔勅を取りつけ、決起にはやる諸将を制止することができた。その後も膠着《こうちゃく》状態が続き、そうした中で真っ先に尽きたのは、蜀の兵糧でもなく、司馬懿の忍耐でもなく、諸葛亮の寿命であった。こうして蜀軍は徹退していった。

門を閉じて賊《ぞく》を捕らえる

――将来に禍根《かこん》を残さないための殲滅《せんめつ》作戦

冀州《きしゅう》征圧を目論む袁紹《えんしょう》は、要害堅固な易京《えききけい》で守りを固める公孫瓚を、全軍を挙げて攻め立てた。四方を囲んだ袁紹は、ついに妻子ともども公孫瓚一族を葬ることに成功した――。

年号	192年(後漢・初平3年)
計略発案	袁紹(群雄)➡公孫瓚(群雄)

「門を閉じて賊を捕らえるの計」とは

少人数の敵を包囲殲滅《せんめつ》する計略である。敵を徹底的に叩いておかねばならないときに用いる兵法で、三十六計のひとつでもある。

日本でいえば、大坂の陣を起こした徳川家康《とくがわいえやす》の考え方が、まさにこれである。すでに天下を統一した家康にとって、豊臣《とよとみ》家の兵力など取るに足らないものであった。しかし、いつ他の武将が豊臣家をかついで謀反《むほん》を起こさないとも限らない。家康にとって、豊臣家はどんなに小勢力であろうとも生かしておくわけにはいかなかった。そこで、丸裸の大坂城に追いつめ、豊臣家の血を引く幼子まで殺し、徹底的に滅ぼしたのである。

三国志の世界では、この計略は実はそれほど多くない。たとえば魏《ぎ》が蜀《しょく》を滅ぼしたときも、蜀帝の劉禅《りゅうぜん》は助命されているし、呉《ご》の最後の皇帝・孫《そん》晧《こう》も生き延びている。

袁紹が公孫瓚軍を根絶やしにした計略

袁紹《えんしょう》が天下取りの一番手をひた走っている頃のことである。冀《き》・青《せい》・并《へい》の３州をほぼ手中に収めた袁紹の目下の相手は、兗《えん》・豫《よ》の２州を抑える南の曹操《そうそう》と、幽州《ゆうしゅう》で依然力をもっていた北の公孫瓚《こうそんさん》だった。

袁紹はまず河北《かほく》統一を目指し、公孫瓚に狙いを絞った。

公孫瓚は、192年(初平３)の界橋《かいきょう》の戦いで袁紹に敗れて以来、徐州《じょしゅう》の陶《とう》謙《けん》に援軍を送るなどしたが、冀幽国境近くの易京《えきけい》に堅固な要塞《ようさい》を築いて守りを固め、鳴りをひそめていた。易京の周囲には十重の塹壕《ざんごう》が掘られており、その守りはきわめて堅かった。さらに塹壕の内部には土山が築かれ、敵の侵入は不可能と思われるくらいであった。米も300万石を蓄え、いつ攻められても籠城《ろうじょう》できる準備を整えていた。

199年(建安4)、袁紹は全軍を動員して、この難攻不落の易京を包囲した。ちょうどその頃、公孫瓚に殺された劉虞《りゅうぐ》の配下だった者たちが、烏丸《うがん》や鮮卑《せんぴ》といった北方の少数民族を味方につけて公孫瓚に宣戦布告していた。袁紹は彼らと手を結び、数にものをいわせて易京を攻め立てた。

「昔は戦って天下を取ろうと思っていたが、今はそうでもないらしい。兵を休ませ、農業にはげみ、蓄えた穀物を食べている間に、天下の趨勢《すうせい》も見えてくるだろう」

と、うそぶいていた公孫瓚だったが、袁紹軍の猛攻の前に、さすがに今回ばかりは動かざるを得なくなった。公孫瓚は、冀州西部から幽州西部に勢力をもっていた黒山賊《こくざん》に援軍を要請し、自らは袁紹軍の包囲を突破して黒山賊と合流するという作戦を立てた。

しかし、配下の関靖《かんせい》が反対して言った。

「主君がいなくなれば、軍に重石がなくなってしまい、ここはたやすく落ちてしまいます。今は籠城を続け、ここを守るのが上策です」

そこで公孫瓚は取り急ぎ、息子の公孫続《こうそんしょく》に書状をもたせて、黒山賊の首領・張燕《ちょうえん》のもとに派遣した。しかし、その書状は袁紹軍の手に落ちてしま

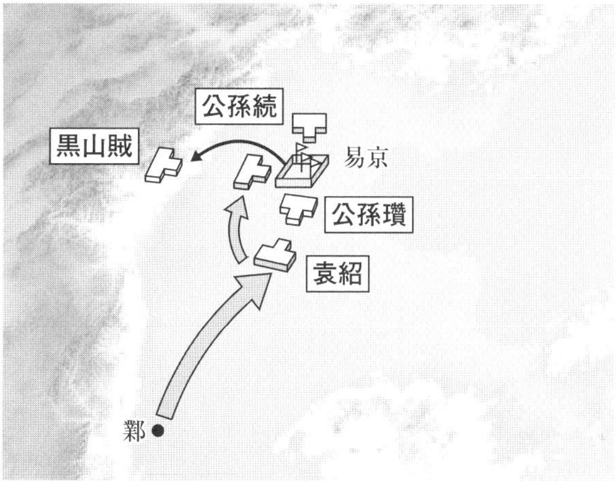

■門を閉じて賊を捕らえる

難攻不落の易京に籠もる公孫瓚を、袁紹が総力をかけて包囲。四方を囲んだ袁紹は、まさに門を閉じて城中に公孫瓚を追いつめ、ついにこれを捕らえることに成功した。

った。書状には、「張燕殿のもとに到着したら、城の北側でのろしを上げろ。それを合図に私も出撃する」と書いてあった。

狂喜した袁紹は、書状どおりにのろしを上げると、援軍到着と思い込んだ公孫瓚が自ら城外に打って出てきた。そこを待ち伏せていた袁紹軍が襲い掛かり、公孫瓚軍は潰滅《かいめつ》。公孫瓚はなんとか自軍陣営に戻ったが、袁紹は追撃の手をゆるめない。地下を掘り進み城内の楼閣《ろうかく》を破壊し、袁紹軍は易京の中心部へどっと攻め寄せた。四方から包囲された公孫瓚は敗北を悟り、妻子を残らず殺してから、自らの命を絶った。こうして袁紹は、冀州征圧のための邪魔者だった公孫瓚軍を根絶やしにしたのだった。

column 9

追撃の手をゆるめず反乱軍を大破した曹彰

曹操《そうそう》は215年（建安20）に張魯《ちょうろ》を降して漢中《かんちゅう》を征圧し、いよいよ蜀《しょく》（益州《えきしゅう》）の劉備《りゅうび》との直接対決のときが迫っていた。218年、劉備は漢中に侵攻し、曹操も自ら鄴《ぎょう》を発ち長安《ちょうあん》に入っていた。すると曹操の留守のすきをついて、幽州代《だい》郡の烏丸《うがん》が反乱を起こした。驚いた曹操は、息子の曹彰《そうしょう》を烏丸討伐の大将に抜擢し、幽州に向かわせた。

早速に出陣した曹彰は、早くも代郡の隣の涿《たく》郡に到達。すると、烏丸の伏兵が曹彰陣営を急襲した。曹彰は、浮き足立った自軍の陣容をすぐさま整えて反撃し、退却を始めた敵兵を追って代郡桑乾《そうかん》まで追い詰めた。

しかし、出陣の際に、曹操から代郡を越えないようにという命令を受けており、遠距離の進軍で兵も馬も疲れきっていることもあり、つき従う諸将は、追撃をやめて相手の様子を見るべきであると進言した。

曹彰は諸将の進言に対し、

「このまま追撃すれば、必ずや敵の息の根を止めることができる。軍を与えられたからには、必破の敵をそのままにしておくわけにはいかない。命令にただ従うだけが良将ではない」

と言い放ち、追撃の手をゆるめなかった。

こうして戦闘は一昼夜続き、曹彰軍は敵をさんざんに打ち破る大戦果を上げ、見事に烏丸の反乱を討伐した。その後、烏丸の反乱は収まり、曹操は幽州全域を平定したのである。

掎角《きかく》の勢

──自軍をふたつに分け、敵を挟撃して勝利を呼び込む

曹操の攻撃を受けた呂布陣営では、陳宮が「掎角の勢」を提言し、長駆遠征してきた曹操を挟撃する作戦を立てた。しかし、呂布の猜疑心が陳宮の計略を失敗に終わらせた──。

年号	199年(後漢・建安4年)	198年(後漢・建安3年)
	213年(後漢・建興18年)	
計略発案	孫策(群雄)➡劉勲(群雄)	陳宮(呂布配下)➡曹操(群雄)
	諸葛亮(劉備配下)➡劉璋(群雄)	

「掎角の勢」とは

「掎《き》」は、鹿を捕らえるときに足をつかむことを意味し、「掎角《きかく》の勢」とは、鹿を生け捕りにするときに足と角を同時に捕らえることを差した言葉である。

これが転じて、軍を左右または前後に分け、互いに呼応させながら敵を攻撃する戦術を言うようになった。敵を挟撃する戦術のひとつである。

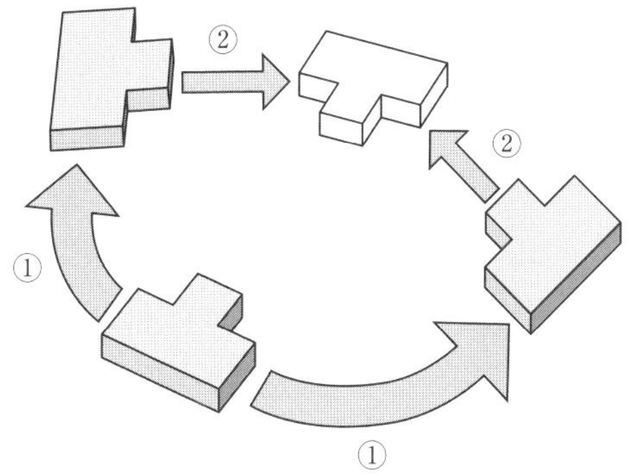

■ 掎角の勢

正面から攻撃しても歯が立たない敵を相手にする場合、隊を2手に分けて挟撃する計略。戦場では、もっともポピュラーな計略である。ポイントは、正面にも隊を残して隊を左右に分け(①)、同じタイミングで敵に襲い掛かることである(②)。

この計略は戦場においてはポピュラーなもののひとつといえる。日本でも、北条軍の追撃を受けた武田信玄が、隊を分けて北条軍を挟撃し、これを撃退した三増峠の戦いなどに見られる。

劉勲を破った孫策の「掎角の勢」

『正史』では、孫策《そんさく》が、揚州盧江《ようしゅうろこう》で勢力を伸ばしつつあった劉勲《りゅうくん》を破った「西塞山《せいそくざん》の戦い」で、この計略を利用している。

袁術《えんじゅつ》の死後、彼の残党は南に下り、盧江太守・劉勲のもとに身を寄せることになった。揚州平定を目指す孫策にとって、袁術の兵を手に入れてますます意気上がる劉勲を放っておくわけにはいかなかった。

石城《せきじょう》より出陣した孫策は西進し、自ら率いる主力２万を劉勲の居城である皖城《かんじょう》に向かわせ、一方で孫賁《そんふん》と孫輔《そんほ》に8000の兵を与えて彭沢《ほうたく》に派遣し、挟撃する態勢を整えた。そのころ劉勲は、兵糧《ひょうろう》確保のためにわずかな手勢を引き連れて出陣しており、孫策軍は「掎角の勢」を用いることでなんなく皖城を落としたのだった。

陳宮が呂布に「掎角の勢」を伝授

「掎角の勢」は、曹操《そうそう》に襲われた呂布《りょふ》に、参謀の陳宮《ちんきゅう》が進言したことでも知られる。

陳桂《ちんけい》・陳登《ちんとう》父子の計略により徐州《じょしゅう》およびその支城の小沛《しょうはい》が曹操のものとなったことで、呂布に残された城は下邳《かひ》城のみとなっていた。

曹操は、劉備らに頼んで淮南《わいなん》への道筋を固めさせ、呂布が袁術と連携するのを防がせて、かつ袁術が攻めあがってこないように牽制させると、いよいよ下邳の攻略に取り掛かった。

一方の呂布は、下邳には食糧が十分に蓄えられており、また城の周りを流れる泗水《しすい》が要害となっているから、立て篭もってさえいれば破られることはないものと安心しきっていた。そのため、曹操の軍勢が下邳に到着し、陳宮が、

「曹操の軍勢は到着したばかりで陣も固まっておりません。兵も疲れているはずですから、今打って出れば必ず勝てます」

と提案したものの、呂布は、

「そう軽々しく出るべきではない。敵が寄せてきたときに打って出れば、やつらは残らず泗水にはまり込むわ」

とこれをはねつけた。

数日して陣屋が定まると、曹操は軍勢を率いて下邳城下へと向かい、そこで呂布に言った。

「私が軍を率いて参ったのは、貴公が袁術と結んだという話を聞いたからである。袁術は漢朝に反逆いたした大罪人。貴公はかつて董卓《とうたく》を討つという大功を挙げながら、今になって逆賊に従おうとなされるのは何故か。早々に降参されて漢朝に忠誠を誓えば、領地を失わずに済みますぞ」

この言葉に「よくよく協議してから返事をする」と、心を動かした呂布ではあったが、横から陳宮が出てきて、「奸賊《かんぞく》め、何をぬかすか」などとさんざん罵《ののし》ると、弓をとって曹操の傘を射抜いた。陳宮は、

「曹操は遠路はるばる攻め寄せてきており、長くは耐えられません。将軍が屈強の兵を率いて城外に打って出れば、私は残りの者を率いてこの城を固めます。曹操が将軍に攻めかかれば、わが軍が彼の背後をつき、彼が城に寄せかかれば、将軍がその背後にお回りください。かくすれば、10日もせずに曹操の軍は兵糧も尽きて敗れましょう。すなわち『掎角の勢』にござる」と進言すれば、呂布は「もっともである」と決戦の準備を始めるのであった。

陳宮は、城外の呂布と下邳城に残る陳宮との連携をもって曹操を撃退しようとしたのであり、曹操方がこれに応じて兵を分散させれば、泗水の流れに守られた下邳城は落ちることはなく、屈強の兵を率いる呂布も討ち取られることはないとの陳宮の読みであった。

しかし、この陳宮の計略は、ついに用いられることはなかった。

呂布が屋敷に戻って武装を整えていたところ、妻の厳氏が奥から出てきてどこへ行くのか尋ねてきた。呂布が陳宮の計略を話して聞かせたところ、厳氏は、

「城を人に任せて遠方にお出ましなされては、もし何か起きたときには、わたくし、お殿様に二度とお会いできなくなるのではございませんでしょうか」

と言って引き止めた。厳氏の言葉に呂布は出陣を思いとどまり、それから３日の間ずっと屋敷に引きこもってしまった。すると、陳宮が屋敷にやってきた。

「曹操の軍勢が四方から囲み始めています。今のうちに出陣しなければ、出るに出られなくなります」

と呂布に詰め寄ったが、呂布は煮えきらず、奥へと入っていって、再びそのことを厳氏に相談する。すると厳氏は、

「将軍がお出ましのあと、陳宮にこの城を守りきれましょうか。お出ましの際は、どうか私のことなぞお忘れくださいませ」

と言って泣き出した。これに心を乱された呂布がさらに愛人の貂蝉《ちょうせん》にもはかったところ、貂蝉も「私のためを思って軽々しく出るのはおやめください」と言う。呂布は、「心配いたすな。わしには画戟《がげき》もあれば赤兎馬《せきとば》もある。わしに近寄れる者などおらぬわ」と貂蝉をなだめると、部屋を出て陳宮に向かい、

「曹操の兵糧が尽きるというのは嘘じゃ。曹操の詭計《きけい》に違いない。わしはその手には乗らぬ」

などと言って「掎角の勢」の計略を却下してしまった。呂布の前を辞して屋敷を出た陳宮は、「これで我らは野垂れ死にと決まったか」と嘆息しきりであった。陳宮の予想どおり、曹操に攻められた下邳城は間もなく落ち、呂布と陳宮は曹操によって処刑されてしまうのである。

益州奪取のために劉備軍が「掎角の勢」で押し寄せる

益州牧《えきしゅうぼく》・劉璋《りゅうしょう》から漢中《かんちゅう》の張魯《ちょうろ》討伐を依頼されて益州に入った劉備《りゅうび》だったが、212年(建安17)に劉璋に反旗を翻し、ついに益州乗っ取りの兵を挙げた。劉璋軍を北から攻め立てた劉備は、綿竹《めんちく》を落としたものの、雒《らく》城の守将・劉循《りゅうじゅん》(劉璋の子)の堅い守りの前に足止めされてしまい、1年たっても攻略できずにいた。荊州《けいしゅう》の江陵《こうりょう》で留守を預かっていた諸葛亮《しょかつりょう》は、劉備の苦境を知ると、張飛《ちょうひ》・趙雲《ちょううん》らとともに出陣し(※1)、益州の都・成都《せいと》を目指した。北と南から劉璋を挟撃しようという作戦だ。

諸葛亮軍は長江《ちょうこう》をさかのぼって進軍を続け、江州《こうしゅう》の厳顔《げんがん》を破って気勢を上げた。そして江州で軍を2手に分け、諸葛亮と張飛はそこから北上し、趙雲軍はさらに長江をさかのぼり、三方向から成都を包囲しようとしたのである。

1年がかりでようやく雒城を落とした劉備は、成都城外で諸葛亮・趙雲らと合流し、一気に成都を攻め立てた。

結果、劉璋は劉備に降伏し、劉備の益州乗っ取りは成功したのである。

※1　このとき諸葛亮をはじめ、張飛・趙雲といった蜀を代表する将軍が益州入りしたが、関羽だけは荊州に残った。

川を堰《せ》きとめ放を流す

——曹仁《そうじん》軍を破った諸葛亮の計略

荊州新野に駐屯していた劉備軍めがけて、曹操の大軍が押し寄せた。しかし諸葛亮は策をめぐらし、先鋒隊の曹仁軍を川のほとりに引きつけ「川を堰きとめ放を流す」の策で曹仁軍を打ち破った——。

年号	208年（後漢・建安13年）	198年（後漢・建安3年）
	193年（後漢・初平4年）	
計略発案	諸葛亮（劉備配下）➡曹仁（曹操配下）	曹操（群雄）➡呂布（群雄）
	曹操（群雄）➡袁術（群雄）	

「川を堰きとめ放を流す」とは

古今東西、戦場においては地の利を生かしたものが勝利を収めるものである。この計略がまさしくそれで、川の流れを利用して相手を叩き潰す計略である。水攻めの一種といっていいだろう。ただし、本来の水攻めは、城に水を流し込んで敵を攻める計略である。ここでは、曹仁《そうじん》軍を破った諸《しょ》葛亮《かつりょう》の計略を紹介し、水攻めの例として曹操《そうそう》が用いた２例を説明する。

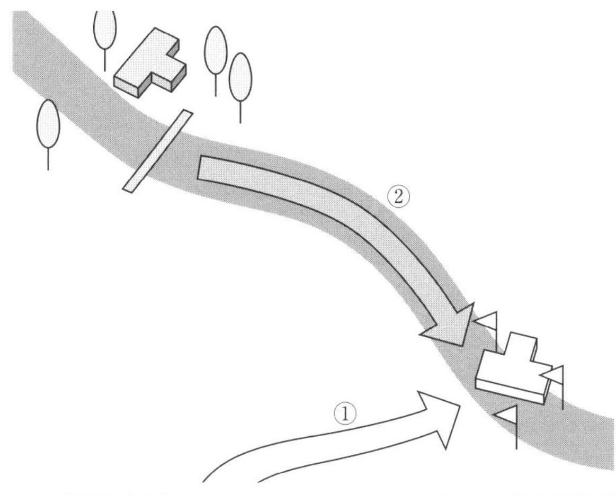

■川を堰きとめ放を流す

上流で流れを堰き止めておき、河などの水辺に敵軍を誘い出したところで（①）、一気に放流する（②）計略。敵軍はまたたく間に流れに飲み込まれてしまう。

そのほかにも、城を水攻めにしたり、大雨や長雨を利用したりする戦術もある。

諸葛亮が名を上げた計略

「川を堰《せ》き止め放を流す」といえば、劉備《りゅうび》配下となったばかりの諸葛亮の計略が有名である。

袁紹のもとを離れ、荊州の劉表《りゅうひょう》のもとに身を寄せた劉備は、劉表から兵を与えられて新野《しんや》に駐屯していた。そこに208年(建安13)、荊州簒奪《さんだつ》を目論む曹操が、大軍をもって侵攻してきた。(※1)

曹仁率いる1番隊が新野城に着くと、すでに劉備軍はおらず、曹仁は新野城を接収した。兵を休ませ、曹仁もつかの間の休息にふけっていた夜、城内で火の手が上がった。

曹仁は当初、単なる失火だろうと思ったが、あっという間に西・南・北の三門すべてが猛火に包まれ、曹仁が気づいたときには城内は一面火の海となった。

驚いた曹仁は、火のついていない東の門から全軍を率いて城外に出た。そこに趙雲《ちょううん》率いる軍勢が来襲して、曹仁軍をさんざんに打ち破る。なんとか逃げ切った曹仁の前に、今度は糜芳《びほう》の一隊が襲いかかり、これをなんとかしのいだと思ったら、次は劉封《りゅうほう》隊が待ち構えていた。

曹仁はほうほうのていで劉備軍の攻撃をかわして逃げ切ったが、戦死者は数え切れず、隊内の惨状は目も当てられないほどだった。しばらく進んで白河のほとりにたどりついた曹仁一行は、ようやく一息つくことができた。

しかし、これも諸葛亮の計略どおりであった。新野城の東の門にだけ火をつけず、そこから逃げるように仕向け、川のほとりに曹仁軍をおびき出したのである。

川の上流では、関羽《かんう》が砂袋をしいて川の流れを堰きとめて、彼らを待ち構えていた。そして、曹仁一行が川に入ったのを見ると、兵士に命じていっせいに砂袋を取り除かせた。水はすさまじい勢いで流れ出し、曹仁軍をあっという間に飲み込んだ。溺《おぼ》れる者は数知れず、曹仁は命からがら撤退していった。

下邳城にこもった呂布軍を、水攻めにする曹操

稀代《きだい》の英雄・呂布《りょふ》の最期は、水攻めによるものだった。

198年(建安3)、居城の下邳《かひ》城を曹操軍に包囲された呂布は、袁術《えんじゅつ》に援

助を求めようとしたが、十重二十重にめぐらされた囲みは固く、さらに淮《わい》南《なん》への道筋には劉備・関羽・張飛《ちょうひ》が控えていたため、これを突破することができない。仕方なく呂布は、城内で悶々と酒に憂さをまぎらわせる日々を送った。

曹操が城を包囲して２カ月が経ち、季節は冬へと変わった。曹操は諸将を集めて、

「北に袁紹があり、東には劉表・張繡《ちょうしゅう》があって油断がならないうえ、下邳の守りが堅く落とすことができない。ここは都へ立ち帰り、しばらく兵を休めたいと思うが、どうであろうか」

と諮問した。すると荀攸《じゅんゆう》が出て、

「撤退はお考えにならぬよう。呂布はすっかり鋭気を失っております。陳宮《ちんきゅう》の策がまだ定まらぬうちに早々に攻め立てれば、呂布を手捕りにできましょう」

と攻撃続行を強く進言した。さらに郭嘉《かくか》が続けて言った。

「下邳城にたとえ20万の兵ありといえども、これを破ってのける計がございます。沂水と泗水の水を切って落とせばよいでしょう」

曹操は大いに喜び、すぐに兵士に命じて沂水と泗水の流れを決壊させた。高原に陣を移して下邳城の様子を眺めていれば、やがて城は東門を残してすべての門が、凍てつく水に浸かることとなった。

それでも呂布は、「わしには、水中も平地を行くごとき名馬・赤兎馬《せきとば》がある。これくらい何でもないわ」と、連日、厳氏や貂蟬《ちょうせん》をはべらせて美酒にふけった。するとみるみるうちに顔色が衰え、ある日、鏡を手に己の顔を見た呂布は驚いた。そして「わしは酒色に身をあやまった。今日から決して手をつけぬ」と言って、酒を口にした者は斬って捨てると城内に触れを出した。

曹操の水攻めが始まって３カ月ほどが過ぎた。呂布陣営は打って出ることもかなわず、漫然と時を過ごしていた。そうなると士気の低下は避けられない。また、もともと猜疑心《さいぎしん》の強い呂布のもと、部下たちの離反も目立つようになってきた。

あるとき、配下の侯成《こうせい》が、軍馬を盗んで敵に寝返ろうとした兵を捕らえるという手柄を上げた。これを聞いた諸将が侯成を祝おうと集まり、侯成は酒宴を開いてこれをもてなそうと考えた。侯成は酒５樽を携えて呂布の前に罷《まか》り出て、

「将軍のご威光によりまして、奪われた馬を取り戻すことができました。朋輩たちがその祝いに参りましたが、勝手に酒席を設けるのもいかがかと思い、まずはお口よごしにと一献持参いたした次第にございます」

と顔色をうかがった。

すると呂布はいきなり激怒し、「わしが禁酒と申したばかりなのに酒宴を開こうというのか。さてはわしに背く気だな」と叫び、侯成を処罰した。手柄を立てた者への仕打ちとしてはあんまりで、一同みな意気消沈するばかり、呂布軍の士気は大きく削がれることになった。

●水攻めが命取りとなった呂布が、下邳に命を落とす

一方の侯成は、さすがに呂布に愛想を尽かし、同僚の宋憲《そうけん》と魏続《ぎぞく》を誘って、曹操側に投降する計画を立てた。そして、「ただ逃げるのはだらしがないので、呂布をひっくくって曹操に献上しようではないか」ということになった。

そこで３人は、呂布を捕縛する策を協議し、まずは侯成が呂布の愛馬・赤兎馬を盗んで曹操の陣営に向かうと、曹操は大いにこれを歓迎した。そして曹操は、侯成から策を聞くとそれに従い、夜が明けると下邳への総攻撃を開始したのである。

曹操の攻撃はゆるむことを知らず、呂布は疲労を押しきって戦いを続けた。日が暮れて、ようやく攻撃の手がゆるむと、夜明けからずっと敵を蹴散らし続けていた呂布は、椅子に腰を下ろすとそのまま眠りに落ちてしまう。

そこに、ここぞとばかりに現れたのが宋憲と魏続であった。彼らは側の者を追い散らすと、呂布自慢の奉天画戟《ほうてんがげき》を取り上げて、ふたりでいっせいに飛びかかって、ついに眠っている呂布を縄で何重にも縛り上げた。

さらに城外に向かって白旗を振って城門を開けば、曹操の軍勢が一気に城内になだれ込んだ。西門を守っていた高順《こうじゅん》・張遼《ちょうりょう》は水にさえぎられて逃げられずに取り押さえられ、陳宮も南門まで逃げたところで捕らわれてしまった。

曹操は下邳に入城すると、すぐに決壊させた水を引かせるように命じ、告示を出して住民の不安を取り除くと、生け捕った呂布らを引っ立てて来させた。呂布の参謀・陳宮は、曹操の登用の誘いを断り、自ら断頭台へ向かって斬首された。高順は、一言の弁解もせずに打ち首となり、張遼は関

羽の必至のとりなしがあって曹操に仕えることとなった。

一方、呂布は曹操の傍らに並ぶ劉備に向かって、

「貴公とわしの仲、一言くらい口添えしてくれてもよいではないか」

と訴え、さらに曹操に向かっても助命を嘆願した。

「丞相《じょうしょう》殿(曹操のこと)が大将となり、わしが副将となれば、天下の平定も意のままではないか」

と提案した。そこで曹操が劉備に意見を求めたところ、劉備は、

「丁原《ていげん》・董卓《とうたく》のことをお忘れでございますか」

と、かつて呂布が裏切った旧主の名前を持ち出して曹操に注意を促した。劉備に口添えしてもらえるものと思っていた呂布は、「おのれ、かつての恩を忘れたか」などとさんざん劉備を罵ったが、曹操は劉備の言葉に頷いて呂布を縊《くび》り殺すように命じた。

こうして、天下無双を誇った希代の豪傑・呂布はその生涯を終えたのである。

曹操の水攻めの前に袁術が敗走

曹操《そうそう》が匡亭《きょうてい》の戦い(193年)のとき、袁術《えんじゅつ》に対して水攻めを用いた。

荊州《けいしゅう》北部の南陽《なんよう》郡に割拠していた袁術は、根拠地を関東に移すべく東進を開始し、幽州《ゆうしゅう》の公孫瓚《こうそんさん》と結んで袁紹《えんしょう》・曹操連合軍に宣戦布告した。并州《へいしゅう》の黒山《こくざん》賊の首領・張燕《ちょうえん》や少数民族の匈奴《きょうど》とも誼《よしみ》を通じた袁術は、曹操支配下の兗州《えんしゅう》に侵攻し、曹操が駐屯する鄄城《けんじょう》の南約100キロメートルの封丘《ほうきゅう》に布陣し、曹操と対峙した。

しかし、頼みの公孫瓚軍が各地で敗れ、封丘の東・匡亭に進出した袁術配下の劉詳《りゅうしょう》も、青州《せいしゅう》兵を味方につけた曹操軍に一戦のもとに敗退してしまう。勢いづいた曹操は、袁術のいる封丘へ進出するが、袁術はいち早く逃走し、泗水《しすい》沿岸の襄邑《じょうゆう》城に入って立てこもった。

そこで曹操は一計を案じた。睢陽渠《すいようきょ》という運河の堤を決壊させて城を水攻めにしたのである。曹操の計略は見事にはまり、袁術は寧陵《ねいりょう》に逃れ、その後は揚州《ようしゅう》へと落ち延びていったのだった。

※1　新野における曹操軍と劉備軍の戦いは、『正史』では201年から203年の間に行われた小競り合い程度のものだったとされる。

走《に》ぐるを上計となす

――大軍を前にして逃げることは負けではない

曹操と袁紹が対峙しているすきをついて、劉備が反旗を翻した。劉備の思惑では、袁紹と事を構えている曹操は動けないはずだった。しかし、曹操が軍を率いてやってくると、自軍を置き去りに逃亡したのである――。

年号	200年（後漢・建安5年）	262年（魏・景元3年、蜀・景耀5年）
計略発案	劉備（群雄）➡曹操（群雄）	姜維（蜀将）➡鍾会（魏将）

「走ぐるを上計となす」とは

「三十六計逃げるにしかず」として知られる兵法である。

戦況が不利になったとき、どう対処するかは指揮官としては大きな問題である。あくまで戦うという選択肢もあるが、あとは降伏するか、和議を結ぶか、逃げるかということになる。降伏は完全なる負けである。相手に身をまかせることになるので、立て直せるかどうかは相手しだいとなる。和議を結ぶのは半分負けである。機会があれば復活できるかもしれないが、条件によっては窮地に立たされることもある。逃げるのは、負けたわけではない。態勢を立て直して機に乗ずれば勝ちに転じることもできる。

曹操自らの出陣に対し、劉備は妻子を置いて逃亡する

袁紹《えんしょう》が官渡《かんと》に軍勢を押し出し、袁紹と曹操《そうそう》の間の緊張関係が、そろそろ極限に達しようとしていた199年（建安４）のことである。

曹操のもとに身を寄せていた漢《かん》帝・献帝《けんてい》から、劉備《りゅうび》のもとに一通の書状が届いた。そこには「曹操を誅殺《ちゅうさつ》せよ」と書かれていた。

李傕《りかく》と郭汜《かくし》の仲間割れの間隙をぬって長安《ちょうあん》を逃げ出し、許都《きょと》に迎え入れられていた献帝だったが、皇帝とは名ばかりで、朝政は曹操の手に握られていた。すでに分別のつく年齢に達していた献帝は、なんとかこの状況を打破したいと考え、側近の董承《とうしょう》と謀って劉備に決起を促したのである。

漢朝復興を大義名分にしていた劉備は、献帝の苦衷《くちゅう》に感じ入り、董承とともに曹操誅殺のチャンスをうかがっていた。しかし、なかなか機を得られないまま、曹操から袁術《えんじゅつ》討伐の命を受けることになる。

劉備は徐州《じょしゅう》に入って下邳《かひ》を本拠としたが、間もなく袁術が死去。劉備は副将として従っていた朱霊《しゅれい》らを許都に返して、再び機会を待った。だが、献帝の密書の存在が曹操に知れ、董承は三族ともども殺害、劉備はついに徐州刺史《しし》の車冑《しゃちゅう》を斬り殺し、曹操に反旗を翻した。

劉備が兵を挙げると諸郡もこぞってこれに呼応し、劉備陣営はあっという間に数万の兵力となった。さらに劉備は、官渡で曹操の動向をうかがっていた袁紹とも手を結び、曹操を牽制した。

曹操は劉備討伐のために劉岱《りゅうたい》と王忠《おうちゅう》に兵を与えて出陣させたが、劉備軍の勢いの前にあえなく敗北。劉備は敗走する曹操軍に向かって、

「きさまら程度の大将が、100人束になってかかってきても、なんてことはない。曹操が自ら軍を率いてきたとしても、結果は同じだ」

と大見得を切った。こうした状況下、曹操はついに自ら出陣して劉備を討つことを決める。しかし、諸将の多くがこれに異を唱えた。

「現在、われわれの敵は、天下を争っている北の袁紹である」

というわけだ。しかし曹操は、

「いや、今叩いておくべきは劉備である。劉備に比べれば袁紹など高が知れている。袁紹は野心があるわりに、行動がすべて後手に回っており、私が東征したとしても、われわれのすきをつく芸当などできまい」

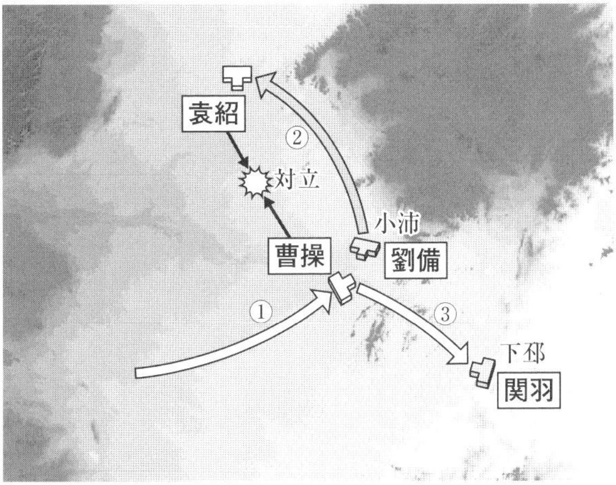

■走ぐるを上計となす

曹操と袁紹の対立の隙をついた劉備が曹操に反旗を翻すが、曹操は自ら出陣して劉備を攻めた(①)。曹操の大軍を前に、劉備は部下も妻子を捨てて袁紹のもとへ逃亡(②)。下邳に残された関羽と妻子は、曹操に捕らえられた(③)。

と言って、200年(興平５)１月、徐州に向けて出陣したのである。曹操の読みは当たっており、果たして袁紹は軍を動かすことはなかった。

一方の劉備は、袁紹と事を構えている現状で、曹操自らがやってくるとは露ほども思っていなかった。そこに、「曹操来る！」という情報が斥候《せっこう》からもたらされた。驚いた劉備は陣を出ると、はるかに曹操の旗指物を確認した。すると劉備は、自軍と妻子を置き去りにして、とっとと袁紹のもとに逃げてしまったのである。

「走ぐるを上計となす」は、劉備のためにあるような計略である。ただ、曹操の進軍の前に敵前逃亡した劉備だったが、結果的には正解だった。その後荊州《けいしゅう》南郡に拠り、益州《えきしゅう》を奪った劉備は、蜀《しょく》の国主となるのである。

姜維の「逃げ」は失敗に終わる

262年(魏の景元３、蜀の景耀５)、魏はついに蜀に対する総攻撃を決めた。魏は皇帝・曹奐《そうかん》(曹操の曾孫)、蜀は国主・劉禅《りゅうぜん》(劉備の子)の時代である。

魏はすでに曹族の皇室は形骸化し、相国となった司馬昭《しばしょう》が実権を握っていた。一方の蜀は、大将軍・姜維《きょうい》の度重なる北伐《ほくばつ》の失敗と、宦官《かんがん》の黄皓《こうこう》による朝政壟断《ろうだん》により国力をすり減らしていた。

司馬昭は、蜀侵攻にあたって、青州《せいしゅう》・徐州・兗州《えんしゅう》・豫州《よしゅう》・荊州・揚州《ようしゅう》の諸州に船舶の建造を命じる勅令を下し、一方で安東《あんとう》将軍の唐咨《とうし》に大型船舶を建造するように命じた。討伐の対象が、あたかも呉《ご》であるかのように見せかけたのである。

そして翌年、蜀への侵攻を開始した。鄧艾《とうがい》が沓中《とうちゅう》に拠っていた姜維を攻め、諸葛緒《しょかつしょ》が武街《ぶがい》・橋頭《きょうとう》へ回って姜維の退路を絶ち、鍾会《しょうかい》は関中《かんちゅう》から蜀領に侵攻した。一方、姜維は成都《せいと》にいる劉禅に対して援軍の増派と防衛の強化をしばしば具申したが、なぜか黄皓が姜維の上表を握りつぶしたため、魏の大軍には太刀打ちできなかった。

敵の勢力が絶大で戦えない場合、降伏か和議か逃亡しかない。姜維はここで「逃亡」を選び、全軍を漢中の漢城と楽《らく》城に集め、そこを攻撃されると今度は白水《はくすい》まで逃げて、要害の地・剣閣《けんかく》に立てこもったのである。

しかし、姜維率いる蜀軍に勝機はやってこなかった。魏軍の猛攻の前に剣閣は落ち、劉禅はついに魏に降り、蜀はわずか２代で滅びたのである。

縮地《しゅくち》の法

――神出鬼没に現れるまるで妖術のような策

兵糧を確保するために現地で麦を刈り取ることにした諸葛亮は、司馬懿の軍勢の目を欺くために、「縮地の法」を使い、見事に兵糧を確保することができた――。

年号	231年(蜀・建興9年、魏・太和5年)
計略発案	諸葛亮(蜀丞相)➡司馬懿(魏将)

「縮地の法」とは

縮地《しゅくち》とは、土地を縮めて距離を短くすることで、「縮地の法」とは短時間で長距離を移動したと思わせて相手を惑わす計略である。いわゆる「神出鬼没」の計である。

第4次北伐の際、諸葛亮《しょかつりょう》がこの計略を用いて、魏将・司馬懿《しばい》を見事に欺いている。

諸葛亮に欺かれた司馬懿

231年(蜀の建興9、魏の太和5)、諸葛亮は4度目の北伐を敢行し、再び祁山《きざん》城を包囲した。諸葛亮は、今回は雍州《ようしゅう》北部の少数民族である鮮卑《せんぴ》の首領・軻比能《かひのう》と誼《よしみ》を通じて、西と北から魏を攻める作戦を立てていた。

一方の魏は、前回までの北伐の大将だった曹真《そうしん》が病死したため、司馬懿が将軍となり長安《ちょうあん》を進発した。司馬懿は祁山の北東、渭水《いすい》沿岸の上邽《じょうけい》に急行して守りを固め、主力を率いて祁山に進撃した。

ここで、諸葛亮にとって予想外のことが起こった。李厳《りげん》に頼んでおいた兵糧が届かないのである。

仕方なく諸葛亮は、隴西《ろうせい》の麦を刈り取るために姜維《きょうい》・馬岱《ばたい》・魏延《ぎえん》らとともに出陣したが、斥候《せっこう》からの情報で、すでに司馬懿が隴西まで出張っていることを知った。そこで諸葛亮が一計を案じた。

諸葛亮はまず自分が乗っているものと、飾りまで寸分違わない車を3両用意させた。そして姜維・馬岱・魏延に自分と同じ格好をさせた。それぞれの車には、髪をさばいて黒衣を身につけ、素足のまま片手に剣をもった者を左右に24人つけ、それぞれを配置につけた。

まずは諸葛亮の車を、魏軍の物見から見える位置に押し出した。

「すぐに行って、車ともどもひっ捕らえてこい」

司馬懿に命じられた兵士が打って出ると、にわかに霧が立ち込めてきた。濃霧の中を走り出した兵士たちは、いくら追っても諸葛亮に追いつけない。

「こんなに馬を飛ばしてきたのに、追いつけないとはどういうわけだろう」

兵士たちが呆然として進撃をやめたところに、司馬懿が軍を率いてやって来た。すると、左手から陣太鼓《じんだいこ》がとどろいた。司馬懿が見やると、そこには髪をさばいて剣を握り、黒衣に素足の24人に囲まれた諸葛亮がいるではないか。

「前に諸葛亮がいるのに、ここにも奴がいるとはどういうことだ」

司馬懿が仰天すると、今度は右手で陣太鼓が鳴り響き、またもや同じ格好の者たちに囲まれた諸葛亮が車に乗って押し出てくる。

魏の兵士たちは肝をつぶして、武器を投げ捨てて四散した。司馬懿もまた蜀の軍勢がどれくらいなのかもはっきりせず、兵士たちとともに逃げ帰ったのだった。

こうして司馬懿を欺いた諸葛亮は、麦を刈り取り、無事に陣営へ運び込むことができたというわけである。

司馬懿は、蜀軍が引き上げたあと再び物見を放って様子を探らせたところ、蜀の兵士を捕らえることができた。そして兵士を尋問して、はじめて諸葛亮の計略にはまったことを知った。

「諸葛亮には神出鬼没の計がある」

司馬懿は天を仰いで歎息したということである。

樹上《じゅじょう》に花を開《さか》す

——張飛《ちょうひ》が見せた小勢を大軍に見せかける計略

曹操の大軍に襲われた劉備軍だったが、殿軍を務めた張飛がわずか20余騎という兵力を、大軍に見せかける計略を用いて、曹操軍を追い払った——。

年号	228年（魏・太和2年、呉・黄武7年）	208年（後漢・建安13年）
	189年（後漢・昭元1年）	218年（後漢・建安23年）
計略発案	賈逵（魏将）➡呉軍	張飛（劉備配下）➡曹操（群雄）
	董卓（群雄）➡何進兵士	諸葛亮（劉備配下）➡曹操（群雄）

「樹上に花を開す」とは

「樹上に花を開《さか》す」とは、もともと花が咲かない木に花を咲かせるには、造花を挿すなどしない限り無理であるが、それを上手に配置すれば、粗雑な人間にはばれないという意味である。三十六計のひとつだ。

戦場では、少数の兵力で敵に立ち向かわなければならない場面がある。そんなときに、いかにも自軍が強大であるかのように見せかけて、勝機を得るという計略が、これである。勝機を得ないまでも、時間を稼ぐための

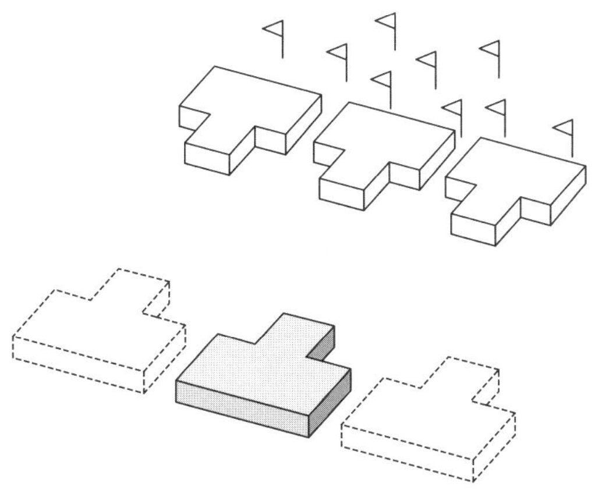

■樹上に花を開す

相手が大軍を率いてきた場合、自軍の兵力を大軍に見せかけてやり過ごす計略。一歩間違えば、敵に見破られて殲滅されてしまう可能性もある危険な賭けともいえる。

計略とする場合もある。
敵が自軍の兵力の大きさに驕《おご》っていれば、なおさら勝機も見えてくるだろう。

曹休の窮地を救った賈逵

228年（魏の太和２、呉の黄武７）の「石亭《せきてい》の戦い」(※1)における賈逵《かき》の戦略も、この計略のひとつである。呉に侵攻した魏軍の曹休《そうきゅう》だったが、周魴《しゅうほう》の計略にかかって敗退し（→37ページ）、退路を絶たれて窮地に陥った。そこに小勢を率いて救援に駆けつけた賈逵は、旗指物を連ね、陣太鼓を打ち鳴らして、いかにも大軍が押し寄せたように見せかけて呉軍を撤退させ、見事に曹休の窮地を救ったのであった。

張飛のハッタリに曹操軍が全軍撤退

208年（建安13）７月、河北《かほく》地方を平定した曹操《そうそう》は、次なる目標として南の荊州《けいしゅう》へ侵攻してきた。
当時の荊州は劉表《りゅうひょう》の支配下にあり、その配下として劉備《りゅうび》が荊州北方の新《しん》野《や》に駐屯していた。しかし、曹操南下の１カ月後に劉表が病死してしまった。後を継いだのは息子の劉琮《りゅうそう》だったが、長男の劉琦《りゅうき》を差し置いての当主就任であった。
劉琮擁立を画策して実現したのが、劉琮の叔父で地元の有力豪族だった蔡瑁《さいぼう》らである。蔡瑁ら豪族は、後を継いだばかりの劉琮に対し、曹操への帰順を進言した。劉琮は、
「私は主君の座についたばかりで、まだ何も手につけていないというのに、早くもそれを手放せと申すのか」
と当初は反対したのだが、蒯越《かいえつ》や王粲《おうさん》といった重臣たちも降伏をすすめたため、ついに降伏の使者を曹操に派遣したのである。
劉琮降伏に驚いたのが、劉備である。劉琮が曹操側に寝返ったからには、援軍はもはや期待できない。しかも、曹操の大軍はすでに宛《えん》まで押し寄せてきている。劉備は、荊州南部の江夏《こうか》に駐屯していた劉琦と連絡をとりつつ、新野を捨てて襄陽《じょうよう》を目指して南下していった。しかし、劉琮がこもる襄陽は固く閉ざされ入ることができず、目的地を江陵《こうりょう》に変えてさらに南下を続けた。江陵には、劉表によって大量の軍事物資が蓄えられていたのである。

このとき、襄陽の領民兵士の多くが、劉備の仁徳を慕ってつき従ったため、当陽《とうよう》にたどり着いた頃には、その数は10万余にもなってしまい、劉備一行は１日に十数里しか進めなくなってしまった。

一方の曹操は、劉備より先に江陵を平定しようと、自ら軍を率いて猛スピードで追撃したが、襄陽に着いてみるとすでに劉備の姿はない。

「すぐに後を追え！」

曹操は5000ほどの騎兵とともに、息もつかせず追撃し、ついに当陽の長《ちょう》坂《はん》で劉備一行に追いついた。

曹操軍の来襲に劉備一行は浮き足立ち、劉備は張飛《ちょうひ》に殿軍を任せて、妻子を捨てて逃亡した。わずか20余騎を従えた張飛は、森の枝を馬の尾に結びつけて駆け回らせた。こうすることで土煙が立ち上がり、まるで軍勢が控えているかのように見せかけたのである。

曹操の後を追って、曹仁《そうじん》・李典《りてん》・夏侯惇《かこうとん》・夏侯淵《かこうえん》・張遼《ちょうりょう》・許褚《きょちょ》ら、曹操軍を代表する将軍たちが長坂にやって来ると、橋の上で張飛が矛《ほこ》を小脇にして立っている。彼らは、その東の森に土煙がもうもうと立ち上がっている様子を見て、伏兵の存在を信じ込み、これは諸葛亮《しょかつりょう》の策略ではないかと疑った。

そこに張飛が、ひときわ大声で「勝負せよ！」と三度怒鳴ると、その威風堂々とした剣幕に夏侯傑《かこうけつ》が逃げ出し、それにつられるかのように他の将軍も逃げ出してしまったという。

「樹上開花」のハッタリが、これほどうまくはまった例は珍しいだろう。

なお、『正史』では、殿軍を任された張飛が川を前にして橋を切り落とし、曹操軍の行く手を阻んだとなっている。

梟雄・董卓が使った「樹上開花」の計

『正史』によると、乱世の梟雄《きょうゆう》・董卓《とうたく》が、朝政を牛耳るきっかけとなったのも、この「樹上開花」の計略によるものだったとされる。

漢王朝の末期、朝政は宦官《かんがん》と外戚《がいせき》の対立によって機能しなくなっていた。そこに、皇太后《こうたいごう》の兄として実権を握った何進《かしん》が現れ(※2)、宦官を討滅しようと画策したが、逆に宦官の謀反にあい、殺されてしまう。だが、宦官らも袁紹《えんしょう》・袁術《えんじゅつ》といった群雄に皆殺しにされ、皇帝の少帝《しょうてい》と弟の劉協《りゅうきょう》(のちの献帝《けんてい》)は張譲《ちょうじょう》ら数人の側近とともに洛陽《らくよう》を抜け出した。

何進の召集によって洛陽郊外まで出張っていた董卓は、逃げ出した皇帝一行を川のほとりで迎え入れ、帝を擁して洛陽に入城した。

しかし、そのとき董卓が引き連れていた軍勢は、わずか3000ほど。名門出身の袁紹や袁術をはじめ各群雄が洛陽の状勢をうかがっている中、都を抑えるには兵力が足りなかった。本拠地の涼州《りょうしゅう》まで戻れば大軍を擁することができるが、それでは時間がかかりすぎる。

そこで董卓は、3000の手勢のうち半分以上を夜陰に紛らせて郊外に移し、翌日になって、あたかも今来たかのように装って入城させた。そして「涼州兵が到着したぞ」と触れて回った。

これを3、4日おきに繰り返したため、洛陽の人々は董卓の軍勢は数えきれないほどだと噂しあった。その噂は、何進を失って去就《きょしゅう》に迷っていた兵士たちの間にも広まり、彼らがこぞって董卓のもとに集まってきた。

こうして董卓は、見事に都・洛陽を抑えることができたのである。

諸葛亮も「樹上開花」を多用した

諸葛亮《しょかつりょう》も、この計略を多用した軍師のひとりである。

漢中争奪戦も終盤の頃、漢水《かんすい》をはさんで両軍が対峙したときがあった。兵の数では曹操軍が勝っている。

そこで諸葛亮は、趙雲《ちょううん》にわずか500の兵を率いさせて上流にある山の麓《ふもと》にひそませた。そして、本陣が石火矢を放ったら、そのたびに派手に騒ぎ立てるように命じた。

諸葛亮は曹操軍が寝静まるのを待って石火矢を放ち、それに合わせて趙雲が笛や陣太鼓《じんだいこ》を打ち鳴らす。曹操陣営では夜襲ではないかと驚き、打って出るが敵の姿は見当たらない。仕方なく陣屋に戻ると、またもや石火矢が放たれ、太鼓の音とともに鬨《とき》の声が上がる。こんな状態が3日3晩続いたため、曹操もさすがに不安になり、ついに陣を引き払って撤退していったという。

※1　石亭の戦いは魏にとっては10万を超える動員をした戦いである。

※2　何進は妹を霊帝の後宮に入れることに成功し、出世の階段を登った。

戦わずして人の兵を屈する

——自軍に犠牲を出さずに兵力を増す

曹操は皇帝の威光を利用して劉備の兵力を手中に収め、
一方の劉備は曹操を欺いて許都を脱出した——。

年号	198年（後漢・建安3年）	198年（後漢・建安3年）
計略発案	曹操（群雄）➡劉備（群雄）	劉備（群雄）➡曹操（群雄）

「戦わずして人の兵を屈する」とは

戦乱の時代、国を守り敵と戦うためには、君主の聡明さや部下の忠誠心、謀略や戦術に長《た》けた参謀《さんぼう》や軍師《ぐんし》の存在は不可欠である。

とはいえ、やはり頼りとすべきは、絶対的な兵力数である。敵国に攻めるとき、敵に攻められたときも、兵力の数で圧倒されたほうはかなり不利となる。そのため、いかに兵力を温存するかは、戦乱の時代を生き抜く重要な問題となる。

「戦わずして人の兵を屈する」とは、兵力を温存して敵を倒し、あるいは策略をもって相手の兵を自分の兵力に組み込む計略である。

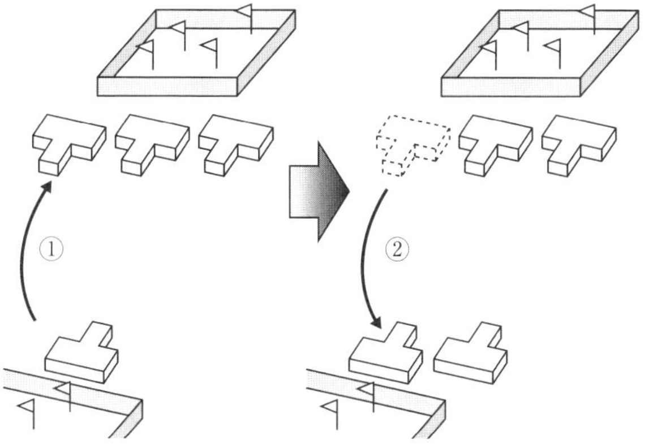

■戦わずして人の兵を屈する

武略ではなく知略のひとつで、自軍の兵を温存して相手を倒す。あるいは、相手の兵力を自軍の兵力に組み込んでしまう計略。相手に策略を仕掛け（①）、敵の一隊を味方の兵力として引き込む（②）方法が基本のやり方であるが、兵力ではなく権力を手に入れる場合もある。

ここでは、皇帝の威光をたてに劉備《りゅうび》の自由を奪った曹操《そうそう》、その曹操から軍を与えられ彼の元を去った劉備の例を見ていこう。

徐州を我がものとするため、曹操は劉備を許都へと招く

198年(建安3)冬、曹操は徐州《じょしゅう》下邳《かひ》城に呂布《りょふ》を亡ぼした。徐州はもともと劉備が治めていた土地であり、領民たちはその徳を慕って彼を牧《ぼく》として徐州に留め置いてほしいと、こぞって曹操に懇願した。

しかし、徐州を自らの土地としたい曹操は、なんとか劉備を徐州から離れさせたかった。手元に置いておかなければ、劉備が徐州で独自の戦力を編成し、いつ自分の脅威になるかもわからない。

そこで曹操は、本拠地の許都《きょと》に鎮座している漢《かん》帝の献帝《けんてい》を利用することを思いつく。献帝の命によって左《さ》将軍に任じ、劉備を許都に留めようという策略である。劉備が挙兵したのは、内心はわからないが建て前上は「漢皇室を助ける」ためである。帝からの詔勅であれば、劉備とて従わないわけにはいかない。

曹操は、皇帝に謁見《えっけん》させて爵位を与えると言って劉備を許都へと招くと、部下の車冑《しゃちゅう》を徐州刺史《しし》に任命し、徐州に下らせた。劉備は、曹操の思惑を知りながらも、献帝の名を出されては許都に上らないわけにはいかなかった。曹操が許都に凱旋《がいせん》した翌日、曹操の奏上によって劉備は献帝に拝謁《はいえつ》。献帝はその場で、劉備を左《さ》将軍宜城亭侯《ぎじょうていこう》に封じた。こうして曹操は、徐州を手に入れるとともに、劉備の兵力を手中に収めたのである。

曹操の無礼に憤慨する献帝、曹操暗殺の謀をめぐらす

許都に落ち着いてからの劉備は、皇帝を差し置いて権力者として振る舞う曹操の姿に心を痛めていた。すると、献帝の側近・董承《とうしょう》から「曹操討伐」の密書が届いた。劉備は董承に呼応し、彼らは機会をうかがうことになる。クーデターへの参加を曹操に気づかれないように、劉備は仮住まいの裏庭に野菜を植え、自ら世話を焼いて曹操の目をごまかそうとしたが、曹操は見《み》る目《め》嗅《か》ぐ鼻《はな》に事欠かない。劉備と董承の不穏な動きを察知した曹操は、劉備を招いて探りを入れた。

劉備が曹操の屋敷に着くと、すでに酒宴の用意がされていた。やがて宴たけなわとなると、曹操は劉備に向かい、「各地をめぐられた貴公のこと、さぞかし当世の英雄をご存じであろう。ひとつ聞かせてもらいたい」と言

ってきた。劉備は断ったのだが、曹操が是非にもと言うので、劉備はこれに応じることにした。「淮南《わいなん》の袁術《えんじゅつ》は軍勢も多く、兵糧《ひょうろう》の蓄えも多いとか。彼のような者を英雄というのでございましょうか」。すると曹操は「あれは古塚のしゃれこうべ。それらしく祀られているだけで、利益もなければ祟りもしない。近いうちに必ず手捕りにしてくれる」と笑った。その後、二人の英雄談義は、袁紹・劉表《りゅうひょう》・孫策《そんさく》・劉璋《りゅうしょう》と続いたが、一通りの名前が挙がったところで、にわかに曹操は劉備に向き直り、「英雄と申すのは、胸に大志を抱き、腹中に大謀を秘め、宇宙をも包む豪気と、天地をのみ込む覇気をもつ者。当今、天下の英雄と申せるのは、貴公とこのわしじゃ」と言い放った。

劉備は、「腹中に大謀を秘め」の言葉に息をのみ、思わず手にしていた箸を取り落とした。曹操のことだから、箸を落としたことを知られては、動揺した理由に行き着くに違いない。劉備はなんとかごまかそうと、折しも轟いた雷鳴と同時に声を上げてしゃがみ込んで箸を拾い、なんとか動揺を曹操に気取られずに酒宴を終えたのであった。

●曹操を欺き、許都から脱出した劉備

曹操は、次の日も劉備を招いた。そのとき、袁紹の様子を探りに行っていた満寵《まんちょう》が戻ったとの知らせがあり、曹操はすぐに彼を呼んだ。聞けば、公孫瓚《こうそんさん》が袁紹によって亡ぼされたとの報告であった。

さらに曹操が袁紹の様子について尋ねると、公孫瓚の軍勢を配下に収めて大いに威勢を奮っているとのこと。満寵は続けて、「一方、袁紹の従弟・袁術は帝位も玉璽《ぎょくじ》も袁紹に譲って、淮南を捨てて河北《かほく》へ移ろうとしております。もしこの両名が力を合わせれば、我らにとっては面倒な事。早急に手を打たれるがよろしかろうと存じます」と曹操に進言した。

満寵の報告を聞いた劉備は、「許都から逃げ出すならば今しかない」と思いついて、「袁術が袁紹を頼って行くとすれば、必ず徐州を通るはず。それがしに一軍をお貸しいただければ、中途でさえぎって袁術を手捕りといたします」と曹操に願い出た。すると曹操は「ならば、すぐに立たれるがよろしかろう」と、翌日には帝に奏上し、劉備に歩騎５万を与えると、配下の朱霊《しゅれい》に劉備につき従うように命じた。

曹操の策略によって軍を奪われた劉備だったが、劉備もまた曹操と敵対することなく、５万の兵力を得て許都からの脱出に成功したのだった。

column 10

クーデター計画を利用して皇帝を廃立した司馬師

魏の皇室である曹氏と、権力の中枢を握っていた司馬氏との関係は、司馬懿《しばい》の時代までは悪くなかった。

しかし、司馬氏の存在が大きくなってくると、しだいに両家の対立は浮き彫りとなっていった。

司馬懿が死去し、その後を息子の司馬師が継いだが、2代皇帝の曹《そう》叡《えい》が死ぬまでは、両家の間の緊張関係は表面化しなかった。だが、8歳の幼君・曹芳《そうほう》が皇帝の座に座ると、司馬師の専権が目に余るようになってきた。父の司馬懿とともに、皇室のひとりとして朝政にあずかっていた曹爽《そうそう》をクーデターによって殺害したのは、その最たる出来事であった。

254年(魏の嘉平6)、皇帝の曹芳は23歳の青年に成長していたが、これまでの司馬師の専横に不満を募らせていた。そして、中書令《ちゅうしょれい》として皇帝の側にいた李豊《りほう》もこの頃、司馬師に代わって実権を握る野望を胸に秘めていた。

李豊が考えたのは、名声は高かったが曹爽の従兄弟という血統のために中央から遠ざけられていた夏侯玄《かこうげん》を担ぎ出し、司馬師に代えて政権を握らせようというものである。李豊は弟の李翼《りよく》や数名の宦《かん》官《がん》を仲間に引き入れて、その機会をうかがっていたが、彼らがぐずぐずしているうちに、計画の一端が司馬師に知れることになった。司馬師は、李豊と皇帝の曹芳がしばしば語り合っていたという情報を仕入れ、狂喜した。

司馬師は、計画のことなど知らぬ様子で李豊を呼び出すと、これを殺害。続いて、この計画に皇帝も関わっていたという罪状をでっち上げて、曹芳を廃立したのである。こうして朝政は司馬師の手に落ち、曹操から連なる曹氏の権力は地に落ちたのだった。

心を得るを上策となす

——武力で征圧するのでなく、心に訴える

反覆常ない南中の諸民族を平定するために、諸葛亮は「武力」と「心」のふたつに訴えて、見事に彼らを心服させたのだった——。

年号	225年（蜀・建興3年）	200年（後漢・建安5年）
計略発案	諸葛亮（蜀丞相）➡孟獲（少数民族首領）	曹操（群雄）➡配下の武将

「心を得るを上策となす」とは

相手を屈服させるためには、武力でもって征圧することが手っ取り早い。曹操《そうそう》などは生存中、ほとんどがこの方法で各地を征圧していった。

一方、武威を示して敵を圧するのではなく、敵の心に訴えて戦いを進めていく方法もある。それが「心を得るを上策となす」計略である。

ただし、もちろん戦術としての計略であるから、「心を得る」と見せかけて敵を攻撃するという場合もあり、こういう場合はだまし討ちとなる。

日本では、豊臣秀吉がこの計略を用いて、強敵・徳川家康を味方に引き

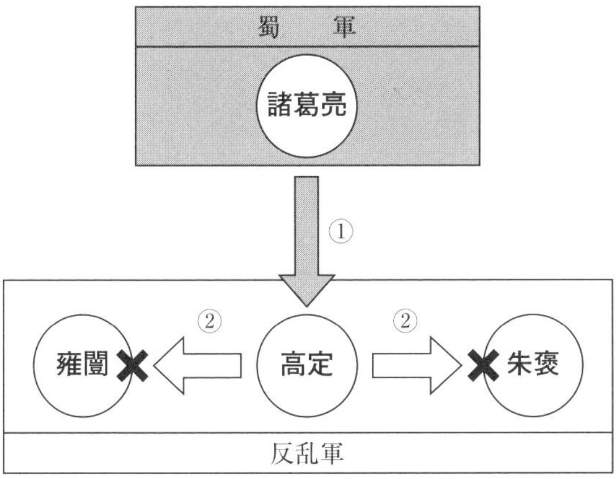

■心を得るを上策となす

南中の反乱を平定するにあたって、諸葛亮は高定の心に訴えて内部分裂を誘発（①）。高定は諸葛亮の思惑どおり雍闓と朱褒を殺害する（②）。

入れることに成功している。痛み分けのような形で終わった小牧・長久手の戦いのあとも両者の間は緊張していたが、秀吉は実妹を家康に嫁がせるなどで、家康を臣従させることに成功したのである。

三国志では、南中の反乱を鎮圧するために、諸葛亮《しょかつりょう》が使った計略が有名である。

高定を手玉に取った諸葛亮の計略

劉備《りゅうび》の死後、蜀《しょく》の南4郡で反乱が勃発した。首謀者は益州《えきしゅう》郡の雍闓《ようかい》、越《えっ》嶲《すい》郡の高定《こうてい》、牂牁《そうか》郡の朱褒《しゅほう》である。225年(蜀の建興3)、これらの反乱鎮圧のために諸葛亮は成都《せいと》より出陣した。

大軍をもって進発してきた蜀軍に対し、雍闓・高定・朱褒は手を結び、雍闓が左を固め、高定は正面を、朱褒は右をそれぞれ固めて蜀軍を迎え撃った。益州方面に南下した蜀軍先鋒の魏延《ぎえん》軍は、郡境付近で高定軍の先鋒・鄂煥《がくかん》軍と出くわした。魏延はわざと逃げるふりをして鄂煥を誘い出し、これを挟撃して生け捕りとし、諸葛亮のもとへ送った。

鄂煥を引見した諸葛亮は、

「高定が忠義に篤いことは聞き知っている。おそらく今回は雍闓の口車に乗せられての謀反なのだろう。お前は釈放してやるから、高定には早く降伏するように言っておけ」

と諭して、酒食を与えたうえで釈放した。

感激ひとしおの鄂煥は自軍に戻ると、事の顛末を高定に話した。高定は今ひとつ信用しきれず、諸葛亮側の出方をうかがっていると、再び蜀軍が戦いを挑んできた。しかし、魏延の前に雍闓・高定連合軍は再び敗走、多くの兵士が捕虜となってしまった。

諸葛亮は捕虜を引見すると、鄂煥のときと同様、彼らを処罰することなく酒食を与えて解放した。これにより雍闓軍陣営でも、捕虜に対する諸葛亮の情け深い処置が噂になった。しかし、高定はなおも半信半疑で、蜀陣営に間者を放って実情を探らせようとしたが、蜀軍がこの間者を捕らえ、諸葛亮のもとへ連れていった。諸葛亮は、この間者を雍闓陣営の者と間違えたふりをして、

「お前の主君は以前、高定と朱褒の首をもって降参すると言っておきながら、なぜもってこないのだ。お前は雍闓のもとに戻って、早く手を下すように伝えろ」

と言って、またしても酒食を与えて釈放した。

この間者が高定に雍闓の話をすると、高定はついに怒り、雍闓を殺してしまった。そして、雍闓の首をもって諸葛亮に降伏してきたのである。その後、同様にして朱褒も葬り、諸葛亮は高定を褒め称え、高定を益州太守に任じて、同地の慰撫を命じたのだった。

「心」に訴えた領地経営で威信を高めた諸葛亮

雍闓と朱褒を葬り、高定を取り立てた諸葛亮は、さらに進んで孟獲《もうかく》討伐に向かった。そこに、劉禅《りゅうぜん》からの使いとして、馬謖《ばしょく》が諸葛亮のもとへやってきた。馬謖は、劉備が臨終の際に「馬謖は身の程を超えた大口をたたくから、重要な任務につかせてはならないぞ」と諸葛亮に忠告したことで知られる将軍である。実戦経験はないものの、軍略に通じていて、その方面では一級の才気の持ち主であった。

そこで諸葛亮は、馬謖に尋ねた。

「これから南蛮《なんばん》(孟獲ら反乱軍のこと)討伐に向かうのだが、貴君の意見を聞きたい」

これに対し、馬謖が答えた。

「南中《なんちゅう》の諸部族は、反覆常ない者どもです。今回降ったとしても、丞相《じょうしょう》(諸葛亮のこと)が帰還して魏《ぎ》討伐に向かえば、再び背くに違いありません。そこで、彼らを平定するには、心を攻めるのが上策、城を攻めるのは下策と承知します。彼らの心を帰順せしめられることが肝心です」

馬謖の言を容れた諸葛亮は、孟獲軍の兵士を捕虜にしても、

「お前たちは罪もない農民なのに、孟獲に使われてかえって苦労している。お前たちにも親兄弟や妻子がいるだろうが、この敗戦を聞けば嘆き悲しむに違いない。それではあまりにかわいそうだから、お前たちは見逃してやる」

と言って、酒食をほどこし、帰りの食料まで持たせたうえで釈放した。そして、「七縦七禽の計」を使って孟獲を帰順させ(→57ページ)、南中を征圧したのである。そのとき諸葛亮は、

「孟獲を手捕りとするのは、袋の中の物をとるようなもの。奴を心から降伏させてこそ、南中は平定できるのである」

と部下に告げた。

さて、成都へ帰還するに際して、諸葛亮は各地方の首長に蜀軍の大将を

任命せず、少数民族の首領を任命した。そして、その全体を統括する者として孟獲を指名し、蜀軍の官吏《かんり》も軍隊も駐留させなかった。

領地経営にも「心を得るを上策となす」を適用した諸葛亮は、このおかげでその威信をますます高め、国内に安定をもたらすことに成功したのだった。

曹操の人心収攬《じんしんしゅうらん》の計略

この計略は、人心掌握のためにもよく用いられるが、曹操の見事なまでの掌握術を見てみよう。

曹操にとって、最初のターニングポイントなった官渡《かんと》の戦いのときのことである。許攸《きょゆう》の寝返りによって、烏巣《うそう》の戦いに勝利し、袁紹《えんしょう》軍をさんざんにたたきのめした曹操は、袁紹軍が遺棄していった武具や馬など、膨大な量の戦利品を手に入れた。

それらの中に、袁紹がもってきていた大きな文箱があった。箱の中にはたくさんの書簡が収められており、いずれも袁紹に宛てた書状である。曹操が読んでみると、その中に曹操軍の幹部将校からの書状も多くあった。つまり、幹部として戦いの陣中にいた将校が、袁紹に内通していたわけである。

これを知った参謀の荀攸《じゅんゆう》は激怒した。

「二心ある輩《やから》は、全員断罪にすべきです」

しかし、曹操は荀攸の進言を却下した。

曹操も、この事実には大いに驚いたが、一方で、これが乱世の生き方だと思ったのである。曹操は荀攸に、

「袁紹の勢いが盛んだった頃は、この私でさえ袁紹に降ろうかと迷ったほどだ。私自身がそうだったのだから、この連中を責めることはできまい。見なかったことにしようではないか」

と言い、幹部将校全員を集めさせた。そして、彼らの目の前で、中を見ることなく、それらの書状をすべて焼かせたのである。

曹操の寛大な処置に、将校たちは改めて曹操に心服したという。

十万本の矢集め
——諸葛亮が敵軍から矢を調達

『三国志演義』の第二の山場、赤壁の戦いにおいて、諸葛亮は呉の将軍・周瑜から10万本の矢を集めるようにいわれ、奇策をもってたった3日で約束を果たしたのだった——。

年号	208年（後漢・建安13年）
計略発案	諸葛亮（劉備）➡曹操（群雄）

「十万本の矢集め」とは

この計略は、諸葛亮《しょかつりょう》が「赤壁《せきへき》の戦い」のときに行ったもので、10万本もの敵の矢を、またたくまに自軍のものにしてしまった奇策である。

諸葛亮がどのようにこの計略を成し遂げたのかを見ていく。

周瑜を驚かせた諸葛亮の計略

208年（興平13）7月、曹操《そうそう》は、孫権《そんけん》を討つために100万と称する大軍を南下させた。孫権の参謀・周瑜《しゅうゆ》は諸葛亮と協力して主君を説得、孫権は曹操と対決することを決心したが、その一方で諸葛亮の智謀を恐れた周瑜は、どうにかこれを殺せないものかと思案した。

ある日、諸葛亮を招いて軍議を開くと、周瑜は、

「10日の間に10万本ほどの矢をこしらえてはくださらぬか」

と言い出した。児戯じみた挑発であったが、諸葛亮はこの難題に対し、

「3日のうちに整えられねば、いかなる厳罰もお受けいたしましょう」

と誓った。いかに諸葛亮といえども、10万本の矢を用意するのは容易ではない。周瑜は、これで諸葛亮を殺せるものと心中で狂喜した。

2日目、周瑜の命令で魯粛《ろしゅく》が諸葛亮の様子を探りに訪ねてきた。諸葛亮は魯粛に向かって、足の速い軍船20艇の借用を依頼すると、さらに、

「船の両側に青い幔幕《まんまく》をめぐらせ、藁《わら》を束ねたものを1000束ほど並べておいてください。そうすれば、私に考えがございます」

と言った。魯粛はその真意もわからぬままこれを承知したが、戻って周瑜に報告すると、周瑜も「約束の3日目を待つこととしよう」と首をひねった。

やがて約束の3日目の夜となった。霧の深い中、諸葛亮は20艇の船を長い綱でつなぎ合わせると、曹操の陣営へと迫っていく。この知らせを受けた曹操は、「このはげしい霧の中、不意打ちを仕掛けてきたからには、伏兵があるに違いない」と言って軽々しく打って出るのを避け、その代わりにと船団に矢の雨を浴びせた。

やがて朝日が昇って霧が晴れると、船の両側に並べた藁束には隙間なく矢が刺さっている。周瑜の陣営に戻って数えてみれば、刺さった矢の数は10万本を超えた。周瑜はこれを見て言葉を失い、

「諸葛亮の奇智はこの世のものとも思えぬ。私などのとうてい及ぶところではない」

と舌を巻くのであった。

column 11

諸葛亮の計略のもととなった孫権の撤退術

諸葛亮の「十万本の矢集め」は、『三国志演義』が作り上げたフィクションであるが、『正史』に、実は似たような記事が載っている。行ったのは諸葛亮ではなく、孫権である。『演義』の記事は、この孫権の記事をもとに創作したものと考えられている。

212年(建安17)、曹操が孫権討伐を目指し、大軍を率いて一路、南下した。濡須口《じゅしゅこう》に達した曹操軍は、孫権軍の先鋒を打ち破って緒戦に勝利し、一方の孫権は7万の軍勢で濡須口の守りを固めた。

数に勝る曹操軍に対し、孫権軍は夜襲をかけるなどして対抗し、やがて戦線は膠着《こうちゃく》状態に陥る。ある日、孫権が船に乗って曹操軍の偵察に出かけた。曹操軍がこれを目がけて大いに弓を射ると、矢が舟の側面に突き刺さり、その重みで転覆しそうになった。そこで孫権は舟を回転させ、反対側で矢を受けて重みを平均化し、悠々と引き上げていったのである。

穴に落として配下に加える

──曹操《そうそう》が許褚《きょちょ》を配下に加える

曹操は、馬もろとも落とし穴に落ちた侠客の許褚を味方に引き入れ、諸葛亮は天敵ともいえる反乱者・猛獲を落とし穴に陥れてこれを捕らえた──。

年号	225年(蜀・建興3年)	193年(後漢・初平4年)
計略発案	諸葛亮(蜀丞相)→孟獲(少数民族首領)	曹操(群雄)➡許褚(侠客)

「穴に落として配下に加える」とは

これは文字どおり、敵を落とし穴にはめる計略である。

曹操《そうそう》はこの計略を用いて勇将で知られる許褚《きょちょ》を自軍に引き入れることに成功し、天才軍師・諸葛亮《しょかつりょう》も、この計略を使って南中の反乱者・孟獲《もうかく》を捕えたのである。

落とし穴にはまった孟獲

益州《えきしゅう》南部で反乱を起こした孟獲を捕らえる際、反乱軍に不意打ちを仕掛けた諸葛亮は、南・北・西の３方向から攻撃を仕掛け、東の前面に諸葛亮自らが押し出た。３方を囲まれた孟獲は、諸葛亮を目がけて突進してきたが、そこには大きな落とし穴が掘られていた。

孟獲は自軍の兵士とともに穴に落ち、そこへ魏延《ぎえん》が数百の手勢を率いてやってきて、孟獲らを引きずり出して、全員に縄をかけたのだった。

勇将・許褚を味方にした曹操の計略

曹操が陳《ちん》国の黄巾《こうきん》賊を攻めたときの話である。

曹操配下の典韋《てんい》は、何儀《かぎ》という黄巾の賊徒を追っていた。しかし、そのとき山かげから身の丈八尺(※1)、腰まわり十囲(※2)ばかりもある巨漢の男がひとり現れた。そして何儀を一合にして斬り捨てると典韋の前をさえぎった。

典韋が、「おまえも黄巾の輩か」とすごむと、その巨漢は、「黄巾賊ならわしの捕虜《ほりょ》となって砦におるわ」と答える。「なぜ賊徒を差し出さないのか」と典韋が聞いたところ、「お前が私の薙刀《なぎなた》を奪うことができたら引き渡してやる」と答えたから、典韋は火のように怒った。

それからふたりは日が暮れるまで戦ったが決着がつかず、勝負は翌日へ持ち越しとなった。

曹操軍最強の猛者といわれた典韋と互角に戦う男がいると知らされると、曹操は大いに驚き、次の日、諸将を引き連れて見物することにした。すると、その男はめっぽう強い。曹操は心中密かに喜び、急いで兵たちに命じて落し穴を掘らせると典韋にわざと負けるように言い含めた。そして典韋は五、六合ほど打ち合ってから退く。男が「腰抜けめ」と侮ってわき目もふらずに追いかけると、馬もろとも落とし穴に落ちてしまった。

こうして男は捕らえられ、裸にされ、縄で縛り上げられた姿で曹操の前に引き出されることになった。

男の姿を見た曹操は、「誰がこんな扱いをせよと言ったのだ」と兵を叱咤するとこれを追い払い、上座から下りて自らの手で男の縄をほどいてやった。そして着物を取り寄せさせると、男はそうした曹操の行為に感じ入った。

改めて席を設けて対面して聞けば、男は姓は許《きょ》、名は褚《ちょ》という者で、一族で砦を固めて黄巾の賊徒を防いでいたのだという。そして曹操が「わが手についてはくれまいか」と誘えば、許褚はこれを快諾して一門数百人を引き連れて曹操に降ってきた。

後に曹操から「わが樊噲《はんかい》(※3)」と称されるほど信頼されることになる許褚は、こうして曹操の配下に加わったのである。

※1　184センチメートル。

※2　諸説あるが、120センチメートルほどか。「囲」は腰周りの巨大な(相撲の力士のような)体躯を表現する場合に用いられる。

※3　漢の高祖・劉邦の挙兵以来の側近。生涯を通して親衛隊長として劉邦の傍らにあって、何度も主君の危機を救った。項羽が暗殺しようとして舞わせた剣舞から、主君・劉邦の命を守った「鴻門の会」の故事で知られている。

釜の底から薪《まき》を引く

——一計を案じて敵の勢力を削《そ》ぐ法

淮南の反乱に対して司馬師・司馬昭兄弟は敵の兵糧を絶って鎮圧。曹操の参謀・陳珪は、大敵・呂布に対して同士討ちを誘う「釜の底から薪を引く」計略を立てた——。

年号	255年（魏・正元2年）	257年（魏・甘露2年）
	198年（後漢・建安3年）	
計略発案	司馬師（魏将）➡毌丘倹（反乱軍）	司馬昭（魏将）➡諸葛誕（反乱軍）
	陳登（呂布・客将）➡呂布（群雄）	

「釜の底から薪を引く」とは

煮えたぎっている釜は熱いが、薪《まき》を抜き取ってしまえば湯は冷めることから、相手の力に対抗できない場合は、その勢力を削《そ》いで戦局を好転させるという意味で使われる。三十六計のひとつ。

魏《ぎ》は、「淮南《わいなん》の三叛《さんはん》」(※1)と呼ばれる大事件のとき、この計略を用いて反乱を鎮圧し、曹操《そうそう》は参謀の陳珪《ちんけい》の言をいれて小沛《しょうはい》を呂布《りょふ》から奪い取ることに成功した。

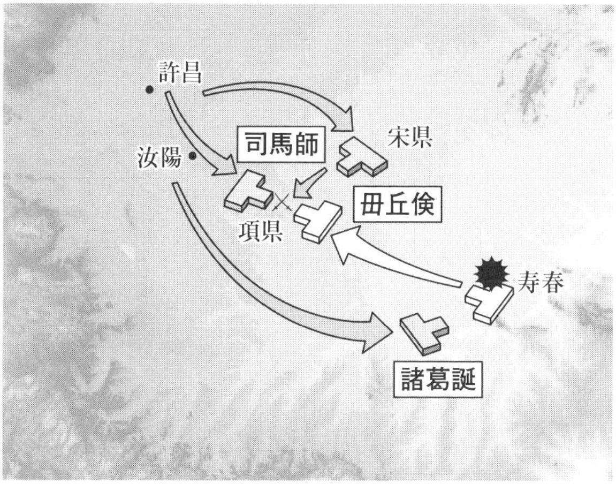

■ 釜の底から薪を引く

寿春で反乱の兵を挙げた毌丘倹は、文欽を味方に引き入れることに成功し、大軍となって魏軍に攻め寄せた。思いがけず大軍となった反乱軍に驚いた司馬師だが、3方向を固めて彼らの兵道を絶ち、反乱軍の勢力を削ぐことに成功した。

「淮南の三叛」のひとつ、毌丘倹の乱

クーデターによって魏朝の朝政を握った司馬懿《しばい》だったが、その2年後に病死した。後を継いだ息子の司馬師《しばし》は、皇帝を傀儡《かいらい》化し、朝政を牛耳った。

当然、こうした司馬師の専横をよく思わない人間も出てくる。そして255年(魏の正元2)、豫州刺史《よしゅうしし》の毌丘倹《かんきゅうけん》が反乱の兵を挙げた。揚州《ようしゅう》刺史の文欽《ぶんきん》が毌丘倹に呼応し、ふたりは寿春《じゅしゅん》に拠って諸郡に檄《げき》を飛ばした。寿春城で反司馬師の軍団を編成した両者のもとには、8万ともいわれる大軍が集まった。反乱軍は淮水を超え、許昌《きょしょう》南部の項県《こうけん》まで出張った。

毌丘倹が反旗を翻したことを知った司馬師は驚いた。毌丘倹ひとりならまだしも、文欽まで同調している。しかも反乱軍は8万の大軍だ。蜀《しょく》や呉《ご》の動向もあって、全軍を投入することはできない状態である。

しかし、反乱軍は毌丘倹と文欽を除けば、寄せ集めの集団に過ぎない。米の糧道《りょうどう》さえ絶てば、敵は内部から崩壊する。

こうして司馬師は自ら軍を率いて南下し、項県の西に位置する汝陽《じょよう》に駐屯した。一方で、鎮南《ちんなん》将軍の諸葛誕《しょかつたん》に命じて寿春へ向かわせ、征東《せいとう》将軍の胡遵《こじゅん》を宋県《そうけん》に派遣した。

こうして三方を固めて敵の糧道と退路を絶った司馬師は、諸隊に「専守防衛」を周知徹底させ、持久戦に持ち込んだ。

果たして司馬師の読みどおり、反乱軍内では逃亡兵が続出し、毌丘倹と文欽の反乱は失敗に終わったのだった。

最後の「淮南の三叛」、諸葛誕の乱

毌丘倹の反乱が失敗に終わった翌年、呉軍が魏領へ侵攻する気配を見せた。寿春の守りを固めていたのは、征東大将軍の諸葛誕だった。毌丘倹の反乱の直後に司馬師は死去しており、当時朝政を壟断《ろうだん》していたのは司馬師の弟・司馬昭《しばしょう》である。

司馬昭は呉の軍事行動開始を見て、諸葛誕の兵だけで対応できると考えていた。しかし、そこに諸葛誕から10万の援軍要請の知らせが届いた。

諸葛誕は毌丘倹が反乱を起こした際、彼から内応の誘いを受けていたが、これを断っていた。しかし、自分を取り立ててくれた夏侯玄《かこうげん》が司馬師に殺され、王淩《おうりょう》や毌丘倹といったかつての忠臣が次々と滅ぼされていく状況の中、諸葛誕の心中は穏やかでなかった。そこで諸葛誕は、10万の救援

軍を自軍に収め、これを機に自立を図ったのである。

寿春で司馬昭に反旗を翻した諸葛誕は、揚州刺史の楽綝《がくちん》を殺害すると、淮南・淮北《わいほく》の郡県の官吏《かんり》と兵士10万余を手に入れ、さらに揚州の兵士４万を自軍に組み入れた。一方で呉にも援軍の要請をし、呉から３万の兵を借り受けた。司馬昭は、諸葛誕が疑心を抱いていたことに気づいていたが、まさか反乱軍がこれほどまでに膨れ上がるとは思っていなかったに違いない。急遽、皇帝の曹髦《そうぼう》を奉じて出陣を決め、各州に命じて26万という大軍を動員したのである。

司馬昭は寿春城を二重に包囲し、兵士に命じて深い堀をめぐらして高い土塁を築かせた。こうして寿春城は完全に包囲され、城兵が打って出てきても包囲網を突破することはできなくなった。司馬昭の見事な兵糧《ひょうろう》攻めである。

寿春城ではしだいに食料が欠乏し始め、しかも呉の援軍も魏軍によって足止めを食らっている。もはや孤立無援となった寿春城では、降伏する者が後を絶たず、半年にわたった反乱は鎮圧された。

徐州攻めが始まり、曹操は蕭関で呂布と対峙する

敵を同士討ちさせることで「釜の底から薪を引いた」のが、曹操の参謀・陳珪《ちんけい》である。

最大の敵を袁紹《えんしょう》と決めた曹操にとって、徐州《じょしゅう》の呂布《りょふ》を討つことが先決だった。そこで曹操は、呂布に追われて小沛《しょうはい》にいた劉備《りゅうび》と連携することにした。しかし、曹操と劉備が通じていることが呂布に知れてしまった。憤怒した呂布は、まずは劉備の拠る小沛へと攻め寄せた。城の守りを固めた劉備は曹操に救援を要請し、曹操は先鋒として夏侯惇《かこうとん》に軍を与えて徐州へ侵攻させると、自らも大軍を率いてこれに続いた。しかし、夏侯惇軍は呂布に敗れ、さらに呂布が劉備の軍勢を追い詰めて小沛城を落とした。曹操は逃げてきた劉備を本陣に迎え入れるとすぐに進軍を開始。こうして曹操と呂布は、小沛の近くにある要所・蕭関《しょうかん》で対峙することとなった。

曹操が徐州を目指して攻め寄せると聞いて、顔を見合わせたのが陳珪・陳登《ちんとう》の父子であった。ふたりは、呂布討伐の際には手引きをするとの密約を曹操と結んでいたが、いよいよそれを果たすときが来たのだ。

呂布は、本拠の徐州を陳珪に任せて、陳登とともに蕭関の救援に向かうこととなった。陳登は陳珪と語らって、「呂布のことは私がよろしく取り

計らいますゆえ、呂布が敗れて徐州に帰ってきましたら城を固め、呂布を立ち入らせないようにしてください」と言った。陳珪は「徐州城内には呂布の家族がおり、腹心の者どもも多い。どうしたものか」と問えば、陳登は「私に考えがございます」と言って呂布のもとへと向かっていった。

陳登は呂布に対し、「万が一の備えとして、軍用金や兵糧などを徐州から下邳《かひ》に移しておくべきです。徐州が曹操の大軍に取り囲まれることがあっても、下邳の兵糧にて軍をまかなうことができます」と進言した。陳登の狙いは、陳珪が城内を掌握しやすい状況をつくることである。しかし、陳登が曹操と通じていることを知らない呂布は、腹心に命じて家族や兵糧を下邳へと移すと、陳登を従えて蕭関を守る陳宮《ちんきゅう》の救援に向かった。

さらに陳登は、「蕭関では孫静《そんせい》らが関を敵に明け渡そうとしております。なんとか陳宮殿が踏みとどまっておりますから、殿は暮れ方に押し寄せて危急をお救いください」と嘘をついた。呂布は、攻める頃合いを、のろしを上げて教えるよう陳宮に伝えさせるため、再び陳登を関へと向かわせた。

日が暮れれば、のろしを合図に呂布が蕭関に向かって押し寄せる——こうした状況を作り出しておいて陳登は、陳宮に向かっては「曹操の軍勢が間道を通って関を越えた。徐州が危ないから、貴公らは早々に戻られよ」と言うのである。徐州が危ないと聞いて、陳宮は闇にまぎれて後退を開始した。すると呂布の軍が陳宮を救おうと兵を進めてくる。そこで陳登がのろしを上げると、呂布は蕭関へ向かって兵を突入させ、陳宮の軍勢と激しく同士討ちを始めたのである。呂布は明け方まで斬り回っていたが、日が明けたところでようやく謀られたと知り、陳宮とともに徐州へと引き返した。

しかし、徐州城内はすでに陳珪の手によって掌握されてしまっていた。ならばと呂布が小沛へ向かえば、小沛を守っているはずの高順《こうじゅん》と張遼《ちょうりょう》がこちらへと向かってくる。聞けば「陳登が来て、殿が囲まれたゆえ急いで徐州へと向かうように言われた」と言う。呂布は「おのれ陳登、生かしてはおかぬぞ」と歯噛みしたが後の祭りである。

こうして徐州に加えて小沛までも陳登の計略によって奪われてしまった呂布は、ただひとつ残った下邳城へと兵を収めるのであった。

※1 「淮南の三叛」とは、王淩・毌丘倹・諸葛誕の３人が魏に対して起こした反乱のこと。

李《すもも》は桃に代わって枯れる

——戦況が悪いときこそ、兵を惜しまず注ぎ込む

官渡の戦いでは、袁紹のほうが圧倒的に兵力では勝っていた。しかし曹操は、袁紹の大軍が攻め込んできても怯むことなく、自ら出陣して大将の文醜を討ち取ったのである——。

年号	200年（後漢・建安5年）
計略発案	曹操（群雄）➡袁紹（群雄）

「李は桃に代わって枯れる」とは

戦いというのは一進一退があるもので、戦局が思わしいときもあれば、思わしくないときもある。

しかし、戦局が芳《かんば》しくないときこそ、犠牲を惜しむことなく兵力を注げば、勝機が見えてくるというのが、この計略である。そして、こうむった犠牲以上の成果を上げることが大事であるということも伝えている。

「李《すもも》が桃の側に生え、虫が桃の根っこを食べたら、桃の代わりに李が枯

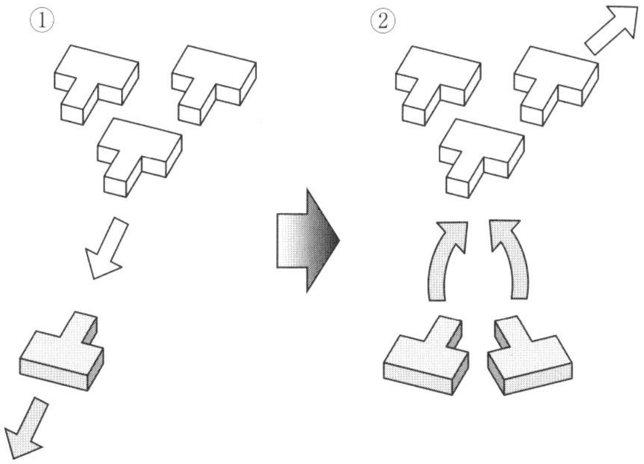

■李は桃に代わって枯れる

戦局が敵に押され気味で進んでいる場合（①）、ひとまず退却して軍を整えようとするのは当然の措置であろう。しかし、戦局によっては、そこで退かずに率いてきた軍勢の総力を注ぎ込んで敵に当たれば勝機をつかめるときもある（②）。戦局を見極める目が必要となる計略である。

れた」という故事が原典といわれ、三十六計のひとつである。

日本だと、姉川《あねがわ》の戦いでの織田信長《おだのぶなが》の戦い方がこれにあたる。姉川の戦いといえば、織田・徳川連合軍の圧勝と思われがちだが、浅井長政《あざいながまさ》はかなりきわどいところまで織田軍を追いつめていた。一時、織田軍は柴田勝家《しばたかついえ》隊や木下秀吉《きのしたひでよし》隊が崩れるなどの苦戦に陥ったが、信長は怯《ひる》むことなく兵力を投入して勝利をつかんだのである。

文醜を討ち取った曹操の作戦

曹操《そうそう》と袁紹《えんしょう》という2大群雄が雌雄《しゆう》を決した、天下分け目の決戦が、200年(建安5)の官渡《かんと》の戦いである。以下は『正史』による話である。

緒戦の白馬《はくば》の戦いでは、曹操の「東を指して西を撃つ」(→128ページ)計略が見事にはまり、袁紹軍が敗走した。

白馬の囲みを解いた曹操は、延津《えんしん》に陣を移し、袁紹もそれを追撃した。白馬の包囲は解いたとはいえ、袁紹軍の兵力はいまだ圧倒的で、曹操は付近の丘にのぼって袁紹軍の動きを監視していた。

すると、物見の兵士から、

「500〜600騎ほどの騎兵が攻めてきます」

と報告があった。しばらくして物見の兵士が、

「騎兵の数がどんどん増えています。歩兵の数は数え切れません」

と叫んだ。

袁紹の大軍が襲来したことに対し、曹操軍陣営に動揺が走った。中には、撤退を口にする者も出始めた。

さらに袁紹軍の数は増えていき、やがて袁紹軍の将軍・文醜《ぶんしゅう》と劉備《りゅうび》が軍を率いてやって来たため、曹操軍の諸将は、早く馬に乗るよう曹操を急かした。

ここに至って曹操は出撃の号令を下し、自ら馬に乗って敵陣に斬り込んだ。従う騎兵はわずか600騎だが、曹操の突然の攻撃に袁紹軍は浮き足立った。このとき、曹操は荀攸《じゅんゆう》の策を用いて輜重《しちょう》隊をおとりにして敵をおびき寄せており、袁紹軍は隊を乱して四散し、文醜が討ち取られた。文醜は、白馬で殺された顔良《がんりょう》とともに、袁紹軍を代表する勇将であり、文醜の死によって袁紹軍はほぼ瓦解《がかい》して撤退していったのである。

column 12

袁紹の宦官大虐殺事件

死に体とはいえ、一応の機能を果たしていた後漢《ごかん》王朝末期の189年(中平6)、皇帝の霊帝《れいてい》が死去した。霊帝にはふたりの息子がいたが、帝は生前、次男の劉協《りゅうきょう》(のちの献帝)の即位を遺言していた。

しかし、長男を差し置いて次男を後継にするというのは、古今東西、災いの種となるもの。当然、このときも、劉協即位に反対する勢力があった。それが、長男・劉弁《りゅうべん》(のちの少帝)の叔父である何進《かしん》だった。

何進は黄巾《こうきん》の乱が勃発したときに大将軍に任じられて兵権を握り、朝廷に君臨していた実力者である。劉協を支持する宦官《かんがん》一派は、劉協の即位の邪魔になる何進の暗殺を企むが失敗し、逆に殺されてしまった。こうして劉弁の即位が実現したが、彼は14歳の若者で、当然朝政は何進の手に落ちた。

何進は、自らの権力を磐石《ばんじゃく》なものにするために、宦官の皆殺しを企図するようになり、中軍校尉《ちゅうぐんこうい》の袁紹《えんしょう》に相談した。宦官の横暴を快く思っていなかった袁紹は何進に呼応し、丁原《ていげん》や董卓《とうたく》ら群雄を都の洛陽《らくよう》近くまで呼び寄せて、宦官一派を威圧した。

しかし、ここで思いも寄らない事件が勃発する。なんと、自分の身が危ないと感じた宦官の段珪《だんけい》らが、何進を暗殺してしまったのである。宮中は大混乱となり、何進の側についていた袁紹は一転、不利な立場に置かれることになった。

何進という大きな後ろ盾をなくしてしまった袁紹にとって、戦況は圧倒的に不利である。しかし、袁紹の行動は素早かった。宦官討滅の下知を下すと、その場にいた宦官たちを次々に斬り殺していったのである。それは見境のない虐殺《ぎゃくさつ》で、善行のあった宦官も分け隔てなく殺害され、その数は2000人を超えたという。

不利な状況から、自らの行動力と勇気で活路を見出した袁紹は、その後、三国志を代表する群雄に成長していくのである。

死せる孔明《こうめい》、生ける仲達《ちゅうたつ》を走らす

——死してなお、魏軍の裏をかいた諸葛亮の計略

5度目の北伐時、諸葛亮は五丈原の陣中で病没した。
自分の死によって動揺したところを魏軍に攻められることを
恐れた諸葛亮は、自らの木像を使って魏軍を欺いた——。

年号	234年(蜀・建興12年)
計略発案	諸葛亮(蜀将軍)➡司馬懿(魏将軍)

「死せる孔明、生ける仲達を走らす」とは

この計略は、丞相《じょうしょう》として、蜀《しょく》の内政から軍事に至るすべての面で辣腕《らつわん》をふるってきた諸葛亮《しょかつりょう》が、自分の死による蜀軍の動揺に乗じて魏《ぎ》の将軍・司《し》馬懿《ばい》が攻めてきたときのことを考えて立案したものである。

自分が死んだとなれば、司馬懿は必ず攻め寄せてくると読んだ諸葛亮は、死後もあたかも生きているかのように見せかけたのである。その方法とは、自分の身長に合わせた木像を作り、それに自分の衣装を着させて、敵軍の目をくらますというものだった。

諸葛亮の最後の計略にはまった司馬懿

諸葛亮が5度目の北伐《ほくばつ》を敢行し、魏軍を迎え撃ったときの話である。

五丈原《ごじょうげん》に陣をしいて采配をふるっていた諸葛亮だったが、元来が強靭《きょうじん》な身体をもっているわけでなく、その激務のせいもあって、いよいよ死に臨もうとしていた。

諸葛亮はすでに自分の死期を悟っており、後のことは楊儀《ようぎ》・姜維《きょうい》らに伝えていた。また、成都《せいと》(蜀の都)からやって来た早馬に対しては、自分の後継者として蒋琬《しょうえん》を推し、蒋琬のあとは費禕《ひい》に継がせるように申しつけた。

そして234年(蜀の建興12)8月、稀代の軍師・諸葛亮は、ついにその生涯を終えた。54歳だった。

蜀軍にとって、軍の大黒柱である諸葛亮の死は大打撃であった。後事を

託された姜維らは、諸葛亮の死を魏軍に悟られないように、諸葛亮の言葉に従って全軍に撤退を命じ、殿軍を魏延《ぎえん》に命じた。

一方の魏軍内では、早くも司馬懿が諸葛亮死去を察知し、夏侯覇《かこうは》を蜀陣営に放って真偽を確かめさせ、蜀軍の全軍撤退の事実を知った。

「諸葛亮は本当に死んだぞ。これよりすぐに奴らを追撃する」

と言うやいなや、司馬懿は自ら兵を率いて出陣し、五丈原に殺到した。しかし、やはりそこには誰もいない。司馬懿はさらに先を急いだ。

しばらく馬を走らせると、それほど遠くないところに撤退中の蜀軍を見つけた。司馬懿はチャンスとばかりに、これに追いつき突撃したが、なんとそこには車に乗って、綸巾羽扇《かんきんうせん》と道袍黒帯《どうほうこくたい》を身につけた諸葛亮がいるではないか。

仰天した司馬懿は、

「しまった！　諸葛亮の手に乗せられて、深追いしてしまった！」

とあわてて馬を返したが、時すでに遅く、背後から姜維の軍が襲いかかった。司馬懿軍は隊を乱して撤退し、多くの兵士が討ち取られ、司馬懿も命からがら逃げ出した。

実はこれは、諸葛亮が生前に用意させておいた、自身の木像であった。自分が死んで蜀軍が撤退するとなれば、司馬懿は必ず追撃してくると読んでいた諸葛亮の最後の計略であった。あたかも自分が生きているように思わせることができれば、司馬懿も追撃をやめ無事に撤退できるだろうという意図である。

自軍の陣営に戻った司馬懿は、諸葛亮が確実に死んだことを確かめさせると、再び追撃に移ったが、すでに蜀軍ははるか遠くまで撤退しており、なすことなく兵を返したのだった。

司馬懿は、「生きている人間なら計略にかけることもできるが、死人が相手では、いくら私でもどうにもできない」と歎息したという。

蜀の人々は、このたびの諸葛亮の計略を「死せる孔明(諸葛亮のこと)、生ける仲達(司馬懿のこと)を走らす」と言いはやすようになったという。

死後も偽りの木像で相手を翻弄した諸葛亮の采配は、まさに稀代の軍師の証といえるであろう。

第三章

「三国志」の武器・兵器

三国時代の軍隊

三国時代の軍隊は、歩兵と騎兵を組み合わせた機動力のある軍隊が活躍していた。

歩兵の装備

群雄たちがしのぎを削り、各地で激しい戦闘が繰り広げられたこの時代、歩兵が装備する武具にも高い性能が求められた。

・冑《かぶと》

縦長の鉄片を横に綴り合わせた鉄冑。頭頂部には房飾《ふさかざ》りを立てるための筒が付いていた。

・鎧《よろい》

後漢《ごかん》時代から、楕円《だえん》形の鉄片を重ねて綴り合わせた「魚鱗甲《ぎょりんこう》」という鎧が普及するようになった。それまで一般的だった「札甲《さねよろい》」(方形の鉄片を連ねた鎧)よりも鉄片同士の重なり部分が広く、敵刃が通りにくくなっている。

・刀《かたな》

三国時代に使われていた刀は、刀身がカーブしていない直刀だった。

・盾《たて》

刀による攻撃を払い除けることを主目的とした長方形で小型の盾。主に、敵船に乗り込んでの白兵戦が多かった水上戦で用いられた。

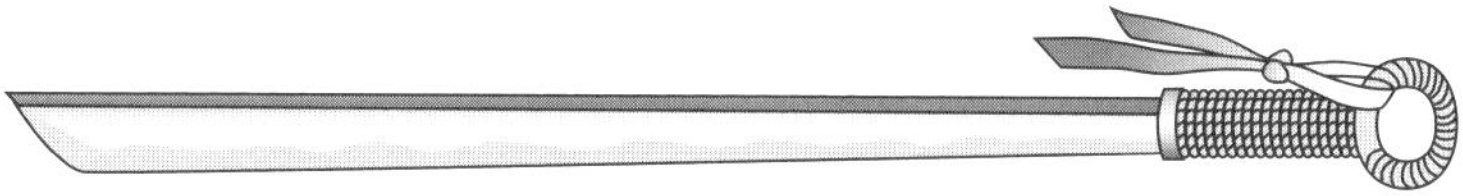

◉刀　斬り裂く攻撃に適した片刃の短柄武器。敵との接触時間が短い騎馬戦では突き刺すより斬るほうが有効なため、騎兵の発達した後漢時代には、兵士は剣ではなく刀を装備することが多くなった。

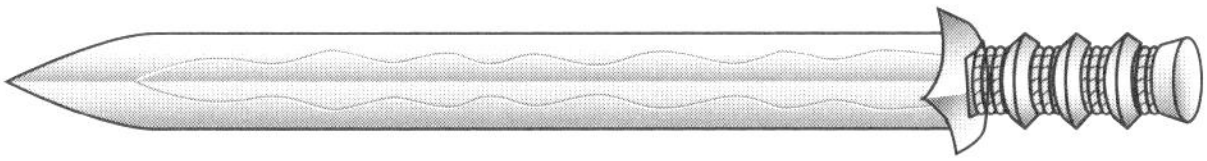

◉剣　突き刺す攻撃に適した両刃の短柄武器。三国時代は、鋳造技術の進歩によって鉄刀が発達したこともあり、戦場で剣が使われることはあまりなかった。

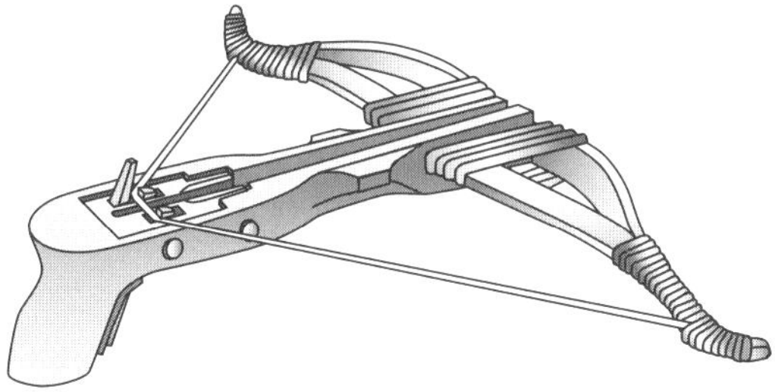

◉弩《ど》

ボーガンに似た、機械仕掛けの投射武器。本体の先端には弓《ゆみ》が水平に取り付けられ、後部に発射装置を内蔵する。あらかじめ弦《げん》を張った状態で固定しておけば、引き金を引くだけで発射可能。弓よりも射程距離が長く、対騎兵用の武器として威力を発揮した。

三国時代の歩兵が戦場で主に使用したのは、伏兵に最適な弩や、矛・戟などの長柄武器だったが、これらの武器をもつと両手がふさがってしまって盾を装備できなかった。そのため、この時代には甲冑の性能が飛躍的に向上したのである。

騎兵の装備

さまざまな地形に対応できない戦車(馬車)に代わって、戦場の主役となったのが騎兵。三国時代は、高い機動力をもつ軽装騎兵が活躍した時代だった。

・馬冑《ばちゅう》

馬の鼻面を保護するための冑。馬冑は紀元前の西周時代から見られ、長く利用された。日本の古墳からも中国製のものが出土している。

・鞍《くら》

木芯の入った堅固な造りで、両脇には馬が前脚で跳ね上げる泥で衣服が汚れるのを防ぐための障泥《あおり》が垂らされている。坐位を固定するため、前輪と後輪が立てられていた。

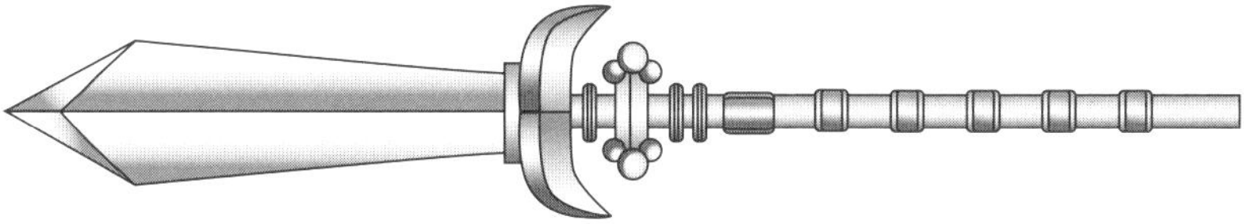

◉矛《ほこ》　先端に幅広の両刃を備えた長柄武器。槍の祖先にあたるとされているが、槍よりも穂先が長いため、刺突だけでなく斬切も可能。しかしその分、尖端が重くて扱い難い武器だった。

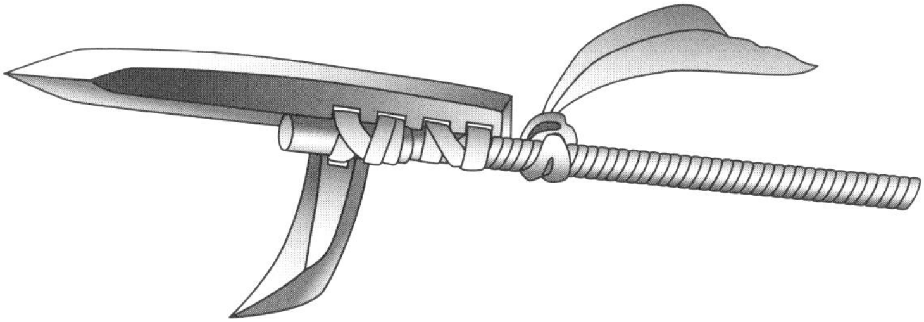

◉戟《げき》　敵の首を掻き斬る武器である「戈《か》」と矛を組み合わせた長柄武器で、矛頭の根本に横向きの刃を備える。後漢時代末期以降は敵刃を受け止める機能が重視され、戈の部分が上に湾曲する形状となった。

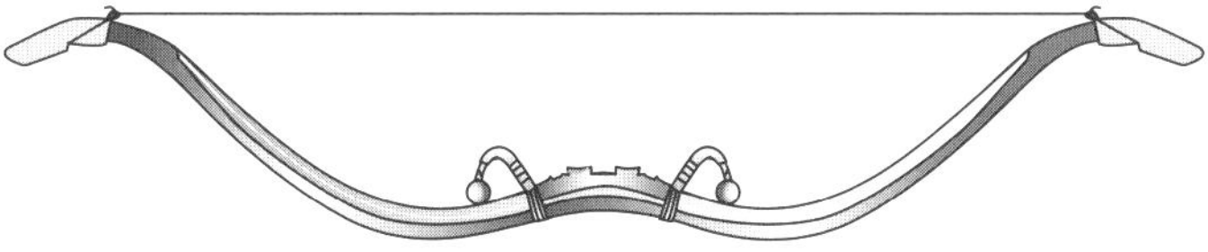

◉弓《ゆみ》　旧石器時代から存在する投射武器。中国の弓は総じて短弓だが、木や竹に動物の骨などを挟んで弾性を強めた複合弓であるため、高い射出力をもつ。三国時代も、騎兵の主要武器として使用された。

中国の騎兵は騎馬民族の戦法を取り入れて誕生したものであり、その主要武器は弓であった。しかし馬上で弓を操作するためには両手を手綱《たづな》から離さねばならず、鞍にまだ鐙がついていなかった三国時代の騎兵には、高度な乗馬技術が要求されたのである。

城をめぐる戦い

古来より部族、民族間の争いが頻発していた中国では、城郭都市が各地に築かれ、攻城戦用の兵器も数多く開発された。

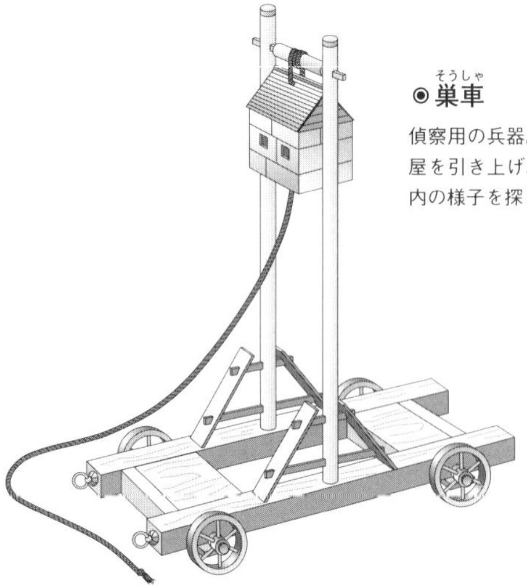

◉巣車《そうしゃ》

偵察用の兵器。兵の乗った小屋を引き上げ、高い所から城内の様子を探らせる。

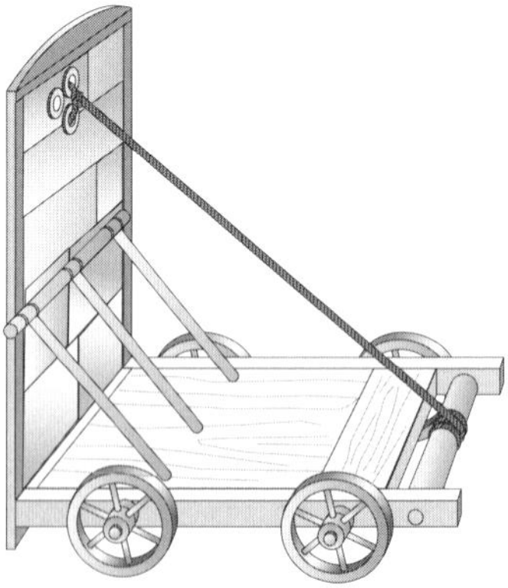

◉塡壕車《てんごうしゃ》

前方の衝立で攻撃を避けながら敵城に近づき、壕を埋めるための戦車。

◉塞門刀車《さいもんとうしゃ》

破られた城門に配置する守城兵器。金属の刺が付いた壁面で敵兵の侵入を防ぐ。

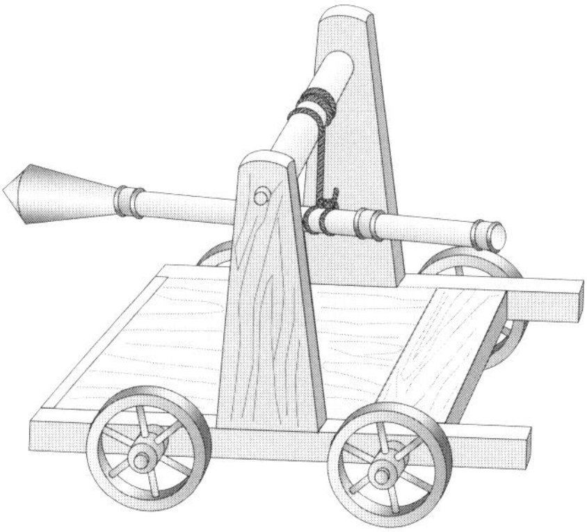

◉撞車《とうしゃ》

敵の城に接近して、車上に吊り下げられた丸太で城門や城壁を打ち砕くための戦車。

◉狼牙拍《ろうがはく》

守城兵器の一種で、沢山の鉄釘を打ち付けた重い板に縄を付けた物。城壁をよじ登る敵兵に、城壁上からぶつけてダメージを与える。

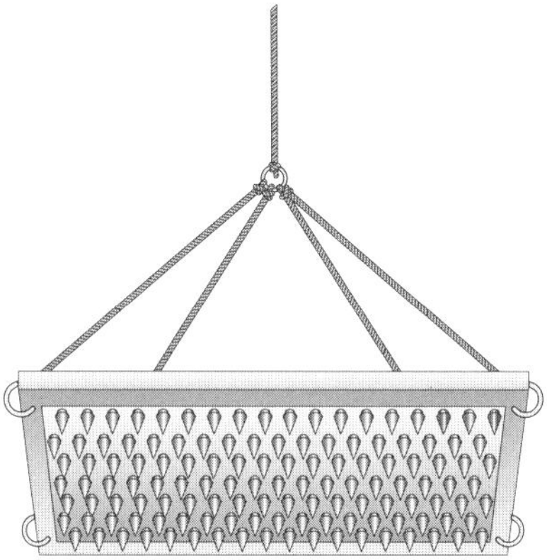

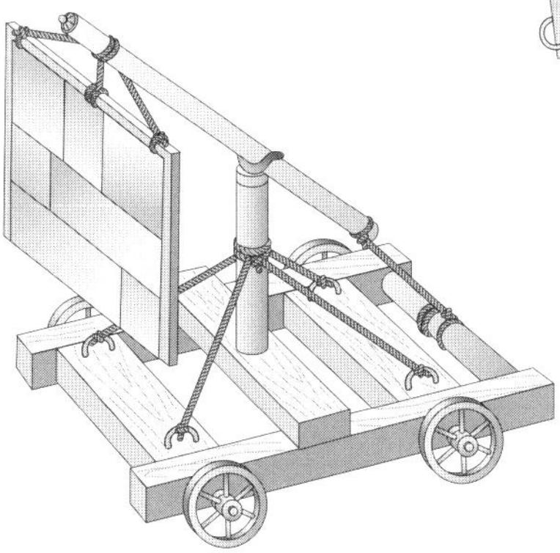

◉木幔《もくまん》

城内から飛んでくる矢や石弾を防ぐ移動式の盾。城攻めの際には必須といえるほどポピュラーな装置だった。

一般に攻城兵器とされるものも、場合によって守城兵器として使われることもあった。官渡の戦いにおいても、袁紹軍が城壁の周囲に矢倉を建てて城に矢の雨を降らせると、曹操は投石機を使って矢倉を破壊させ、その攻撃を防いでいる。

水上の戦い

黄河《こうが》や長江《ちょうこう》といった大河川をはじめ、中国には多くの川が流れている。群雄が中国大陸の各地でぶつかり合う中では、湖沼や河川もしばしば戦いの舞台となった。

◉艨衝《もうしょう》　船首に攻撃用の衝角を備えた快速船。敵船に猛スピードで体当たりして破壊する役割を担う。

◉赤馬《せきば》　速度と小回りに優れた小舟。馬のように速く、また船体が赤く塗られていたため赤馬の名をもつ。戦況報告や作戦伝達、そして追撃戦といったスピードが重視される場面で活躍した。

◉楼船《ろうせん》　船団の中心となる大型船。二隻の船に横木を渡して連結し、甲板には矢を防ぐための板を巡らしている。時代とともに大型化が進み、三国時代には数百人の兵士を乗せられる規模になっていた。

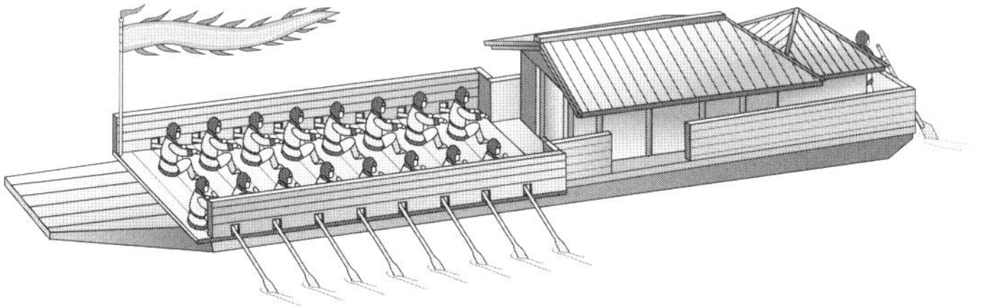

◉露橈《ろとう》　乗員数十数名の戦船。漕ぎ手を矢から保護するため、船体の側面に板を立てている。楼船の周囲を固めて防御する役割も担っていた。

「南船北馬《なんせんほくば》」という言葉がある。南の地は船で、北の地は馬で行く——南部に川が多く、北部には平原や山が多い中国ならではの言葉であるが、この地理的条件は軍の構成にも影響を与えている。中国北部を本拠とする魏軍の主力が騎兵隊だったのに対して、中国南部に国を構えた呉軍の主力は水軍だった。この違いがはっきり表れたのが、魏の大軍が呉に敗れた赤壁の戦いだったのである。

諸葛亮の特殊兵器

諸葛亮は巧みな戦術を練るとともに、新たな兵器を開発することで、大国・魏の兵力に対抗した。

・綸巾《かんきん》
絹の組紐で作った頭巾。諸葛巾とも呼ばれる。
・車
諸葛亮が戦場で愛用した乗り物。これと同じ物を三台用意して影武者に使わせることで、魏将・司馬懿を惑わせ、進撃を止めさせたこともあった。
・白羽扇《びゃくうせん》
鳥の羽毛でできた団扇。大鵬鷹子鳥《たいほうようしちょう》という怪鳥の羽が使われているともいわれる。

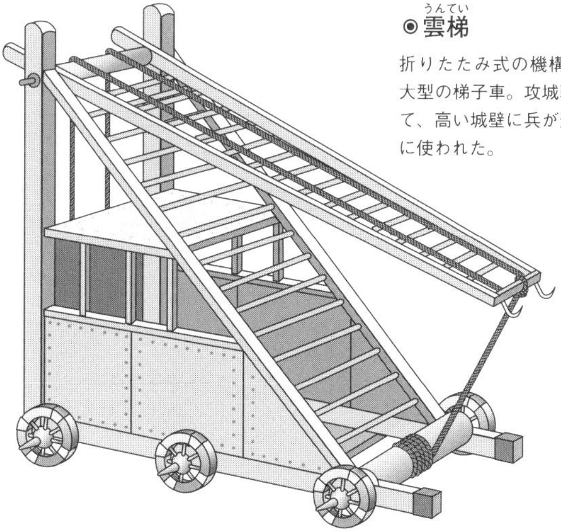

◉雲梯《うんてい》

折りたたみ式の機構をもつ、大型の梯子車。攻城戦において、高い城壁に兵が登るために使われた。

◉木牛《ぼくぎゅう》

流馬を改良して倍近い量を積載できるようにした物。手押しの四輪車であったといわれるが、詳細は不明である。

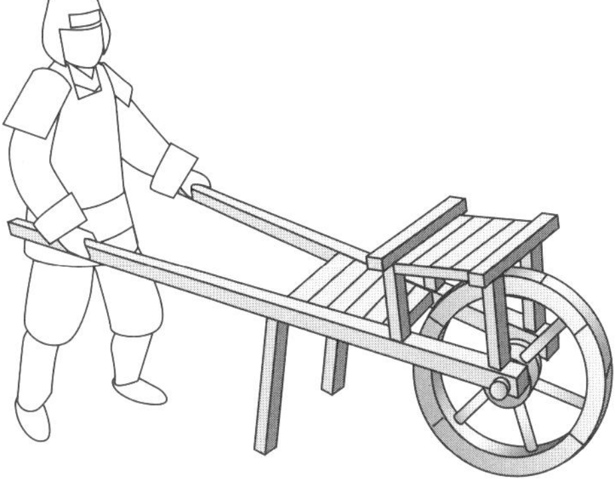

◉流馬《りゅうば》

北伐の際に発明した輸送用兵器。手押しの一輪車であったとされる。兵糧を積んで一日に二十里の距離を進むことができた。『三国志演義』には、車輪止めの機構を利用して魏軍に一杯食わせ、その食糧を奪い取るエピソードがある。

群雄が愛した武器

群雄割拠する戦乱の世で、華々しい戦いを繰り広げた武将たち。彼らの強さを支えた武器はどのようなものだったのだろうか。

三兄弟の愛用武器

『演義』の冒頭で桃園の誓いで義兄弟の契りを結んだ、劉備、関羽、張飛。黄巾賊討伐に向かう前に、彼らはそれぞれ雌雄一対の剣、青龍偃月刀、丈八蛇矛を誂《あつら》えた。

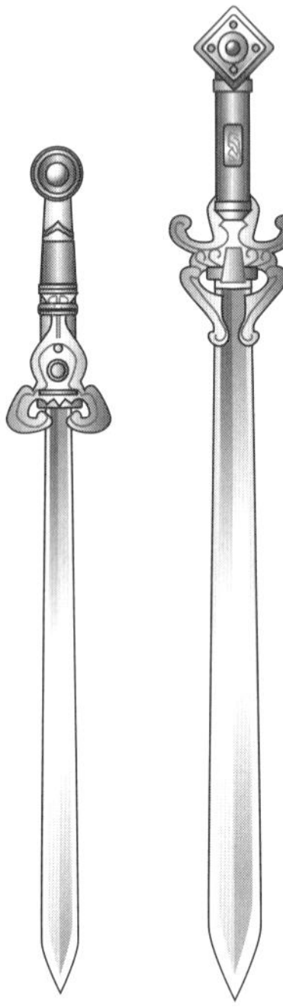

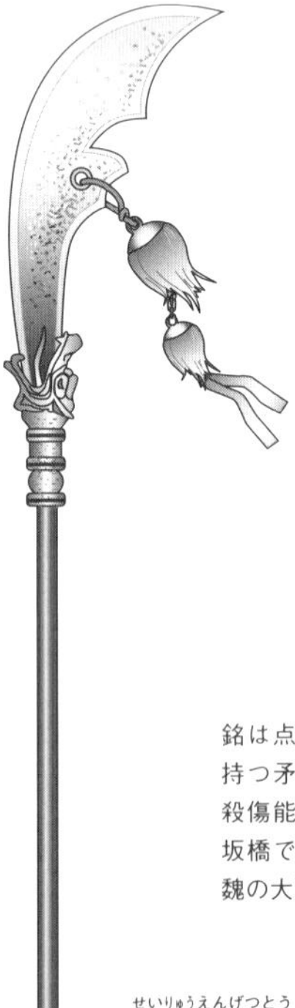

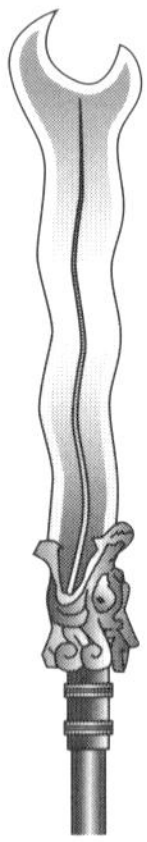

◉丈八蛇矛《じょうはちだぼう》（張飛）

銘は点鋼矛。蛇のように波打つ穂を持つ矛で、その特殊形状の穂は高い殺傷能力を誇る。長さ一丈八尺。長坂橋では、蛇矛を片手にただ一騎で魏の大軍の前に立ちはだかった。

◉雌雄一対《しゆういっつい》の剣《けん》（劉備）

片側が平らになっている二つの剣が一本の鞘《さや》に両合わせで入っている双剣。両手に剣を持つ二刀流で、スピードのある攻撃に優れる。『演義』では呂布《りょふ》に苦戦する関羽《かんう》・張《ちょう》飛《ひ》を助けるために、この二本の剣で戦った。

◉青龍偃月刀《せいりゅうえんげつとう》（関羽）

銘は冷艶鋸。三日月形の刃を持つ大刀で、柄が青い龍に見えることから青龍の名を持つ。『演義』の関羽はこの八十二斤の重量級武器を自在に振り回して、多くの戦場を駆け抜けた。

他の武将の愛用武器

『演義』最強の男、呂布。弓馬に優れ、並外れた腕力を誇った。劉備、関羽、張飛の三人を一度に相手にして見せたその戦闘力は、他の追随を許さない。

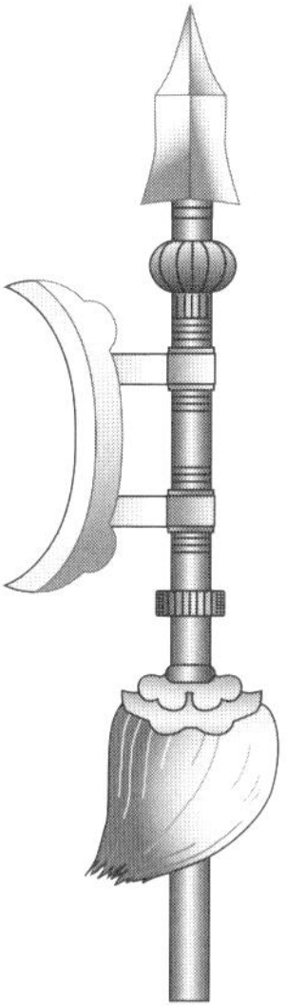

◉方天画戟《ほうてんがげき》(呂布)

月牙と呼ばれる三日月形の横刃が付いた戟。穂先で敵を刺突するだけでなく、月牙で攻撃を受け止め、薙ぎ払うこともできる万能武器。

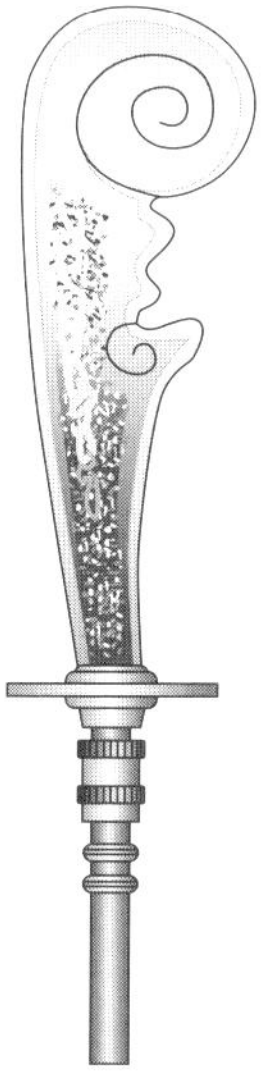

◉象鼻刀《ぞうびとう》(黄忠)

刃先が象の丸めた鼻のような形をした長刀。主に騎兵の馬を切り裂く斬馬刀として用いられた。『演義』では、蜀の老将・黄忠が使用している。

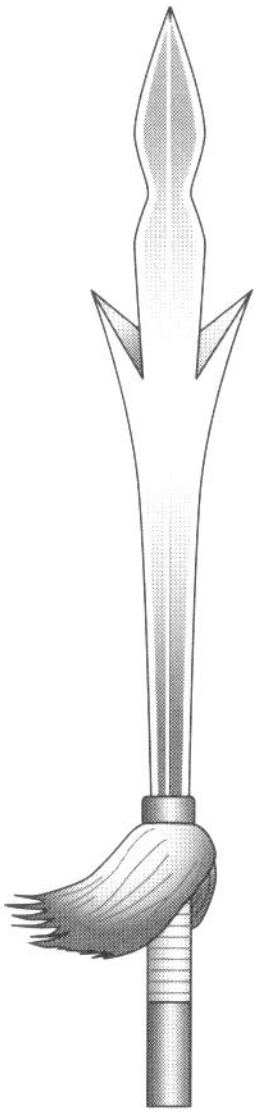

◉三尖両刃刀《さんせんりょうじんとう》(紀霊)

切っ先が三つに分かれた両刃の長刀。切っ先の形状は刺突にも防御にも効果を発揮する。重さ五十斤。『演義』では、袁術配下の将・紀霊が使用した。

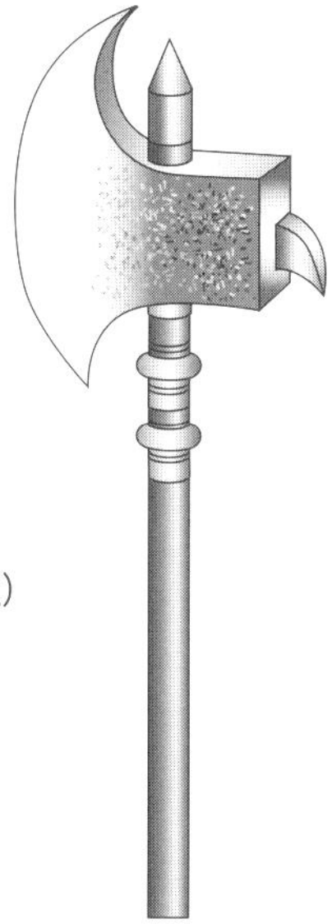

◉大斧《だいふ》(徐晃)

柄の長い戦闘用のまさかり。重くて扱い難いが破壊力に優れ、刀や剣が通じない頑強な甲冑を着た敵も力任せに叩き斬ることができる。『演義』では、魏の猛将・徐晃が使用。

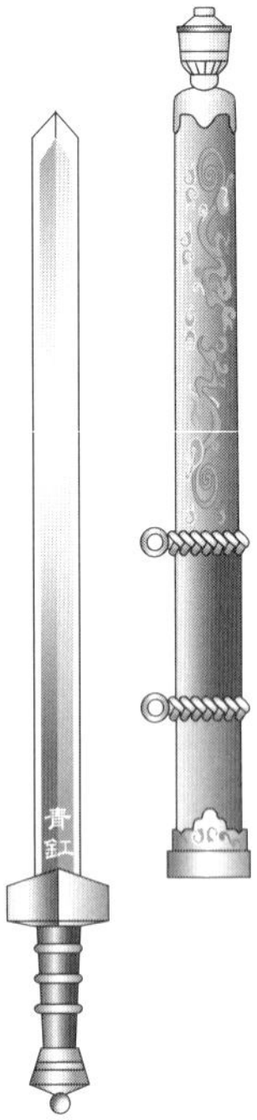

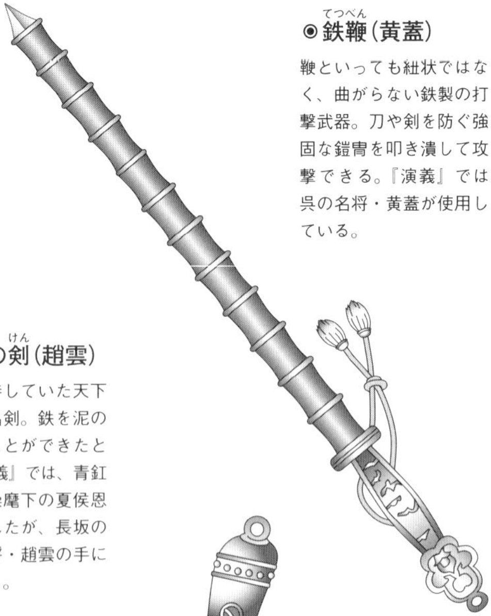

◉鉄鞭《てつべん》（黄蓋）

鞭といっても紐状ではなく、曲がらない鉄製の打撃武器。刀や剣を防ぐ強固な鎧冑を叩き潰して攻撃できる。『演義』では呉の名将・黄蓋が使用している。

◉青釭《せいこう》の剣《けん》（趙雲）

曹操が所持していた天下二振りの名剣。鉄を泥の様に斬ることができたという。『演義』では、青釭の剣は曹操麾下の夏侯恩に与えられたが、長坂の戦いで蜀将・趙雲の手に渡っている。

◉七星宝刀《しちせいほうとう》（王允）

刀身に北斗七星が刻まれた宝刀。『演義』の曹操は、この刀を後漢の高官・王允から借り受け、董卓を暗殺しようと鞘から抜いたがバレそうになり、刀を献上してその場を凌いだ。

◉鉄疾藜骨朶《てつしつれいこつだ》（沙摩柯）

鉄の刺が付いた棍棒。西洋のモーニングスターに似た打撃武器である。『演義』では、蜀の呉侵攻を助けた南蛮族の王・沙摩何が使用した。

『三国志演義』第五回には、方天画戟を手に赤兎馬に跨る呂布の威風堂々たる姿が描かれている。一騎当千の二将・張飛と関羽の挟撃に対して全く退かず、二人の加勢に来た劉備も脅しの一撃であしらい悠然と去って行くのである。史実においても呂布は武勇でその名を知られ、前漢時代に活躍した勇将・李広に擬えて「飛将」と称されていた。

付録 「三国志」軍師・将軍列伝

※「軍師・将軍列伝」の記述は、原則『正史』によっています。

蜀国　軍師・将軍列伝

蜀を支え続けた名宰相

諸葛亮 しょかつりょう

字	孔明
生没年	181～234
出身地	徐州瑯邪郡陽都県

■蜀の国家戦略「天下三分の計」

諸葛亮は、劉備《りゅうび》が荊州牧《けいしゅうぼく》・劉表《りゅうひょう》のもとに身を寄せていた頃、彼に仕えるようになった。諸葛亮を劉備に推挙したのは、諸葛亮と交友関係にあり、すでに劉備に仕えていた徐庶《じょしょ》だったが、この時に彼は諸葛亮を「臥龍《がりょう》」(まだ雲や雨を得ていないため天に昇れずに寝ている龍)に例え、「三顧《さんこ》の礼」をもって丁重に迎え入れるように提言した。徐庶の言を容れて劉備が自ら諸葛亮のもとに三度足を運ぶと(異説もある)、諸葛亮はそれに応えて出仕して「天下三《てんかさん》分《ぶん》の計」を献策した。

諸葛亮が説いた「天下三分の計」は、劉備が中国全土を制覇するための道筋を示すものだった。この頃、曹操《そうそう》がすでに中原《ちゅうげん》地方を支配下に治め、南征の機会を伺っていた。これに対抗するため、まず劉備が荊州と益州《えきしゅう》を領有して、劉備、曹操、孫権《そんけん》の３人で中国を三分割する三国鼎立《ていりつ》の状態を作り出す。そして孫権と結んで曹操と対峙し、機を見て配下の将に荊州から洛陽《らくよう》を攻めさせ、同時に劉備自身が益州から秦川《しんせん》に進軍して、曹操を挟み撃ちにして打倒するという計画である。この策を容れた劉備は蜀《しょく》建国、そして中国全土制覇を目指して歩み出した。

208年(建安13)の赤壁《せきへき》の戦いの後、劉備は荊州を領有。214年(建安19)には益州を攻略し、劉備は諸葛亮の計画どおり三国鼎立を成立させた。しかし219年(延康１)、荊州を任されていた関羽《かんう》が曹操の領土を攻めたときに孫権に背後を攻められ、荊州を取られてしまう。荊州の地を失ったことは大きな痛手だったが、諸葛亮は荊州に攻め込むことには反対だった。孫権との友好関係も「天下三分の計」の内であり、孫権なくして曹操に対抗することはかなわず、また、戦局の流れを見て曹操の軍が南進してくる恐れもあったからである。しかし、兄弟同然の仲だった関羽を討たれた劉備は弔《とむら》い合戦に燃えており、これを止めることはできなかった。222年(章武２)、劉備は荊州に進軍するが、夷陵《いりょう》の戦いで孫権に敗れ、翌年、志なかばにして死去する。

■劉備の遺志を継ぐ

劉備の死後、諸葛亮は蜀の新たな皇帝・劉禅《りゅうぜん》の丞相《じょうしょう》となり、蜀の政治のすべてを任されたが、最初に行ったのは、国の立て直しだった。まずは夷陵の戦いで悪化した呉との関係を修復するため、友好の使者を派遣して、呉と同盟関係を結ぶことに成功する。また、225年（建興３）には益州南部の反乱を治め、これで後顧の憂いなく魏《ぎ》を攻める態勢ができ上がった。

しかし、荊州の地は呉の支配下となっていたため、「天下三分の計」で期した益州と荊州からの同時攻撃はできない状況である。そこで諸葛亮が目をつけたのが、かつて蜀から魏へ降った孟達《もうたつ》だった。孟達は魏の皇帝・曹丕《そうひ》から寵愛《ちょうあい》を受けていたが、その曹丕が亡くなると、魏における孟達の立場は危ういものとなっていた。そこに乗じて、諸葛亮は孟達に魏への裏切りをもちかける。孟達はこれに応じ228年（建興６）、魏に対して反乱を起こした。この前年、諸葛亮はすでに蜀北部の漢中に進軍しており、これで魏への二方面からの進撃が実現するはずだった。しかし魏将・司馬懿《しばい》の対応が予想以上に早く、孟達は蜀の援軍到着を待たずして敗れ去ってしまう。しかし、それでも諸葛亮は魏への侵攻をあきらめず、第１次北伐《ほくばつ》を始める。

■大国・魏への挑戦

諸葛亮が行った北伐は５回に及ぶが、そのいずれでも慎重な策が取られている。諸葛亮の北伐計画は、まず魏の西の守りの要・長安《ちょうあん》を落として、そこを拠点に魏の首都・洛陽を攻めるというものだったが、蜀軍が遠征の拠点とした漢中と長安の間には秦嶺《しんれい》山脈があり、この山脈を越えて長安に奇襲をかけるという案もあった。しかし諸葛亮は山脈を迂回し、遠回りではあるが敵に遭遇しにくい平坦なルートを選んでいる。また、第１次北伐においては、進軍の要所・街亭《がいてい》の守備にあたらせた馬謖《ばしょく》が敗北すると、致命的な敗北を避けるため、すぐさま全軍を撤退させた。さらに、231年（建興９）の第４次北伐でも、司馬懿率いる魏軍に大勝して戦局を有利に進めていたにもかかわらず、漢中を任せていた李厳《りげん》から「悪天のため、兵糧の輸送が滞る怖れがある」との報を受けると、ただちに全軍撤退を決めている。

なぜ諸葛亮は、ここまで慎重な策を取り続けたのだろうか。その理由は、魏と蜀の国力の差にあった。兵の数だけでも、魏の40万～50万に対して蜀は約10万。そこで諸葛亮は、慎重に慎重を重ねて負けない戦いを続け、呉が動くのを待っていたのである。

234年（建興12）、蜀の第５次北伐に呼応して、呉の孫権が魏への侵攻を始め、ついに諸葛亮が待ち続けた勝機が訪れたかに思われた。しかし孫権はすぐに敗れて全軍撤退してしまい、その年の内に諸葛亮は陣中で病死した。蜀軍が撤退した後、その塁跡《るいせき》を視察した敵将・司馬懿は「天下の奇才なり」と驚嘆したというが、その才をもってしても、強大な魏を討ち破って劉備の遺志を果たす機を得ることはできなかった。

誇り高き義烈の将

関羽 かんう

字	雲長
生没年	？～219
出身地	司州河東郡解県

劉備《りゅうび》が義勇軍を結成して以来、苦楽をともにした宿将。劉備とは兄弟同然の仲だったが、他人の前では臣下としての姿勢を崩すことはなかったという。

199年（建安４）、劉備が曹操《そうそう》に敗れて落ち延びたときに、本拠地・下邳《かひ》の守備にあった関羽が降伏すると、この勇名高い武人に惚れ込んだ曹操は、自分に仕えてくれるように望んで厚遇する。しかし関羽は主君から受けた恩義を大事に思っていた。200年に曹操と袁紹《えんしょう》の間で争われた官渡《かんと》の戦いに出陣した関羽は、敵軍の真っただ中に突撃。敵将・顔良《がんりょう》の首を獲って手柄を上げると、曹操に下賜された品々を残して、劉備のもとに帰ったのである。

損得よりも義を重んじる関羽の誇り高さは、曹操をして「天下の義士」と感嘆させたが、『三国志』の著者・陳寿《ちんじゅ》が、関羽の短所として「剛にして自ら矜《ほこ》り」と記すように、その自尊心の高さが後に関羽自身を追い詰めることとなった。

212年（建安17）、劉備が益《えき》州の平定を進める中、関羽は荊《けい》州の守備を任される。荊州の北部には魏が樊《はん》城を構えており、この地を守るためには同盟国である呉との間に良好な関係を保つことが重要だった。しかし孫権《そんけん》が関羽の娘と孫権の息子の縁談を持ちかけたときに、関羽は使者を罵倒して縁談を断り、呉との関係を悪化させてしまう。

また、関羽は兵士たちには優しい一方で、名士たちには対抗意識をもち、これを軽んじるところがあったという。この名士たちとの不仲も、災いの種となった。

219年（延康１）７月、劉備による漢中攻略に呼応して関羽は軍を北上させ、魏の名将・曹仁《そうじん》が守る樊城を包囲した。対する魏は、于禁《うきん》と龐悳《ほうとく》の軍を救援に派遣する。しかし10日以上も降り続いた大雨で、近くを流れる漢水の水量が増加。これに乗じて関羽は堤防を壊して魏軍を水攻めにした。濁流が魏軍の陣営を押し流し、魏軍は高地に逃げ込んだ。そこに攻め込んだ関羽軍によって龐悳は討たれ、于禁は捕虜とされてしまう。あまりの惨敗に曹操は関羽を恐れ、遷都《せんと》を検討するほどであったという。

しかし、ここで呉が荊州に侵攻した。関羽は部下の糜芳《びほう》らに荊州の守備を任せていたが、糜芳らは抵抗らしい抵抗もせずに降伏してしまう。友好関係を保てなかった呉の侵攻、そして蔑《ないがし》ろにしてきた名士たちの裏切り。どちらも関羽のプライドの高さが招いたことだった。退路を断たれて孤立した関羽は麦《ばく》城に逃げ込んだが、援軍が来なかったため血路を開いて蜀に向かおうとしたところ、呉軍に捕らえられて斬首されてしまった。

智将としての姿も垣間見せた豪傑

張飛 ちょうひ

字	益徳
生没年	？～221
出身地	幽州涿郡

劉備《りゅうび》が旗揚げして以来、付き従った古参の武将。劉備、関羽《かんう》とは兄弟のように親しい間柄であった。

張飛は、曹操《そうそう》の参謀・程昱《ていいく》らに「１万人に匹敵する」と恐れられた猛将だが、特にその勇猛ぶりを世に知らしめたのが「長坂橋《ちょうはん》の仁王立ち」と呼ばれるエピソードである。208年(建安13)、劉備が曹操に敗れた戦いで、わずか20騎で殿軍を務めた張飛は、殺到する数千の曹操軍を向こうにして長坂橋に立ちはだかって「我こそは張益徳《えきとく》である。いざ、ここにどちらが死するか決しよう」と大喝し、曹操軍を震えあがらせた。近づく者は誰もおらず、このため劉備は無事に逃げ切ることができたのである。

しかし張飛には性格上の欠点もあった。『三国志』の著者・陳寿《ちんじゅ》が「暴にして恩無く」と評しているように、多くの人を死刑に処し、部下の兵士を毎日のように鞭《むち》で打つなど、粗暴で短気なところがあったのである。

196年(建安１)に劉備が袁術《えんじゅつ》討伐のために出兵した際、張飛は本拠地・下邳《かひ》の留守を任されていたが、ともに留守居役を務める曹豹《そうひょう》と喧嘩になって彼を殺そうとしたところ、恐れた曹豹が呂布《りょふ》と通じて招き入れたため、張飛は呂布に敗れて下邳を乗っ取られてしまったのである。

その激しい性格から、知略とは無縁な印象のある張飛だが、見事な計略を用いたことがあった。劉備と曹操の間で争われた、漢中の戦いにおける一戦である。215年(建安20)、巴東《はとう》と巴西《はせい》の２郡を降した魏の将軍・張郃《ちょうこう》が、そこの住民を移すべく漢中へ向かって進軍してきた。張飛は張郃の軍と対峙したが、50日以上も膠着《こうちゃく》状態が続いたため、地形を利用して敵軍を破る計略を立てる。

張飛は精鋭一万人余りを率いて、別の街道から進軍してくる張郃軍を迎え撃った。そこは狭い道だったため、張郃軍の兵の間隔は間延びして互いに助け合うことができない状態になる。この隊列の乱れをついて、張飛軍が張郃軍を撃破。敗北を喫した張郃は、馬を捨てて10人程の配下とともに山伝いに逃げ、そのまま軍を撤退させたのである。

劉備に従って戦場に身を置くようになってから30数年。齢を重ねて成長した張飛が見せた、智将としての勝利であった。しかし、下の者には厳しかった張飛は、呉侵攻戦への出陣準備が遅いと鞭打った２人の部下に寝首をかかれ、あえない最期を遂げた。

『三国志演義』では張飛の勇猛さが強調され、戦場で一丈八尺の「蛇矛《だぼう》」を自在に振るって敵兵を蹴散らす、武芸に優れた武将とされている。

阿斗を救った智勇兼備の将

趙雲 ちょううん

字	子龍
生没年	？～229
出身地	冀州常山国

もとは公孫瓚《こうそんさん》に仕えていたが、そこで劉備《りゅうび》と出会い、後に数百人の兵を引き連れて臣従した。身の丈８尺と長身で、風貌も立派であったという。

その勇猛ぶりは、208年(建安13)、荊州《けいしゅう》で曹操《そうそう》軍の急襲を受けて敗走する中、劉備の子を自ら抱え、劉備の妻を救出した活躍でも示されているが、劉備をして「趙雲は全身が胆である」といわしめた一戦がある。219年(延康１)の漢中攻略戦において、趙雲が数十騎を率いて出陣したところ曹操の軍と遭遇した。趙雲はこれと戦闘し自軍に戻り、空城の計を用いて陣門を開け放って旗を伏せ太鼓を鳴らすのをやめさせると、曹操軍は伏兵の存在を疑って退いた。そこを趙雲が追撃したため、曹操軍は潰走《かいそう》したのである。これ以後、趙雲は虎威《こい》将軍の名で呼ばれるようになった。

『三国志演義』で、趙雲は槍《やり》の名手として描かれている。初登場の場面では、公孫瓚が袁紹《えんしょう》配下の勇将・文醜《ぶんしゅう》に追い詰められているところを助け、長坂坡での阿斗救出劇も、大軍の中を一騎駆けするという正史にない派手な要素が加えられるなど、武芸の達人としての勇猛さが強調されている。

主君を財力で救った富豪参謀

糜竺 びじく

字	子仲
生没年	？～221
出身地	徐州東海郡

劉備《りゅうび》が徐州《じょしゅう》にあったときに仕官した参謀。もとは徐州牧《ぼく》・陶謙《とうけん》に仕えていた。文武両道に優れたが、人を統率するのは不得意で軍を率いることは一度もなかったという。

孫乾《そんけん》とともに外交にも手腕を発揮し、劉備にも信頼され、劉備が益州《えきしゅう》入りしたときに安漢《あんかん》将軍に任じられる。これは諸葛亮《しょかつりょう》が就いた軍師将軍よりも席次が上の官位であった。

『三国志演義』では、曹操の参謀・荀彧《じゅんいく》の「駆虎《くこ》呑狼《どんろう》の計」を見抜くなど、洞察力の高い人物として描かれている。

苦境の主君を支えた外交官

孫乾 そんけん

字	公祐
生没年	生没年不詳
出身地	青州北海郡

劉備《りゅうび》が豫州刺史《よしゅうしし》に任じられたときに、劉備の参謀として仕官。外交官として有能な人物で、201年(建安６)に、劉備が曹操《そうそう》に敗れると、袁紹《えんしょう》を説いて劉備を受け入れさせ、その後、袁紹が曹操に敗北すると、糜竺とともに劉表への使者となって劉備の受け入れを交渉。劉備の苦しい時期を支えた、縁の下の力持ちというべき存在だった。

孫乾に寄せられた劉備の信頼は非常に厚く、劉備が益州牧になったときには糜竺の次に高い官位(秉忠《へいちゅう》将軍)を与えられた。

劉備に孔明を引き会わせた名士

徐庶《じょしょ》

字	元直
生没年	生没年不詳
出身地	豫州潁川郡

若い頃、剣術を得意としていたが、友人に頼まれ仇討ちをして、役人に捕らえられたところを仲間に助け出され、一念発起して剣を捨て、学問に励むようになったという。戦乱を避けて荊州《けいしゅう》に移り住んでからは儒学者・司馬徽《しばき》に師事し、諸葛亮とも交友関係にあった。荊州牧・劉表《りゅうひょう》の客将として新野《しんや》に駐屯する劉備に会いに行き、その才覚を認められて仕えるようになる。

そのとき、徐庶は友人の諸葛亮を「臥龍《がりゅう》」(→「諸葛亮」の項参照)であるとして、推薦した。司馬徽から「臥龍、鳳雛《ほうすう》といった俊傑を得れば天下のことも成る」と聞いていた劉備は興味を示し、諸葛亮を連れてくるように言ったが、徐庶は「この人は連れてくることはできません。こちらから礼を尽くして訪ねてください」と答えた。劉備は徐庶の言葉に従って、三顧の礼を尽くして諸葛亮を迎え入れる。

徐庶が劉備に「三顧の礼」をさせたのには、劉備が名士の名声を尊重する人物であるということを、荊州の名士たちにアピールする狙いがあった。劉備は、それまでにも名士を配下に加えたことがあったが、あまり重用していない。名士・陳羣《ちんぐん》の進言を無視して敗走の憂き目にあったこともあり、その結果、陳羣は劉備のもとを去っている。しかし劉備が兄事《けいじ》し、一時は身を寄せた公孫瓚《こうそんさん》は、大多数が豪族の出身である名士を蔑ろにしていたため、領土内の豪族の支持を得られず、そのことが身の破滅に繋がっていた。劉備が、曹操ら群雄と天下の覇を競うための力をもつためには、名士たちの支持を得る必要があったのである。

その後、曹操が荊州に侵攻して来た際に、徐庶の母親が曹操に捕らえられたため、徐庶は劉備に別れを告げて曹操のもとへと去っていった。こうして、徐庶は曹操に仕えるようになったが、後に徐庶の官職を聞き知った旧友の諸葛亮は「魏には人材が多いのだろうか。もっと高い地位に就けるはずなのに」と嘆いたという。

劉備のもとにいた期間が短く、これといった活躍をする間もなく表舞台から退場してしまった徐庶だが、『三国志演義』では、軍略の才を見せる場面が与えられている。新野城に攻めてきた魏軍との戦いで、まずは敵将・曹仁《そうじん》率いる5000の兵を2000の兵で撃退し、さらに2万5000の兵を迎え撃った際には、敵将・曹仁が布いた陣形を八門金鎖《はちもんきんさ》の陣であると看破して、敵陣の弱点も指摘する。劉備は、「東南の生門から侵入して西の景門に向かって突撃すれば混乱して陣が崩れる」という徐庶の言葉に従って攻撃を加えさせて、見事に曹仁の軍を敗走させた。

孫権を感心させた弁舌家

伊籍 いせき

字	機伯
生没年	生没年不詳
出身地	兗州山陽郡高平県

はじめ荊州牧《けいしゅうぼく》・劉表《りゅうひょう》に使えていたが、劉表が没し、曹操《そうそう》の南下が始まると劉備《りゅうび》に臣従した。益《えき》州侵攻に同行して左《さ》将軍従事中郎《じゅうじちゅうろう》に任じられ、益州平定後には、簡雍《かんよう》・孫乾《そんけん》らに次ぐ待遇を得た。戦場において活躍することはなかったが、文官としての高い能力でその後の蜀を支えたひとりである。

伊籍は外交官として呉《ご》の孫権《そんけん》との交渉役を務めたが、あるとき、孫権に「無道の君主に仕えて苦労しているか」と問われると、「拝礼してこの場から立ち去るだけのことで、苦労という程のことではありません」と返答した。暗に、無道の君主は劉備ではなく孫権のほうだといったのである。この機知ある答えを聞いて、孫権は非常に感心したという。

呉との外交における功績を認められて昭文《しょうぶん》将軍に昇進した伊籍は、後に諸葛亮や法正《ほうせい》らとともに、三国時代に最初に制定された本格的な法律となる「蜀科《しょくか》」の起草にも参加したとされるが、残念ながら「蜀科」は現存していない。

孔明に不満を持った叩き上げの将軍

魏延 ぎえん

字	文長
生没年	？～234
出身地	荊州義陽郡

劉備《りゅうび》が荊州《けいしゅう》を攻略した頃に配下となり、211年(建安16)の益《えき》州入りに随行。たびたび戦功をあげて、牙門《がもん》将軍に昇進する。一兵卒から出世した叩き上げの武将であった。

戦場での魏延の働きは劉備に高く評価され、漢中平定後に漢中太守に抜擢《ばってき》され、劉備が帝位につくと鎮北《ちんほく》将軍に任じられた。劉備が没した後も、諸葛亮に重用され、前軍師・征西大将軍・仮節に昇進する。

だが魏延は、諸葛亮に対して不満を抱いていた。228年(建興６)の第１次北伐の軍議で、山脈を抜ける道を通って長安《ちょうあん》を攻撃する奇襲策の提言を却下された魏延は、諸葛亮を臆病者と批判したという。その後の北伐《ほくばつ》においても諸葛亮は慎重な戦略をとり続けたため、魏延は活躍の場を与えられないことに不満を募らせていった。

第５次北伐中に諸葛亮が陣没すると、魏延は北伐の継続を強く主張。幕僚・楊儀《ようぎ》が諸葛亮の遺命に従って全軍撤退を始めたが、魏延はその退路を遮断し反旗を翻す。だが魏延の側につく将はいなかった。

本領発揮の前に夭折した天才戦略家

龐統 ほうとう

字	子元
生没年	178～213
出身地	荊州襄陽郡

若い頃は風采《ふうさい》が上がらず誰からも評価されなかったが、司馬徽《しばき》に才能を認められて名声を得る。「臥龍《がりゅう》」と呼ばれた諸葛亮と並び、「鳳雛《ほうすう》」(霊鳥・鳳凰の雛)と称せられた。南郡《なんぐん》太守・周瑜《しゅうゆ》のもとで地方官吏を務めていたが、210年(建安15)に周瑜が死去すると、劉備《りゅうび》に仕えるようになる。最初、龐統は地方県令に任命されたが、仕事を滞らせて罷免《ひめん》されてしまう。しかし、呉の魯《ろ》粛《しゅく》が劉備に「龐統は大役を与えてこその人物」と記した手紙を送り、諸葛亮も重用を勧めたので、今度は軍師として召し抱えられることになった。

当時、劉備は荊州《けいしゅう》を治めており、諸葛亮の天下三分《てんかさんぶん》の計の構想に従うのであれば、次に狙うのは益《えき》州となるはずであった。しかし益州牧の劉璋《りゅうしょう》が自分と同族であることから、劉備は侵攻を躊躇《ちゅうちょ》する。これに対して龐統は「益州を奪っても、正しく統治して道義をもって報いるのであれば信義に背くことではない」と諫言《かんげん》し、益州攻めの決意を固めさせた。

211年(建安16)、龐統は劉備に従って、漢中の張魯《ちょうろ》討伐の名目で益州に入る。歓迎に訪れた劉璋が無防備だったため、龐統は劉備に、劉璋を暗殺するよう進言したが、これは容れられなかった。劉璋が首都の成都《せいと》に帰還すると、いよいよ成都攻略の策が討議されることになったが、その席で龐統は劉備に３つの策を示す。すぐに成都を強襲するを上計、敵の油断を誘って関所を取ってそこの兵を奪い成都を目指すを中計、そして一度荊州まで退いてから出直すを下計。劉備が選んだのは中計であった。

劉備軍は白水関《はくすいかん》を攻め落とすと、一気に南下して涪《ふう》城を占拠。すぐさま成都の東北に位置する雒《らく》城を囲んだのである。しかし雒城の抵抗は激しく、包囲戦は１年の長きにわたった。そしてこの戦いの最中、龐統は流れ矢に当たって戦死してしまう。

歴史の表舞台に遅れて現れたかと思ったら、あっという間に退場してしまった感のある龐統だが、『三国志演義』では、赤壁《せきへき》の戦いの場面で早くも登場し、「鳳雛」の名にふさわしい活躍で劉備・孫権《そんけん》連合軍の勝利に貢献している。

物語の中で、孫権軍を指揮する周瑜は曹操《そうそう》の船団に対して火計《かけい》を用いようと考えていたが、軍船数隻に火をつけても船団全体には燃え広がらずに終わる怖れがあると悩んでいた。そこで龐統が提案したのが、あらかじめ船同士を鎖で繋げておくという「連環《れんかん》の計」だった。龐統は自ら曹操と面会し、兵士たちの船酔い対策と称して軍船を鎖で繋げさせ、まんまと「連環の計」を成功させてしまうのである。

功を焦っての命令違反

馬謖 ばしょく

字	幼常
生没年	190～228
出身地	荊州南陽郡宜城県

兄の馬良《ばりょう》とともに、荊州《けいしゅう》南部平定の頃から、劉備《りゅうび》に仕えるようになった。俊才と名高かったが、劉備が死の間際に「馬謖は才気があるが口先だけの男だから、大事な任務は任せるな」と言い残したように、実戦派というより理論派だった。しかし、諸葛亮《しょかつりょう》は馬謖の才覚を評価して重用し、自分の後継者として目をかけていた。

諸葛亮から信頼を得た馬謖は、228年（建興６）の第１次北伐《ほくばつ》で、街亭《がいてい》の防衛にあたる先鋒隊の総指揮官に抜擢される。街亭は、漢中から魏《ぎ》の拠点である長安を攻略するうえで重要な中継地点であり、ここを守りきることが長安《ちょうあん》攻略の必須条件であった。

諸葛亮は馬謖に「山麓を固めて街道を死守するように」と命じたが、馬謖は諸葛亮の指示に反して山の上に陣を置いた。これは敵軍の侵攻を食い止めるだけではなく大勝しようと考えての布陣だったが、敵軍に山麓を囲まれて水源を断たれてしまい、大敗を喫してしまう。馬謖は逃亡したが捕らえられ、敗戦の罪を問われて処刑された。

「白眉」の由来となった俊才

馬良 ばりょう

字	季常
生没年	187～222
出身地	荊州襄陽郡宜城県

荊州《けいしゅう》南部の四州平定の頃から、劉備《りゅうび》に仕える。俊才揃《ぞろ》いと名高かった馬家の5人兄弟の中にあって特に優秀だった。馬良は眉に白い毛があり、郷土の人々が「馬氏の五常、白眉最も良し」といいならわしたことから、兄弟の中で一番優れている者を「白眉《はくび》」と呼ぶようになる。これが転じて、白眉は衆人の中で最も傑出した者を意味する言葉となったとされる。

その名声の高さから荊州において強い影響力をもっていたため、馬良は劉備が益州入りした後も荊州にとどまり、関羽《かんう》を補佐して荊州の経営にあたった。その後も主に内政や外交を担っていた馬良だったが、222年（章武２）の呉《ご》征討戦に従軍している。この戦いで馬良は、荊州武陵《ぶりょう》郡の五渓蛮《ごけいばん》と呼ばれる少数民族の懐柔にあたり、無事にこの任を果たし五渓蛮を劉備の軍に加えたが、呉征討戦の敗戦の中、夷陵《いりょう》の戦いで戦死した。

『正史』ではあまり目立った事績のない馬良だが、『三国志演義』では夷陵の戦いで、劉備の布陣に不安を示し、諸葛亮の意見を聞くべきだと進言するなど、俊才の面目躍如の行動を見せている。

孔明に後事を託され蜀を支える

蔣琬 しょうえん

字	公琰
生没年	？～246
出身地	荊州零陵郡湘郷県

諸葛亮《しょかつりょう》や費禕《ひい》、董允《とういん》とともに蜀の四相(四英)に数えられる政治家。

劉備《りゅうび》に従って益州《えきしゅう》に入り、広都《こうと》県長に任命されたが、酒ばかり飲んで仕事をしようとせず劉備の怒りを買ってしまう。だが諸葛亮が「蔣琬は国家を背負う大器であって、県程度を治めるような器ではありません」と擁護したため、免官されただけで済んだ。その後も劉備からは重用されることはなかったが、劉備の死後、諸葛亮に召されて丞相府《じょうしょうふ》で人事を担当するようになる。蔣琬に対する諸葛亮の評価は高く、諸葛亮が北伐のために漢中に駐留する間、丞相府の留守を任された。

234年(建興12)、諸葛亮が北伐《ほくばつ》の陣中で没したが、諸葛亮は生前、皇帝・劉禅《りゅうぜん》に「私に何かあったら、後事を蔣琬に託すべきです」と上書していた。蔣琬は諸葛亮の後継者として、蜀を支えるという大任を負うことになる。

蔣琬が国政を任された頃の蜀は、度重なる北伐によって疲弊していた。蔣琬は内政を重視し、魏《ぎ》への攻撃は行わず専守防衛に徹した。その後、国力が回復してきた頃に北伐を計画するが病死したため果たせなかった。

劉備に益州を託した反逆者

張松 ちょうしょう

字	子喬
生没年	？～213
出身地	益州蜀郡

益州牧《えきしゅうぼく》・劉璋《りゅうしょう》の配下。性格や素行に問題があったが、博識で判断力に優れた人物だったとされる。

208年(建安13)、曹操《そうそう》が荊《けい》州に侵攻してくると、劉璋は曹操と友好関係を結ぼうとした。張松は３人目の使者として派遣されたが、荊州を平定した曹操に冷たくあしらわれてしまう。益州に戻った張松は、曹操と手を切り劉備《りゅうび》と結ぶべきと劉璋に進言した。

その後、荊州の劉備に面会した法正《ほうせい》が劉備を雄略の持ち主だと絶賛したため、張松は劉璋を排して劉備を益州の主として迎えようと考えた。211年(建安16)に曹操が張魯《ちょうろ》征討に動き出したのを受け、劉備を益州に迎え入れて張魯を討伐させるべきだと進言した。劉璋はこの進言に従って、法正に命じて劉備を呼び寄せる。劉備と面会した張松と法正は、益州の地形や兵力などの情報をすべて教えて、機を失することなく事をなすようにと勧めた。しかし、100日余りもの日が過ぎ、いよいよ劉備が動き出したとき、劉備に宛てた密書が兄に見つかり、それを密告されて、張松は処刑されてしまった。

劉備に益州を取らせた名軍師

法正 ほうせい

字	孝直
生没年	176~220
出身地	司州扶風郡郿県

はじめ劉璋《りゅうしょう》に仕えていたが重用されず不満を抱き、張松《ちょうしょう》とともに劉備《りゅうび》の益州奪取に協力した。劉備が益州を平定すると蜀郡太守・揚武《ようぶ》将軍に任じられた。

その後も劉備の参謀として活躍し、217年(建安22)に漢中侵攻を進言。これを容れた劉備は、法正を伴って漢中に進軍する。そして漢中侵攻戦の天王山となる219年(建安24)の定軍山《ていぐんざん》の戦いでは、戦況を見切った法正の進言によって、劉備は魏《ぎ》軍の大将・夏侯淵《かこうえん》を打ち破った。夏侯淵の敗死を聞いた曹操は、法正の献策によるものだったことを伝え聞き、「劉備があのような作戦を考えつくはずがない。誰か優れた軍師に教えられたに違いないと思っていた」と語ったという。

法正は、劉備が漢中王になった翌年に病死したが、彼を寵愛していた劉備は何日間も泣き続けたという。後に、夷陵《いりょう》の戦いで劉備が大敗を喫した際に、諸葛亮は「法正がいれば東征を止められただろうし、少なくともこのような大敗はしなかっただろうに」と嘆いている。

劉備に信頼された忠節の士

黄権 こうけん

字	公衡
生没年	?~240
出身地	益州巴西郡閬中県

はじめ益州牧《えきしゅうぼく》・劉璋《りゅうしょう》の配下だったが、劉璋が降伏すると劉備《りゅうび》に降り、偏《へん》将軍に任じられた。

222年(章武2)、呉《ご》征討戦に参謀として従軍した際には、劉備自らが敵中深く進軍することの危険性を説いて先鋒を願い出たが却下され、魏《ぎ》に対する防備の任にあたっていた。しかし劉備が夷陵《いりょう》の戦いに敗北したため退路をふさがれ、やむを得ず魏に降伏。劉備は「黄権は裏切ったのではない。進言を聞き入れなかった自分が悪い」として、黄権の家族を罰することはせず手厚く保護した。

晩節を汚した有能な将

李厳 りげん

字	正方
生没年	:?~234
出身地	荊州南陽郡

はじめ荊州牧《けいしゅうぼく》・劉表《りゅうひょう》に仕えるが、曹操の荊州侵攻が始まると益州に逃れ、益州牧・劉璋《りゅうしょう》に仕えた。その後、益州に侵攻した劉備に降り、裨《ひ》将軍に任じられる。

218年(建安23)に起きた数万人規模の反乱を討伐し、221年(章武1)には諸葛亮らとともに「蜀科《しょくか》」を制定するなど、軍事・政務両面で活躍、死の直前の劉備に、諸葛亮とともに劉禅《りゅうぜん》を補佐するよう託されている。

しかし231年(建興9)の北伐《ほくばつ》の際、兵糧輸送の失敗の廉《かど》で官位を剥奪《はくだつ》されて流刑《るけい》に処された。

堅実な働きを見せた忠義の将

王平《おうへい》

字	子均
生没年	？～248
出身地	益州巴西郡

はじめ曹操《そうそう》の配下だったが、漢中攻防戦で劉備に降り、牙門将軍に任じられた。戦場で育ったため読み書きができなかったが、『史記《しき》』や『漢書《かんじょ》』といった歴史書を人に朗読させてその大略を記憶し、これらの書について論じたときもきちんとその要旨を捉えていたという。

王平は北伐《ほくばつ》において数々の戦功を挙げているが、特筆すべきは228年（建興6）の街亭《がいてい》の戦いでの働きである。馬謖《ばしょく》の軍の先鋒として出陣した王平は、諸葛亮の指令に反して山上に布陣しようとする馬謖に異を唱えたが聞き入れられず、1000人の兵を連れて別行動をとった。王平が予期したとおり馬謖が大敗を喫する中、王平隊は軍鼓を鳴らして隊列を乱さず、敗残兵を拾い集めながら無事に帰還した。王平はこの功が認められ、討寇《とうこう》将軍に昇進した。

234年（建興12）に諸葛亮が陣没し、幕吏・楊儀《ようぎ》がその遺言に従って全軍撤退を始めた最中に、楊儀と対立していた将軍・魏延《ぎえん》が楊儀討伐の動きを見せた際にも見事に立ち回り、魏延を討ち取った。『三国志』の著者・陳寿《ちんじゅ》は、「ただ一戦にして魏延を破ったのは、王平の手柄」と評している。

孔明の遺志を継いだ蜀最後の名将

姜維《きょうい》

字	伯約
生没年	202～264
出身地	涼州天水郡冀県

もとは魏《ぎ》の将・馬遵《ばじゅん》に仕えていたが、228年（建興6）の第1次北伐《ほくばつ》で蜀軍が進軍してきた際、各県が寝返ったと聞いた馬遵が城に立て籠もり、姜維ら配下も諸葛亮と内通していると疑心を抱いたため行き場を失って蜀に投降した。投降してからは、諸葛亮に「その時々に忠実に務め、思慮深く、その才覚には李劭や馬良も及ばない」と高く評価されて、後に征西将軍に抜擢された。

諸葛亮の没後も昇進を重ね、やがて軍事の中核を担うようになると、諸葛亮の北伐構想を継承し、魏《ぎ》軍と戦いを繰り広げた。だが、対外遠征に消極的だった大将軍・費禕《ひい》の存命中は1万以上の兵を与えられず、大きな成果は望めなかった。費禕死後、連年にわたって北伐を行うが成果はなく、相次ぐ遠征で国力を疲弊させるばかりであった。263年（炎興1）、魏の蜀侵攻に対し防戦したが破れ、劉禅《りゅうぜん》が降伏して蜀は滅亡した。姜維は、魏軍の将・鍾会《しょうかい》を利用して蜀を再興しようと考え、言葉巧みに魏への反逆を企てさせたが、鍾会配下の将兵たちは同調せず、鍾会とともに殺された。

呉との関係を修復した外交官
鄧芝
とうし

字 伯苗
生没年 ？～251
出身地 荊州義陽郡新野県

はじめ劉璋《りゅうしょう》に仕えたが、劉備《りゅうび》が益州《えきしゅう》を治めると劉備の配下となった。

夷陵《いりょう》の戦いの後、蜀にとっては呉との関係修復が急務であった。鄧芝は友好の使者を送ることを諸葛亮《しょかつりょう》に提案し、自ら使者として呉に赴くと、和平に消極的だった孫権《そんけん》を説得して同盟締結にこぎつけた。孫権の「呉と蜀で国を分けて治めるのも面白い」との言葉に、「魏滅亡後は双方の君主が覇を競うでしょう」と返答。鄧芝の正直さに感心した孫権は、諸葛亮に送った手紙の中で「両国の円満は鄧芝の功績」と賞賛した。

斜陽の蜀を支えた宰相
費褘
ひい

字 文偉
生没年 ？～253
出身地 荊州江夏郡

劉備の益州《えきしゅう》平定頃に劉備《りゅうび》に仕えた。他人の数倍の速さで書類を読むという異才の持ち主で、諸葛亮・蔣《しょう》琬《えん》・董允《とういん》と合わせて蜀の「四相」と称された能吏であった。

225年(建興3)に使者として呉を訪れた際、孫権にも高く評価され「君は必ず蜀の重鎮になるだろうから、もう何度も会えないだろう」といわれた。孫権の言葉どおり費褘は出世を重ね、蔣琬死後、その立場を受け継いで国政を担うようになった。費褘は国内の安定を重視した政治を行い、外征派の姜維《きょうい》と対立した。

異民族統治に優れた智将
張嶷
ちょうぎょく

字 伯岐
生没年 ？～254
出身地 益州巴郡南充国

益州《えきしゅう》の地方役人だったが、劉備《りゅうび》が益州を平定した頃、襲来した山賊《さんぞく》から県令の家族を助け出して名声を得て、出世の足掛かりをつかんだ。

異民族統治に能力を発揮した智将であり、越嶲《えっすい》太守として多くの異民族を帰順させた。

254年(延熙17)、姜維《きょうい》が北伐を再開すると張嶷は重病を押して出陣し、魏の勇将・徐質《じょしつ》との戦いで戦死した。『三国志演義』での張嶷の散り際は、姜維を逃がすために敵に突撃して矢の雨を浴びるという、華々しいものとなっている。

黄皓の権力への介入を防ぐ
董允
とういん

字 休昭
生没年 ？～246
出身地 荊州南郡枝江県

劉備《りゅうび》が蜀を建国したときに、皇太子・劉禅《りゅうぜん》の側近として登用された。政務において高い能力を発揮し、諸葛亮・蔣琬《しょうえん》・費褘《ひい》と合わせて「四相」と称される。劉備の没後、費褘・郭《かく》攸之《ゆうし》とともに劉禅の補佐を任されるが、費褘は北伐の前線に呼ばれて宮中からいなくなり、郭攸之はおとなしい人物だったため、劉禅へ諫言《かんげん》する役割を担うのは董允のみとなる。酒色にふける劉禅を諫め、宦官《かんがん》の跋《ばっ》扈《こ》も董允がいる間は抑えられていた。

董允死後、宦官の政治介入が始まり、蜀は滅亡の道を歩むことになる。

北伐再開に反対した儒学者

譙周
しょうしゅう

字	允南
生没年	？～270
出身地	益州巴西郡西充国

諸葛亮《しょかつりょう》に登用され、劉禅《りゅうぜん》に仕えた。直接政務に携わることは少なかったが、大事が発生すると意見を求められ、深い見識に基づき返答した。

253年（延熙16）の姜維《きょうい》の北伐再開に際しては、遠征を繰り返せば民が疲弊して国の崩壊を招くと反対した。また、263年（炎興１）、魏が蜀に侵攻してきた際には、「呉に逃れるべき」とする意見も出たが、「呉の臣下となる恥辱を受けたうえで魏に臣従するよりは、最初から魏に屈服するほうがまし」として降伏を進言。劉禅は、これを容れて魏に降伏した。

『三国志』の著者

陳寿
ちんじゅ

字	承祚
生没年	233～297
出身地	益州巴西郡安漢県

『正史三国志』の著者として広く知られる。若い頃から学を好み、蜀に仕える儒学者・譙周《しょうしゅう》に師事した。

蜀に仕えて歴史編纂の官吏となったが、宦官・黄皓《こうこう》に逆らい、懲罰を受けて降格。さらに、父親の喪中に病になって、薬を作らせたことで、喪に服すことよりも自分のことを大事にした親不孝者として糾弾された。このため蜀の滅亡後、数年間は仕官できなかった。『正史』を編纂したのは晋《しん》に仕えてからだが、その評判は高く、人々は「叙事に善く良史の才あり」と称えたという。

蜀の滅亡を招いた奸臣

黄皓
こうこう

字	不明
生没年	生没年不明
出身地	不明

蜀の宦官。諸葛亮《しょかつりょう》の死後、劉禅《りゅうぜん》の寵愛を受けるようになったが、劉禅の側近・董允《とういん》が黄皓に警戒心を抱き、劉禅を諫《いさ》めていたため、低い官職に留まっていた。しかし246年（延熙９）に董允が死去すると、後任の陳祇《ちんぎ》に巧みに取り入って昇進し、国政に関わるようになる。さらに258年（景耀１）に陳祇が没すると、皇帝への取り次ぎを行う役職である中常侍《ちゅうじょうじ》に昇進し、重臣として強い権力をもつようになった。

262年（景耀５）、黄皓は姜維《きょうい》を追放しようと画策し、身の危険を感じた姜維はそれ以降、成都に帰還しなくなったという。

その翌年、魏軍の侵攻に対し姜維から援軍要請があったが、黄皓はこの要請を握りつぶしてしまう。その結果、魏の攻勢に対して後手に回った蜀軍は敗北を喫し、ついに蜀は滅亡した。このとき、黄皓は殺されそうになるが、魏の将に賄賂《わいろ》を渡して死を逃れたという。

『三国志演義』では、蜀滅亡の要因となった奸臣《かんしん》として描かれ、その最期も司馬昭《しばしょう》に五体を切断されて処刑されるという無惨なものとなっている。

呉国　軍師・将軍列伝

孫呉の基礎を築いた早世の軍師

周瑜《しゅうゆ》

字	公謹
生没年	175～210
出身地	揚州廬江郡舒県

■断金の交わり

周瑜は、代々高官を輩出してきた揚州《ようしゅう》でも指折りの名家の出で、成長してからは立派な風貌となり、美周郎《びしゅうろう》と呼ばれていた。

そんな周瑜が、同い年の孫策《そんさく》と知り合ったのは、まだ少年の頃だった。孫策の父・孫堅《そんけん》が反董卓《とうたく》の兵を挙げた際、家族を周瑜の住む廬江《ろこう》郡の舒《じょ》県に移住させ、そこでふたりは出会って意気投合。「断金の交わり」（金属を断ち切る程の強く固い交際）と呼ばれる、固い友情で結ばれたのである。

192年（初平３）に孫堅が死去すると、孫策は徐州の江都《こうと》に向かい、周瑜も丹楊《たんよう》太守となった叔父のもとに身を寄せたため、お互いに離ればなれとなったが、その後も手紙を通じて近況を報告しあっていた。

194年（興平１）、孫策は袁術《えんじゅつ》の部下となって1000人程の兵を得ると、袁術の下で揚州各地の攻略にあたっていたが、袁術から自立して江東《こうとう》（長江下流地域）に自分の本拠を得たいと考えていた。ちょうどその頃、袁術と敵対する揚州刺史《しし》・劉繇《りゅうよう》が、孫堅の義弟の呉景《ごけい》らを江東の呉《ご》郡から追い出したため、孫策は劉繇討伐の援軍として挙兵する機会を得る。このことを手紙で知らされた周瑜は、兵と物資を集めて盟友のもとに馳《は》せ参じた。これ以降、周瑜は孫策の参謀として、江東の平定に尽力するが、ここで大きな力を発揮したのが、周瑜の名士としての力だった。孫策は、呉郡の弱小豪族の出身だったため、兵力を増強するために必要な人・物・金や情報を集める力をもっていなかったが、揚州で高い名声を誇る名家出身の周瑜が協力することで、孫策に足りないところを補うことができたのである。周瑜の協力の甲斐あって、孫策軍が劉繇の本拠・曲阿《きょくあ》に侵攻した頃には、その兵力は劉繇の軍勢を凌駕《りょうが》する規模にまで膨れあがっていた。

劉繇に大勝した孫策は、197年（建安２）に袁術からの独立を宣言し、呉郡を本拠として版図を広げていったが、揚州北部の皖《かん》城を攻め取った際に、橋公のふたりの娘（二橋）の内、姉の大橋を孫策の、妹の小橋を周瑜の妻として、周瑜と孫策はますます強い絆で結ばれた。

しかし孫策は、200年（建安５）に急死してしまう。弟の孫権《そんけん》がその後継者となったが、孫策の死を契機に孫家のもとを離れていく者も少なくなかった。しかし、孫権を補佐するよう、孫策から遺命を受けていた周瑜は、この新しい主君を支えていく決意をする。ほかの諸将や賓客《ひんきゃく》が、後を継いだばかりの孫権を軽んじて礼を尽くさなかったのに対して、周瑜だけは率先して敬意を払い、皆に規範を示したという。

■赤壁の戦い

求心力のあった孫策の死による呉国内の動揺は激しかったが、新しい主君・孫権のもと周瑜が軍部を統括し、安定した政権が築かれていった。しかし208年、孫呉政権に重大な危機が訪れた。河北《かほく》を統一した曹操が、大軍を率いて南下し、荊州牧《けいしゅうぼく》を引き継いだばかりの劉琮《りゅうそう》を降伏させると、孫権に対しても降伏を要求してきたのである。

大軍の来襲に、呉の重臣たちの間では降伏論が圧倒的だった。しかし周瑜は、水上戦では孫権軍のほうが練度で勝ること、曹操の兵たちは遠征で疲労が激しく風土にも慣れていないので必ず病人が続出すること等、敵の弱点を並べ立て徹底抗戦を主張。周瑜に同意した孫権が、軍議の席上、抜刀するや目の前の机を真二つにして「再び降伏を口にする者があれば、この机と同じ目にあうと思え」と叫び、ここに曹操軍との交戦が決定する。

周瑜は孫権から精鋭3万を預かり、長江《ちょうこう》を上った。同じ頃、曹操軍も南下を始め、両軍は赤壁《せきへき》の地で対峙した。すぐに最初の交戦が始まったが、周瑜が考えていたとおり、曹操軍は水上の戦いに不慣れなうえに、すでに病人を多く抱え、数の利も生かせないまま呉の水軍に翻弄《ほんろう》される。どうにもならなくなった曹操軍は撤退し、長江北岸に引き揚げた。

これに対して周瑜は、長江南岸に布陣すると、呉将・黄蓋《こうがい》の進言を容れて、敵船団への火計を企てる。黄蓋が投降を偽装して、曹操の船団に接近させた船に火を放つと、あっという間に燃え広がり、炎は船団を焼き尽くし、さらに黄蓋に続いて出陣した周瑜が精鋭部隊を率いて上陸し、曹操は命からがら敗走、赤壁の戦いは呉軍の勝利に終わった。

■天下二分の計

赤壁の戦いの後、周瑜は南郡《なんぐん》の拠点・江陵《こうりょう》の征圧に成功すると、孫権に壮大な戦略を進言する。それは、「周瑜が劉璋《りゅうしょう》治める益州《えきしゅう》を攻略し、涼州《りょうしゅう》の馬《ば》超《ちょう》と同盟を結んで長安《ちょうあん》に進軍する一方で、孫権が江東から攻め上がり、曹操を挟撃する」という策だった。この「天下二分の計」は孫権に承諾され、周瑜はさっそく軍を準備するべく江陵へ帰還しようとしたが、その道中で病に倒れ、36歳の若さで、この世を去った。その早すぎる死に、孫権は「周瑜には帝王を補佐する才があったのに、今、短命でこの世を去った。私は誰に頼ればよいのか」と嘆き悲しんだという。

孫家3代に仕えた歴戦の猛者

程普

ていふ

字 徳謀
生没年 生没年不詳
出身地 幽州右北平郡

孫堅《そんけん》以来、孫家三代に仕えた最年長の将で、諸将から尊敬と親しみを込めて「程公」と呼ばれた。

孫堅の幕下で黄巾《こうきん》賊を討伐し、董《とう》卓《たく》軍を撃破するなどの活躍をし、そのときの傷跡が身体中にあったという。孫策《そんさく》のもとでも、反乱勢力の首領・祖郎《そろう》の討伐戦において、血路を開いて孫策を救い出すという活躍を見せる。さらに、208年(建安13)に孫権が曹操《そうそう》と争った赤壁の戦いにも、副都督《ふくととく》として従軍して烏林《うりん》において曹操軍を敗退させるなど、戦いの前線に立ち続けた武勇の人だった。

大船団を火計で打ち破る

黄蓋

こうがい

字 公覆
生没年 生没年不詳
出身地 荊州零陵郡

はじめ地方役人だったが、孫堅の挙兵に従って配下となる。兵士の面倒見がよかったため、いざ戦いとなると、配下の者はみな先を争って戦ったという。

特に大きな活躍を見せたのは、赤壁の戦いだった。敵軍の船団が密集しているのを見た黄蓋は、火攻めの策を進言。自ら先陣をきって船を出した。そして投降を装って曹操の船団に接近すると、船に火をかけて敵船に突っ込ませる。火は瞬く間に燃え広がり、曹操の水軍を壊滅させた。

孫権が信頼し続けた、諸葛亮の兄

諸葛瑾

しょかつきん

字 子瑜
生没年 174～241
出身地 徐州瑯邪郡陽都県

諸葛亮《しょかつりょう》の兄。諸葛亮が戦乱を避けて荊州《けいしゅう》に逃れた頃、諸葛瑾は継母とともに揚州に移り住んだが、この地で会った孫権《そんけん》の姉婿・弘咨《こうし》が、諸葛瑾の非凡さを高く評価して、孫権に推挙した。孫権も彼の才能を高く買い、周瑜が強く推挙した魯粛《ろしゅく》と同列の賓客として遇して、長史に任じた。

思慮深いうえに誠実、度量が広い人物で、孫権にも重用された。

弟の諸葛亮との間には、互いの仕事のことや家族の近況について書簡を交わし、また子に恵まれなかった諸葛亮が、諸葛瑾の子を養子に迎えるなどといった、兄弟らしい交流関係はあった。しかし、諸葛瑾は、弟が蜀《しょく》の重臣であることから、しばしば蜀との外交交渉の場に出たが、公私の混同を避け、公の場を退いた後で私的に弟と会うことはなかったという。

それでも、諸葛亮の兄という立場ゆえに疑いの目で見られることもあり、あるとき諸葛瑾が劉備《りゅうび》と通じているという噂がたったとき、孫権は「諸葛瑾が私を裏切らないのは、私が諸葛瑾を裏切らないのと同じだ」と答え、孫権の諸葛瑾に対する絶大な信頼は、揺らぐことはなかったという。

孫権を諫め続けたご意見番

張昭 ちょうしょう

字	子布
生没年	156~236
出身地	徐州彭城国

20歳の頃に徐州《じょしゅう》刺史・陶謙《とうけん》への仕官を拒否して投獄され、釈放後は戦乱を避けて揚州に移住。その後、揚州で挙兵した孫策《そんさく》の丁重な招きに応じて配下となった。孫策は「張昭の賢才を、私が上手く用いられたら、天下の功名はすべて私のものになるだろう」と、その才を高く評価し、臨終の際に、弟の孫権《そんけん》に「国内のことで決定し難いことがあれば、張昭に相談するように」と言い残した。孫策の死後、その遺命を受けた張昭は孫権の後見人となり、兄の死に泣き崩れる孫権に「お嘆きになっている場合ではありません。国家の大事を治めなければなりません」と諫言《かんげん》し、すぐさま朝廷に孫権が跡を継いだことを上表し、配下の将を統率するなど的確に事にあたり、孫権を呉の新しい君主として擁立した。

真面目で頑固な性格の張昭は、歯に衣を着せずに直言するため、しばしば孫権に煩《うるさ》がられた。孫権も、張昭には敬意を払っていたので、その言葉に従ったという。しかし、208年(建安13)、曹操《そうそう》が呉に侵攻してきた際の進言は、孫権に受け入れられなかった。張昭は曹操への降伏を勧めたのである。これについては、魯粛《ろしゅく》が「もし降伏しても、張昭ら名士は曹操のもとで、それなりの官職に就けるから、降伏を勧めるのだ」と指摘したが、後に孫権は、「あのとき、張昭の意見に従っていたら、私は今頃は物乞いになっていただろう」といって、張昭を恥じ入らせている。

221年に孫権が呉王となると、臣下たちは当然のように張昭を丞相《じょうしょう》に推したが、孫権は孫邵《そんしょう》を丞相にした。孫邵が死んで、臣下たちが再び張昭を推薦すると、「張昭は剛直で君主の意見に逆らう」として顧雍《こよう》を後任とした。張昭が丞相になれなかった理由を、陳寿《ちんじゅ》は「厳格さ故に孫権に邪魔にされ、見識が高かったが故に疎んじられた」からだとするが、家臣の立場より名士の立場を優先させた降伏論への反感が、尾を引いたのだとする向きもある。

しかし、丞相とはならずとも、煩《うる》さがたのご意見番、張昭はその後も健在で、232年(嘉禾1)には孫権と大喧嘩を演じている。遼東《りょうとう》の公孫淵《こうそんえん》が、呉への服属を願い出た際、反対する張昭を無視して孫権が同盟のための使者を出したので、張昭は病と称して出仕しなくなった。この態度に孫権も腹を立て、張昭の屋敷の門を土で塞ぐと、張昭はさらに怒って門を内側から土で固める。結局、公孫淵は魏に帰順したので、孫権は張昭に過ちを詫びたが、張昭は屋敷に籠《こ》もったまま。業《ごう》を煮やした孫権は、屋敷の門に火をつけたが、張昭は固く門を閉じたので、孫権が慌てて火を消したところ、張昭の子が張昭を抱えて出てきたので、孫権は、やっと謝罪できたということである。

三国鼎立を実現させた国家戦略

魯粛 ろしゅく

字	子敬
生没年	172〜217
出身地	徐州臨淮郡東城県

富裕な豪族《ごうぞく》の出身で、その資産をばらまいて多くの名士と交わり、名声を高めた。周瑜《しゅうゆ》が数百人の部下を抱えて、資金や兵糧の援助を求めてきた際には、家に2つあった米倉のうちのひとつを指さし、それをすべて提供して周瑜を驚かせたという。それ以来、周瑜と親交をもつようになり、その縁で孫策《そんさく》に仕えるが、あまり重用されなかった。

魯粛を高く評価していた周瑜は、魯粛が重用されないことに、忸怩《じくじ》たる思いを抱いていた。そこで孫権《そんけん》に、魯粛を重用するよう進言すると、孫権はさっそく魯粛と会見したが、このときに魯粛は、大胆な国家戦略を進言する。その内容は「曹操を倒すのも、漢《かん》王朝を復興させるのも難しいので、江東を拠点に天下を三分する状況を作り出して、皇帝を名乗ってから天下の変化を窺う」というものだった。諸葛亮《しょかつりょう》に先んじた「天下三分の計」だったが、諸葛亮の計画との大きな違いは、必ずしも天下統一や漢王朝の復興を目指すのではなく、天下が三分された状態で、主君自身が皇帝になるというところである。漢王朝を重視する保守派重臣の張昭《ちょうしょう》は、このような革新的な意見をもつ魯粛を嫌って、「年が若くて大雑把なので、用いてはいけません」と孫権に進言したが、孫権は魯粛を高く評価し、重用するようになった。

208年(建安13)、荊州牧《けいしゅうぼく》・劉表《りゅうひょう》が死去すると、魯粛は、「荊州で後継者問題が起きているはずなので、劉備と同盟して荊州を領有すべき」と孫権に進言し、自ら荊州へと赴いた。魯粛が荊州の南郡に到着したときには、劉表の後継者・劉琮《りゅうそう》はすでに曹操《そうそう》に降伏していて、劉備は南方に逃亡。曹操軍が呉へ侵攻してくるのも時間の問題だった。魯粛は、急いで劉備の後を追いかけると長坂《ちょうはん》で会見し、曹操に対抗するために同盟を組もうと申し出る。劉備はこれを快諾し、同盟の使者として諸葛亮が孫権のもとへ赴くことになった。

しかし、諸葛亮とともに孫権のもとへ戻った魯粛を待っていたのは、曹操への降伏論を唱える重臣たちだった。魯粛は「曹操に降伏しても、私はそれなりの官職に就けるでしょうが、殿はどうなるかわかりません」と、降伏論を唱える臣下たちと孫権の立場の違いを説き、孫権に交戦の決意を促した。

赤壁の戦いで孫権軍が曹操軍を撃破した後、劉備が漁夫《ぎょふ》の利《り》を得るが如く、荊州南部を占領したが、魯粛はこれを「劉備が他に支配地を持つまでの間、荊州を貸す」という形で、孫権に認めさせている。これには、強大な力を持つ曹操と対峙するために、曹操、孫権に続く第三勢力として劉備を育てるという狙いがあった。周瑜死後、呉軍の最高司令官となる。その後も、劉備との同盟関係を重視して、友好関係を保つことに尽力し続けた。

呉屈指の智将へと成長を遂げた猛将

呂蒙 りょもう

字	子明
生没年	178～219
出身地	豫州汝南郡富陂県

貧しい家の出で、幼少の頃に孫策配下の鄧当《とうとう》のもとに身を寄せ、15、6歳のときには鄧当率いる異民族討伐の軍に無断で紛れ込んでいた。しかし鄧当配下の兵士に侮辱され、その者に決闘を挑んで斬り殺してしまって出奔。その後、孫策《そんさく》の下僚のもとを転々とするうちに、孫策に見込まれ配下となった。

208年(建安13)の黄祖《こうそ》討伐では、黄祖配下の部将・陳就《ちんしゅう》を自ら討ち取り、その後の赤壁《せきへき》の戦いや江陵の戦いでも活躍し、偏《へん》将軍に任じられる。勇猛果敢で肝の据わった呂蒙の猛将ぶりは、孫権《そんけん》も認めるところだったが、ある時、呂蒙は大変身を遂げる。

武芸一筋で、己の勇を恃《たの》んで学問を馬鹿にしていた呂蒙に対して、孫権が「将軍というものは、広く学問を修めて世のことや兵法に通じていなければいけない」と諭すと、呂蒙は奮起して、一心に書物を読み始めた。その後しばらくして周瑜《しゅうゆ》が病没し、その後任となった魯粛《ろしゅく》が赴任先に向かう途中で呂蒙の駐屯地を通りかかったが、魯粛は呂蒙を勇猛なだけの武将と軽く見ていたので、そのまま通り過ぎようとした。すると部下のひとりが「呂将軍は昔の呂子明殿とは違います」というので、呂蒙の屯営を訪ねて、あれこれ語り合ってみたところ、呂蒙は学識豊かで魯粛よりも深いところまで智謀を巡らせていた。魯粛が驚くと、呂蒙は「男子たるもの三日会わなければ刮目して見るべきです」と答えたという。この故事から「呉下の阿蒙《あもう》」は、進歩のない者を意味する言葉となったが、魯粛に認められた呂蒙は、魯粛死後、その後を継いで呉軍の最高司令官となった。

当時、荊州《けいしゅう》の西部は蜀《しょく》の領土となっていたが、魏《ぎ》に対抗するために蜀との同盟関係を重視していた前任の魯粛とは違い、呂蒙は、荊州を奪回して魏への侵攻の足掛かりにすべきだと考えていた。そんな呂蒙にチャンスが巡ってきたのは219年(建安24)のことだった。

劉備の漢中攻略に呼応して、荊州の守備にあたっていた蜀将・関羽《かんう》が魏の樊《はん》城を攻略するために、北進を始めたのである。ただ、関羽は呂蒙を警戒して、呉への守りも固めていたので、呂蒙はこれを崩しにかかった。まず呂蒙は、病気と偽り前線を退き、後任には無名の陸遜《りくそん》を据える。これは関羽を油断させる策であったが、関羽はまんまと引っかかり、兵のほとんどを樊城攻めに回して荊州の守りが手薄になった。さらに関羽配下の士仁《しじん》と麋芳《びほう》を寝返らせて、呂蒙は陸遜とともに難なく荊州に侵攻し、退路を断たれて孤立していた関羽親子を捕えて処刑。荊州全域を奪還したのである。しかし、ほどなくして呂蒙は病に倒れ、死去した。

曹操を丸め込んで呉を守る

張紘 ちょうこう

字	子綱
生没年	生没年不詳
出身地	揚州広陵郡

孫策《そんさく》配下の参謀。200年（建安5）、孫策は曹操《そうそう》の内情を探らせるために張紘を献帝《けんてい》への使者として送り込むが、曹操は張紘を気に入り、官職を与えて引きとめようとした。この間に、孫策が死亡したため、曹操はこれに乗じて呉に攻め入ろうとする。そこで張紘は「喪中に乗じて人を滅ぼすのは、人道にもとるばかりか、恨みを残すことにもなります。むしろ恩義を施して取り込むべきです」と曹操に説いて、孫権に官位を与えさせた。さらに孫権《そんけん》を懐柔するという名目で呉への帰還を果たしている。

知略にも秀でた猛将

徐盛 じょせい

字	文嚮
生没年	生没年不詳
出身地	徐州瑯邪郡莒県

孫権に招かれて配下となる。勇将として名高く、ある時は数千人の敵を200人足らずの兵で迎え撃って敵兵1000余りに傷を負わせ、そればかりか城を出て追撃して散々に打ち破った。またある時は、乗っていた船が敵地の岸辺に乗り上げ、諸将がみな恐れて船から出ようとしない中、ただひとり手勢を率いて上陸して敵兵を追い散らしたという。224年（黄武4）、大軍を率いて南下してきた魏の曹丕《そうひ》軍を、「偽城《ぎじょう》の計」であざむいて撤退させた話は有名である。

命知らずの任侠将軍

甘寧 かんねい

字	興覇
生没年	生没年不詳
出身地	益州巴郡臨江県

若い頃は遊侠を好み、不良少年を集めてその親玉となっていたという。しかし、あるとき足を洗って学問に打ち込むようになり、800人の手下を連れて荊州《けいしゅう》刺史《しし》・劉表《りゅうひょう》のもとに身を寄せた。その後、劉表の部下・黄祖《こうそ》の食客となったが重用されず、黄祖のもとを出奔して孫権《そんけん》に降った。

甘寧は、すぐさま孫権にある献策をする。それは、曹操より先に荊州を押さえ、さらに益州《えき》をも攻め取って、曹操《そうそう》と天下の覇を競うという「天下二分の計」だった。孫権はこれに同意して、さっそく征西の軍を催すと、甘寧に軍の指揮をさせて、黄祖を討ち破ったのである。

その後も、甘寧は数多くの戦功を挙げた。粗暴な性格だったが親分肌なところがあり、配下の兵卒たちは甘寧に心服した。216年（建安21）の魏との戦いでは、曹操が40万の大軍を率いて巣湖《そうこ》南岸の濡須口《じゅしゅこう》へ侵攻してくると、甘寧は配下の兵士から100人余りの者を選抜して、曹操の本陣に夜襲をかけた。孫権は、その豪胆な戦いぶりに驚き、「曹操には張遼《ちょうりょう》がいるが、我には甘寧がいるので釣り合いが取れているのだ」と称賛したという。

蜀の猛攻をはね返した若き名将

陸遜 りくそん

字	伯言
生没年	183～245
出身地	揚州呉郡呉県

「呉の四姓」と呼ばれる有力豪族・陸氏の出身。本家筋の一族を孫策《そんさく》に虐《ぎゃく》殺《さつ》されたため、孫家とは確執《かくしつ》があったが、孫策の死後に和解して孫策の娘を娶《めと》り、孫権《そんけん》に仕えるようになった。

この頃、荊州《けいしゅう》の地は二分され、東部は呉《ご》、西部は蜀《しょく》が領有していたが、219年(建安24)、荊州の防備にあたっていた呂蒙《りょもう》に代わって陸遜が荊州に赴任した。当時の陸遜はまだまだ無名。そんな彼を後任に指名したのは、荊州を守る蜀将・関羽《かんう》を油断させるための呂蒙の策だった。呂蒙は陸遜の才覚にも信頼を寄せていたが、陸遜は見事にその期待に応えてみせる。着任するとただちに、へりくだった内容の手紙を関羽に送り、さらに領内の統治も怠慢になったように見せかけた。これを見た関羽が呉への警戒心をすっかり解いて、魏領への侵攻に多くの兵を回すと、その背後を突いて荊州蜀領を急襲。南郡と公安《こうあん》を占拠し、撤退して来た関羽父子を斬って、荊州制圧を成し遂げたのである。この戦功により、陸遜は鎮西《ちんぜい》将軍に任じられた。

しかし蜀との戦いは、これでは終わらなかった。221年(黄武1)、関羽の謀殺に激怒した劉備《りゅうび》が、大軍を率いて呉領内への進攻を開始。蜀の軍勢が長江を下って秭帰《しき》を征圧したとの報を受けた孫権は、陸遜を大都督《だいととく》に抜擢して防衛にあたらせる。劉備は水軍を夷陵《いりょう》に進ませ、これをおとりとして本隊は陸路を進軍させるが、陸遜はこの策を見破り防備を固め、なんとか食い止めた。次の年になると、蜀軍はいよいよ攻勢を強めたが、その勢いを見た陸遜は、もっぱら守りを固めていた。何ら有効な手が打たれず、だんだん呉の陣営が押し込まれていく戦況に、諸将からは、若い陸遜への不信の声もあがり始める。しかし開戦から半年程経って、蜀軍にも疲れが見えてくると、その機を逃さず、陸遜は一気に総攻撃をかけた。それと同時に火計《かけい》を仕掛けると、蜀軍は大混乱に陥り、この戦いは呉軍の大勝利に終わったのである。陸遜はこの功で、輔国《ほこく》将軍となり、その後も、上大将軍《じょうだいしょうぐん》、右都護《うとご》と昇進して、呉の重臣としての地位を確立していった。

しかしその晩年は、呉国の英雄には相応しくなく、報われないものとなった。241年(赤烏4)、太子・孫登《そんとう》が亡くなり、孫権は孫和《そんか》を太子に立てたが、その弟の孫覇《そんは》のほうが孫権に溺愛《できあい》されていたため、孫覇を太子に擁立しようとする一派が現れ、御家騒動となった。太子廃嫡の動きが強まると、陸遜は何度も孫権へ上表し、孫覇を太子とすることの非を訴えたが、孫覇派が20ヵ条にも上る罪状をでっち上げて孫権に提出したため、陸遜は流刑にされ、その地で没した。

半年間の包囲に耐えきったエリート将軍

朱然《しゅぜん》

字	義封
生没年	182～249
出身地	揚州丹楊郡

名家の出身で、幼少期は学友として孫権《そんけん》と机を並べて勉学に励み、若くして孫策《そんさく》の家臣となる。孫策の死後は孫権に仕えたが、19歳にして県長に任じられると、すぐに郡太守に昇進し2000人の兵を預かるまでになる。

異民族の反乱鎮圧などで功を挙げた後、219年(建安24)の関羽《かんう》討伐戦では、偏将軍・潘璋《はんしょう》とともに臨沮《りんそ》に兵を進めて関羽の退路を断ち、これを生け捕りにするという大功を立てた。

その朱然の名を、さらに世に知らしめたのが、江陵攻防戦である。夷陵《いりょう》の戦いの直後、呉が疲弊していると見て、魏《ぎ》の曹丕《そうひ》が呉に侵攻を開始し、南郡の守備を任された朱然は敵軍に包囲され孤立無援となってしまう。さらに、流行病《はやりやまい》によって城内の兵は激減して5000人足らずとなり、加えて部下の反乱まで起きるという最悪の状況に陥ったが、朱然は兵を励ましながら敵のすきを窺い、半年にわたる猛攻をしのぎ、ついに魏軍を撤退させた。

陸遜《りくそん》の死後は孫策以来の功臣のただひとりの生き残りとして厚く遇され、249年(赤鳥12)に死去。葬儀の場で孫権は涙を流して悲しんだという。

19年も丞相を務めた無口な官吏

顧雍《こよう》

字	元歎
生没年	168～243
出身地	揚州呉郡呉県

当代一流の学者・蔡邕《さいよう》に師事したが、その学才が傑出していたため、蔡邕の名と同じ読みの「雍」を名に授かり、また蔡邕も驚く程の人物という意味で「歎」を字に使ったという。若くして県長に任じられ、孫権《そんけん》が会稽《かいけい》太守になるとその補佐に任じられる。孫権自身は任地に赴かなかったため、顧雍が派遣されて太守を代行したが、会稽郡内で反乱が起こった際には、素早く鎮圧して政治を安定させて、民衆や役人を心服させた。

酒を飲まず、極端に口数も少ない人物だったが、感情に左右されずに判断を下す彼の一言には重みがあり、孫権もその進言を重視していた。

孫権が曹丕《そうひ》から爵位を受けようとしたときには反対し、荊州の領有を巡って劉備《りゅうび》との間で争っていたときも、顧雍がさまざまな進言をしていた。

225年(黄武4)、初代丞相の孫邵《そんしょう》が没すると、主だった重臣たちは次の丞相に、実績や名声の高い張昭《ちょうしょう》を推薦したが、孫権が2代目の丞相に任命したのは顧雍だった。顧雍は、その後19年も丞相として呉を支え、丞相在任のまま病死した。

晋の攻撃を許さなかった鉄壁の守り

陸抗 りくこう

字	幼節
生没年	226〜274
出身地	揚州呉郡呉県

陸遜《りくそん》の次男。長子が早逝していたため、陸遜が死去するとその跡を継いだ。生前の陸遜は、無実の罪を告発されて孫権《そんけん》と不和になっていたが、陸遜が死んで間もない頃の孫権は、罪状に疑いをもっていたので、拝謁に来た陸抗に、陸遜にかけられた嫌疑について問い質した。これに対して陸抗は、臆することなく条理を尽くして申し開きをして、孫権の誤解を解いたという。後に陸抗が首都・建業《けんぎょう》から任地に戻る際、孫権は涙を流して別れを惜しみ「讒言《ざんげん》を信じて、あなたの父上の信義を裏切ってしまい申し訳なく思っている。幾度も詰問の手紙を送ったが、すべて焼いて欲しい」と詫びたという。それまで陸抗の出世は遅れていたが、この後、高位の将軍職を歴任する。

270年(建衡2)に鎮軍《ちんぐん》大将軍に任じられた陸抗は、楽郷《らくきょう》に駐屯して西方防衛の指揮を執っていたが、272年(鳳凰1)、西陵督《せいりょう》・歩闡《ほせん》が呉から晋《しん》に寝返ったので、諸将を率いて西陵城に向かった。陸抗は、西陵城を攻めるのは困難だとして、巨大な二重の包囲陣を敷いて、歩闡の軍と晋の援軍に備える策を立てたが、この作業は多大な労力を要するため、諸将の大半は急襲策を主張した。そこで陸抗は一度だけ攻撃を許可したが、陸抗が予期したとおり、全く成果が挙がらなかったので、諸将は陸抗の策に従った。

やがて、この叛乱に乗じて、晋の車騎《しゃき》将軍・羊祜《ようこ》が江陵に侵攻する構えを見せる。しかし陸抗は「ここを奪われれば、南方の異民族にも影響を与える」として、西陵の包囲を続けた。その後も、陸抗が晋軍の侵入を防ぎ続けると、ついに晋軍は退却を始めた。陸抗は、この機を逃さず晋軍を追撃して打ち破り、その後、援軍を失って完全に孤立した西陵城に総攻撃をかけて、一気に反乱を鎮圧した。陸抗は、大功を挙げたのにもかかわらず、それをまったく鼻にかけなかったので、諸将軍や兵士は前にも増して陸抗を尊敬するようになったという。

273年(鳳皇2)、陸抗は大司馬《だいしば》に任じられ、荊州牧となったが、その翌年死去する。生前、陸抗は、荊州からの侵攻を防ぐためには、西陵が軍事的に重要な地になることを説いて、その守備を増強するよう要請していたが、陸抗の上奏は聞き届けられなかった。その人生の最後まで、陸抗は呉の国土防衛に思いをいたしていたわけだが、果たして、280年(天紀4)、陸抗が懸念していたとおり、荊州から晋軍が侵攻し、呉は滅びてしまうのである。

陸抗は晋将・羊祜と互いに力を認め合い、酒や薬を送りあっていたが、『三国志演義』では、これが原因で呉の皇帝・孫皓《そんこう》に内通を疑われ、降格させられて、失意の内に病死したことになっている。

魏国　軍師・将軍列伝

曹操に覇道を歩ませた名参謀

荀彧 じゅんいく

字	文若
生没年	163〜212
出身地	豫州潁川郡潁陰県

■「王佐の才」の評価

荀彧は、宦官《かんがん》や外戚《がいせき》の専横を批判して弾圧された、清流《せいりゅう》派と呼ばれる名士を代表する一族の出身。優れた才覚と容姿の持ち主で、高名な名士の何顒《かぎょう》に「王佐《おうさ》の才(王を補佐する才能)を持つ」と評された。はじめ郡の官吏を務めたが、189年(中平６)、董卓《とうたく》が献帝《けんてい》を擁立した後に、中央官吏となる。しかし、董卓の専横に対して反董卓連合軍が蜂起した頃、中央の混乱を逃れるため、官位を捨てて帰郷。その後、冀州牧《きしゅうぼく》・韓馥《かんふく》のもとに身を寄せようとしたが、冀州に辿り着いたときには、すでにそこは袁紹《えんしょう》の領地となっていた。すっかりあてが外れたが、先に荀彧の弟・荀諶《じゅんたん》が袁紹に仕えていたこともあり、荀彧は袁紹に上賓の礼をもって迎えられる。

しかし荀彧は、袁紹は大業を成すことはできないと見限ったという。清流派名家出身の荀彧にとっての大業とは、漢王室の再興である。この頃、長年に渡る宦官や外戚の専横で漢王朝の権威は失墜していたが、宦官が排除された後に都に乗り込んできた董卓は、少帝《しょうてい》を廃して献帝を擁立。漢王朝の権威を簒奪《さんだつ》して、暴虐《ぼうぎゃく》の限りを尽くしていた。これに対して結成されたのが反董卓連合軍で、袁紹はその盟主だったが、諸侯をまとめきれず連合軍を瓦解させていたのである。そんな袁紹のもとにいても、漢王室再興などできるはずもなかった。

袁紹のもとを出奔した荀彧が向かった先は、曹操《そうそう》のところであった。曹操はこの当時まだ東郡《とうぐん》の長官でしかなかったが、かつて荀彧に「王佐の才」を見出したのと同じ何顒に、「天下を安んずる者は必ずこの人なり」と評されている。若い頃に同じ人物に評価された者同士、引きつけ合うものがあったのかもしれない。荀彧を迎えた曹操も、「我が張良《ちょうりょう》(漢の高祖・劉邦《りゅうほう》の名軍師)が来た」と大いに喜んだという。以降、荀彧は曹操の参謀として、その権力基盤を築くために尽力する。

荀彧は、名士としてもつ広い人脈と人物鑑定眼を生かして、優秀な人材の発掘にあたり、郭嘉《かくか》、陳羣《ちんぐん》、司馬懿《しばい》など、後に魏《ぎ》を支える人物を確保。荀彧が広く名士を集めたことで、まだ弱小勢力に過ぎなかった曹操は、急速に力を増していったのである。

■地盤確立と天子奉戴

194年(興平１)、すでに兗州《えんしゅう》を手に入れていた曹操が、徐州《じょしゅう》牧・陶謙《とうけん》を攻めるために出兵し、荀彧は程昱《ていいく》とともに、兗州の留守を任されていたが、内部の反曹操派のクーデターが起こり、これに呼応して呂布《りょふ》が侵攻して来た。これに対して荀彧は夏侯惇《かこうとん》の軍勢を招集して、反乱軍の攻撃に対抗。それと同時に、程昱を東阿《とうあ》地方に派遣して、領内の人心の動揺を抑えた。結果として兗州の大半を呂布に奪われてしまったが、３つの城を守りきって曹操の帰還を迎えた。

兗州を失ったことに焦った曹操が、兗州をあきらめて、徐州侵攻を再開することを思案していると、荀彧は「高祖《こうそ》や光武帝《こうぶてい》が天下を取れたのは自分の根拠地をしっかり治めたからです。まず根拠地の兗州をしっかり治めるべきです」と諫言。曹操はこれに従い、呂布を討ち破って兗州を奪回した。

そして196年(建安１)、曹操にとって、そして荀彧にとっても大きなチャンスが訪れた。李傕《りかく》に擁護されていた献帝が長安を脱出したのである。荀彧が、献帝を迎え入れるべきだと進言すると、曹操はこの進言を容れ、献帝を保護して許《きょ》に遷都した。曹操には、献帝という後ろ盾を得ることで、権威において他の群雄を圧倒し、豪族たちを味方に引き入れて勢力を拡大しようという目的があった。もちろん荀彧も同様のことを考えていたが、それだけではない。苦境に立たされていた皇帝を保護することは、荀彧の目標が漢王室再興にある以上、当たり前なことだった。

■曹操との間に生まれた亀裂

曹操は、「謀の殊なる、功の異なることは臣の及ばざるところなり」と評して、荀彧に絶大な信頼を置き、その後も、軍事と国事に関するすべてのことについて、その意見を求めた。そして、荀彧の献案に従って戦い続けた曹操は、ついに河北の大部分を勢力圏に置くまでになる。

そんな君臣関係に、破局が訪れたのは、212年(建安17)のことだった。曹操配下の群臣たちが、曹操が爵位を受けるにあたって、まず「公」を受けてから、帝室だけが就任できる「王」に進めて「魏国王」としようと考え、荀彧に相談してきたが、荀彧はこれに断固として反対した。「曹操が挙兵したのは漢王朝再興のためであって、新王朝を打ち立てるためではない」というのが、その言い分だったが、これは曹操の思惑に反するものだった。

この年、荀彧は、曹操の孫権討伐戦に従軍し、その陣中で死去したが、『魏氏春秋』によると、その死は曹操に強要された自殺によるものとされる。その翌年、曹操は魏公となり、さらにその３年後に魏王に封じられた。そして、その子・曹丕《そうひ》が献帝から禅譲《ぜんじょう》を受けて魏皇帝になり、漢王朝は滅びるのである。

袁紹との戦いを勝利に導いた策士

荀攸

じゅんゆう

字	公達
生没年	157〜214
出身地	豫州潁川郡潁陰県

もと大将軍《だいしょうぐん》・何進《かしん》の配下。董卓《とうたく》の暗殺を図って投獄されるが、董卓が暗殺されたため死刑を免れ、曹操《そうそう》に仕えることになる。

官渡《かんと》の戦いでは、兵に黄河《こうが》を渡らせて背後をつく作戦と見せかけながら敵の本陣を急襲する策を進言。この陽動作戦で分断された袁紹《えんしょう》軍は、猛将・顔良《がんりょう》を関羽《かんう》に討ち取られた。

袁紹死後の袁家で跡目争いが起こると、この争いに乗じて旧袁紹領を攻略するよう進言し、これに賛同した曹操は北方へ侵攻し河北の地を平定することに成功した。

曹操を支えた古参の勇将

曹仁

そうじん

字	子孝
生没年	168〜223
出身地	豫州沛国譙県

曹操《そうそう》の従弟。若い頃から弓馬を好み、反董卓《とうたく》連合軍が結成されたときより曹操に仕えた古参の武将。

数多くの戦功を挙げたが、特にその勇名を馳せたのは南郡《なんぐん》攻防戦だった。209年(建安14)、曹仁が守る江陵《こうりょう》に、呉の軍勢が来襲。配下の牛金《ぎゅうきん》が先鋒として迎え撃ったが、数千の敵兵に包囲されて窮地に陥ってしまう。これを見た曹仁は、側近が止めるのも聞かずに数十騎を連れて出陣し、包囲網に突入。見事に牛金を救出して戻ってきた曹仁は、「天上世界の人」と称賛されたという。

洞察力に優れた参謀

程昱

ていいく

字	仲徳
生没年	141〜220
出身地	兗州東郡東阿県

曹操《そうそう》が兗州牧《えんしゅうぼく》となった頃に召致されて仕える。曹操の配下となる以前、兗州刺史《しし》・劉岱《りゅうたい》が袁紹《えんしょう》と公孫瓚《こうそんさん》の争いに巻き込まれ、どちらにつくべきか意見を求めてきた際に、袁紹の勝利を予言するなど、洞察力に優れた人物で、曹操の参謀として数多くの進言をしている。

194年(興平1)、呂布《りょふ》に兗州の大半を奪われて気弱になっていた曹操は、家族を人質に差し出して袁紹と連合を結ぼうと考えていたが、程昱は曹操を励ましてこれを思い留まらせた。その翌年、曹操は呂布の軍勢を撃破して兗州を奪還することになったが、後に曹操は、「兗州で敗北したとき、おぬしの諫言《かんげん》を聞かなかったら、今日のわしはなかっただろう」と語ったという。

剛直な性格のため他人と調子を合わせず、よく衝突し、その腹いせで「謀《む》反《ほん》の疑いがある」と讒言《ざんげん》されたこともあったが、曹操はそれを信じず、むしろ程昱の待遇をそれまで以上に手厚くしたという。

『三国志演義』では、劉備《りゅうび》の配下・徐庶《じょしょ》を引き抜くために、徐庶に偽手紙を送って招き寄せるなど、陰謀に長《た》けた謀臣として描かれている。

官渡の戦いで勝利をもたらした裏切りの参謀

許攸《きょゆう》

字	子遠
生没年	？〜204
出身地	荊州南陽郡

後漢《ごかん》の霊帝《れいてい》の代に、新しい皇帝を擁立しようとする企てに加わったが、失敗して逃亡。袁紹《えんしょう》の配下となった。200年（建安５）の官渡《かんと》の戦いでは袁紹の参謀として従軍。許攸は、曹操《そうそう》軍とは対峙したまま戦わず、そのすきに間道から献帝《けんてい》を迎え入れる策を進言したが、あくまで曹操との戦いを望む袁紹はこれを聞き入れない。さらに、許昌《きょしょう》と兵站《へいたん》路を急襲する策も進言したが、却下されてしまう。このため許攸は袁紹のもとを去り、曹操に帰順した。曹操は裸足で飛び出してこれを迎え、大いに喜んだという。

許攸は、曹操に袁紹軍の兵糧基地・烏巣《うそう》の守備が手薄なことを教えて、奇襲をかけるように進言した。曹操はこの進言に従って奇襲を行い、烏巣の守備軍を壊滅させる。大軍を支える兵糧を失った袁紹は兵を差し向けたが曹操に撃退され、官渡の戦いは曹操の勝利に終わったのである。

204年（建安9）、許攸は袁紹の支配する冀州への水攻めを進言。この策により、冀州は陥落した。しかし、許攸は曹操に対しても不遜な態度が目立ち、ついには曹操の怒りを買って処刑された。

常勝不敗の名将

徐晃《じょこう》

字	公明
生没年	？〜227
出身地	司州河東郡楊県

もとは車騎《しゃき》将軍・楊奉《ようほう》の家臣。楊奉が曹操《そうそう》に討たれると、曹操に帰順して配下の将となった。以後、曹操に従って各地を転戦して戦功を挙げた。

219年（建安24）、樊《はん》城を包囲する関羽《かんう》を攻めた際に、堅陣を次々と突破して勝利したことから、「30年余りも兵を用いてきたが、敵陣を真っ向から突破し続けたような例は知らない」と、曹操にその勇猛ぶりを絶賛されたが、事前に十分な偵察を行い、敵がこちらに勝てないような態勢を築いてから戦うことを心がけた智将でもあった。

とりわけ、その智将ぶりを発揮したのは、馬超《ばちょう》と争った潼関《とうかん》の戦いである。敵襲を恐れて黄河《こうが》を渡りかねていた曹操に、「精鋭をもって蒲阪津《ほはんしん》を渡り、敵の背後を遮断します」と進言し、歩騎4000人を率いて蒲阪津を渡り陣を築いたため、本隊は無事に渡河し、馬超軍を撃ち破ることができた。

その後、徐晃は曹叡《そうえい》の代まで仕えて、227年（太和１）に病死した。『三国志演義』では、徐晃の最期は、蜀に寝返った孟達《もうたつ》の討伐中に、孟達が放った矢に額を射貫かれるというものになっている。

曹操が寵愛した天才軍師

郭嘉《かくか》

字	奉孝
生没年	170〜207
出身地	豫州穎川郡陽翟県

同郷の荀彧《じゅんいく》に推挙されて、曹操《そうそう》に呼ばれて天下のことを論じ合ったところ気に入られて、曹操に仕えるようになった。

郭嘉は、軍師として曹操にさまざまな進言をしたが、その策略はその時々の状況分析に基づくものだった。曹操が河北の地で大勢力を誇る袁紹《えんしょう》への対応について尋ねると、郭嘉は「袁紹には十の敗因があり、公には十の勝因があります」といって、曹操が袁紹に勝っている点を並べて曹操に勝利を確信させると同時に、袁紹が北上して公孫瓚《こうそんさん》と争っているすきに、呂布《りょふ》を討つことを勧めた。198年(建安3)、郭嘉の進言に従って、曹操は呂布討伐の兵を挙げた。激しい戦闘の末、曹操は呂布を下邳《かひ》城に追い詰めたが、自軍の兵が疲れ果てていたので退却しようとすると、郭嘉は「呂布の参謀・陳宮《ちんきゅう》は知恵こそあるが急に閃くタイプではないので、奴が名案を思いつかぬうちに攻撃すれば、呂布を倒せます」と語り、沂水と泗水の水を引いて下邳城を水攻めにする策を進言。曹操は、この言を容れて呂布を討ち破った。

また、曹操が官渡《かんと》で袁紹と対峙していたときに、孫策《そんさく》が曹操の本拠・許都《きょと》の襲撃を企てているとの報告があったが、郭嘉は動じることなく、「孫策は、江東を征圧した際に多くの恨みを買っているのに、身近に警備の者を置いていない」といって、近いうちに暗殺されることを予測し、襲撃の懸念を打ち払った。果たして、孫策は刺客に襲われて重傷を負い、許都襲撃を実行することなく死亡した。

官渡の戦いで袁紹に勝利した曹操に対し、郭嘉は「袁紹は後継者を指名しないまま死んだので、放っておけば後継者争いが始まります」といって、荊《けい》州《しゅう》の劉表《りゅうひょう》を討伐するふりをしながら、袁家に内部争いが起こるのを待つよう進言した。郭嘉の予想どおり袁家は冀州の支配を奪い合って自壊。そこに乗じて曹操は冀州を平定したのである。

曹操は、さらに北上して袁尚とこれを匿う異民族・烏丸《うがん》を征伐しようと考えたが、部下の多くは、劉表が劉備を使って許都を襲撃するのではないかと心配した。しかし郭嘉は、「劉表は劉備を使いこなす器ではないので、彼を重用することはない」として、昼夜を問わず進軍して、烏丸が防備を固める前に急襲するよう進言する。曹操はこの策に従い、神速の攻めで烏丸を討ち破り、袁尚を遼東《りょうとう》の地へ敗走させた。郭嘉が38歳の若さで病死したのは、この直後のことである。郭嘉の死の翌年、赤壁《せきへき》の戦いで大敗を喫した曹操は「郭嘉が生きていれば大敗は免れただろう」と、改めてその早すぎた死を惜しんだという。

孫権が最も恐れた猛将

張遼 ちょうりょう

字	文遠
生没年	169～222
出身地	并州雁門郡馬邑県

はじめ并州刺史《へいしゅうしし》の丁原《ていげん》に、次に呂布《りょふ》に仕えたが、呂布が曹操《そうそう》によって滅ぼされると、軍勢を引き連れて投降し、曹操に仕えるようになった。

並外れた武闘能力の持ち主で、数々の戦いで戦功を挙げたが、呉では子供が泣き止まないときでも「張遼が来た」といえば必ず泣き止んだという逸話があり、とりわけ呉からは天敵のように恐れられた武将だった。

215年(建安20)、張遼が楽進《がくしん》や李典《りてん》とともに駐屯していた、呉に対する最前線基地・合肥《がっぴ》に、孫権《そんけん》率いる10万の大軍が侵攻してきた。曹操は事前に彼らに命令書を残しており、そこには「張遼と李典は城を出て戦い、楽進は城を守れ」とあったが、合肥の兵はわずか7000しかおらず、諸将はためらっていた。しかし、張遼が「救援を待っていたら我が軍は敗北するぞ。敵の包囲網が整わぬうちに、攻撃してから守ればよい」と主張すると、いつもは張遼と折り合いが悪かった李典も賛成し、勇士800人を募り、牛を殺して彼らに振る舞うと、翌朝、張遼が先頭に立って敵陣に攻め込み、敵兵数十人と将2人を斬り、孫権の本陣まで迫った。予想外の反撃に仰天して、なすすべもなく小高い丘に遁走した孫権に、張遼は「降りてきて戦え」と叫んだが、孫権は張遼の軍勢が意外に少ないことに気づくと、バラバラに散っていた兵を集結させて、張遼らを幾重にも包囲させる。張遼は右に左にと押し寄せる敵兵に斬り込んで、数十人の部下とともに包囲を切り抜けたが、まだ囲まれている味方の兵士たちがいることに気づき、再び包囲網の中に飛び込んで彼らを救い出した。こうして真昼まで戦い、孫権の軍勢がすっかり戦意をなくしたところで、張遼は合肥城に帰還する。

その後、10日余りかけても城を落とせなかったので、孫権は撤退を始めたが、これを見た張遼は、楽進らとともに後を追った。退路の途中には川が流れていたが、張遼は孫権の軍勢が橋を渡っている最中を狙って急襲。張遼は、動きの取れない敵軍深くに突入して、片端から斬りまくり、孫権の将軍旗を奪い取ってしまった。呉将の甘寧《かんねい》や呂蒙《りょもう》たちが奮戦し、凌統《りょうとう》も死にもの狂いで殿軍を務めたおかげで、孫権はようやく退却できたが、凌統配下の兵はほぼ全滅し、凌統自身も全身傷だらけの状態だった。

この後も、張遼は呉との戦いの最前線に立ち続けたが、孫権はよほど張遼を恐れたのか、諸将に「張遼とは戦うな」と念を押したという。222年(黄初3)、病み上がりの張遼と対峙した際も、「病んでいても、敵は張遼だ。油断するな」と部下に命じている。その年、張遼は孫権の将・呂範《りょはん》を撃破したが、病がますます悪化し、江都で孫権と対峙中に死亡した。

生涯失策のなかった名参謀

賈詡《かく》

字	文和
生没年	147〜223
出身地	涼州武威郡姑臧県

曹家２代に渡って仕えた軍師。賈詡は曹操《そうそう》の配下になるまで、次々と主君を変えて乱世を渡り歩いてきた。もとは董卓《とうたく》に仕えていたが、董卓が呂布《りょふ》らに暗殺されると、董卓の残党の李傕《りかく》らに、兵を集めて長安を奪取するよう進言。李傕はこれに従って長安を征圧する。その後、李傕のもとを去り、同郷の段煨《だんわい》に身を寄せるが、段煨が賈詡の才を恐れていると知ると、弘農《こうのう》に駐屯する董卓の元家臣・張済《ちょうせい》の招聘に応じて、仕えるようになった。張済は荊州《けいしゅう》牧《ぼく》・劉表《りゅうひょう》と争い戦死するが、賈詡は張済の跡を継いだ甥・張繡《ちょうしゅう》に仕えた。

197年(建安２)、張繡は曹操に攻め込まれて降伏したが、張繡を暗殺する計画があることを知って反乱を決意。賈詡の進言に従い夜襲をかけて曹操軍に大打撃を与えた。199年(建安４)、河北を支配する袁紹《えんしょう》が、官渡《かんと》で曹操と対峙した際、張繡のもとに袁紹の使者が来て、味方につくよう要請してきたが、賈詡は使者を追い返し、曹操に降るよう張繡に進言する。「曹操は袁紹よりも弱小なので、私怨を捨ててでも、味方になる勢力を厚遇する」というのが賈詡の読みだったが、張繡と賈詡が降伏すると、果たして曹操は厚遇し、以後、賈詡は曹操へ仕えるようになった。陳寿《ちんじゅ》が、賈詡を「打つ手に失策がなく、事態の変化にも通暁していたといってよく、前漢の張良や陳平に迫る」と評しているように、賈詡の助言は、みな的確なものだった。

曹操が南方へ出兵しようとした際、賈詡は「ご威名は既に南方まで知れ渡っているので、攻め取るより鎮撫《ちんぶ》に務めるべき。そうすれば兵を用いずに平定できます」と、出兵に反対した。曹操がこの進言を聞き入れずに南進した結果、赤壁《せきへき》の戦いで敗北を喫し、大損害を受けている。

馬超《ばちょう》と韓遂《かんすい》の連合軍と争った潼関の戦いにおいては、賈詡は「離間《りかん》の計」を献策。賈詡の作戦どおりに馬超と韓遂の連合軍は内部崩壊し、曹操は見事に彼らを撃破した。

またこの頃、曹操は後継者として曹丕《そうひ》と曹植《そうしょく》のどちらを指名するかを迷い、賈詡に助言を求めたが、賈詡は黙したままだった。なぜ黙っているのかと問われた賈詡は「袁紹と劉表のことを考えておりました」とだけ答えて、暗に長子以外の者を後継者とすると国が混乱して滅亡することを示唆した。賈詡の意を汲み取った曹操は、長子(三男)の曹丕を太子に指名している。

晩年、曹丕に、呉と蜀のどちらを攻めるべきかを問われた賈詡は、「今の魏には劉備や孫権《そんけん》に対抗できる者はおりません」と、性急な侵攻自体に異を唱えたが、曹丕はかまわず呉へ出兵して、大敗するのである。

蜀の宿敵となった智勇兼備の将

張郃 ちょうこう

字	儁乂
生没年	？～231
出身地	冀州河間郡

冀州牧《きしゅうぼく》・韓馥《かんふく》に仕えていたが、韓馥が冀州を追われると、袁紹《えんしょう》の配下となる。しかし、官渡《かんと》の戦いで、袁紹の参謀・郭図《かくと》に作戦失敗の責任をなすりつけられそうになり、身の危険を感じて曹操に投降した。官渡の戦いの後は、袁一族の討伐で活躍し、各地を転戦して多くの武功を挙げた。

215年(建安20)、漢中を支配していた張魯《ちょうろ》が曹操に降伏すると、夏侯淵《かこうえん》とともに漢中の守備を任され、以後、張郃は蜀の宿敵となった。蜀が漢中に侵攻した際に、激しい夜襲でもものともせず勇猛な戦いを続ける張郃を恐れた劉備《りゅうび》は、「張郃を倒せれば、夏侯淵を倒した場合の10倍の手柄になる」といい、定軍山《ていぐんざん》の戦いで主将の夏侯淵を討ったとの報にも喜ばず、むしろ張郃を討ち果たせなかったことを残念がったという。228年(太和２)の街亭《がいてい》の戦いでは、山上に布陣した馬謖《ばしょく》軍を包囲して水を汲む道を断ち、敵兵たちの士気が下がったところで攻撃を仕掛けて散々に討ち破った。

強敵として蜀に恐れられた張郃だったが、諸葛亮が祁山《きざん》に侵攻した際、退却する諸葛亮を追撃中に矢を受けて、その傷がもとで死去した。

九品官人法を作ったエリート官僚

陳羣 ちんぐん

字	長文
生没年	？～238
出身地	豫州穎川郡許昌県

曹家３代に仕えた重臣で、荀彧《じゅんいく》の娘婿。もとは劉備《りゅうび》に仕えていたが、劉備が、呂布《りょふ》に攻められて徐州《じょしゅう》を失うと、野に下り逃亡生活を送った。198年(建安3)、呂布が曹操《そうそう》に討たれた後、荀彧の推挙を受けて仕官した。

陳羣は有力な名士の家の出身で、儒教を基準とした人物鑑定にも定評があり、曹操の人事担当官として多くの人材を推挙した。

220年(黄初１)、曹操の子・曹丕《そうひ》が献帝から禅譲を受けて皇帝に即位し、魏帝国が成立したが、陳羣は曹丕が太子のときから親交が深かったため、特に重用されるようになる。

そして同年、陳羣の立案によって九品官人法《きゅうひんかんじんほう》が制定された。九品官人法は官僚の登用制度を定めた法で、郡ごとに置かれた中正官が任官希望者に一品から九品までのランクを付けて推薦し、仕官した者は、そのランクから四品下がった官職からスタートして順調にいけば中正官がつけたランクにまで出世できる、というものである。この制度は、隋《ずい》の時代に科挙《かきょ》が施行されるまで、中国の人材登用の基本制度となった。

呉に対する防備の要

満寵
まんちょう

字	伯寧
生没年	？～242
出身地	兗州山陽郡昌邑県

曹操《そうそう》が兗州《えんしゅう》を支配した頃に、配下となった。その人柄は潔癖で法令に厳しく、曹操の従弟・曹洪《そうこう》の配下が略奪を行った際にも、これを逮捕して速やかに処刑したという。

満寵は、官渡《かんと》の戦いなどで活躍した後、征南将軍・曹仁《そうじん》の参謀を務め、219(建安24)年に関羽《かんう》が樊城に攻めてきた時には、水攻めに苦戦して退却しようとする曹仁を叱咤《しった》して思い留まらせ、援軍の到着まで樊城《はんじょう》を持ち堪えさせた。

その後も呉との戦いで名を上げるなど曹家４代に仕えた。

河北侵攻の背後を守る

鍾繇
しょうよう

字	元常
生没年	151～230
出身地	豫州潁川郡長社県

もとは献帝《けんてい》の家臣で、曹操《そうそう》が献帝を庇護《ひご》するようになった際、荀彧《じゅんいく》の推挙を受けて曹操の配下となった。

鍾繇は、曹操が河北の地に侵攻する間、長安にあって関中《かんちゅう》の統治にあたった。涼州で勢力争いをしていた馬騰《ばとう》と韓遂《かんすい》を説得してともに曹操に従わせ、匈奴《きょうど》の反乱を抑えるなど関中をよく治め、曹操の河北征圧を後方支援した。曹操が魏王となると宰相に就任。魏諷《ぎふう》の叛乱未遂に連座して一時免職となったが、曹丕《そうひ》が魏王となると再び重臣となり、曹叡《そうえい》の代まで仕えて魏を支え続けた。

曹爽の専横に加担したナルシスト文人

何晏 かあん

字	平叔
生没年	？～249
出身地	荊州南陽郡宛県

後漢《ごかん》の大将軍・何進《かしん》の孫。何進の殺害後、母の尹氏が曹操《そうそう》の側妾となったため、曹操のもとで養育された。若い頃から秀才と評され、文学や思想の世界で活躍した。曹操は何晏の才を愛し、自分の娘を嫁にやるなど厚遇していた。しかし、何晏は気兼ねや遠慮を知らない質で、宮中でも太子同様の格好をしていたため、太子の曹丕《そうひ》はこれを嫌い、曹丕の代には官職を与えられず、曹叡《そうえい》の代になってやっと閑職に任じられている。

不遇を託っていた何晏が一躍政界の中心に躍り出たのは、239年(景初３)、曹叡が死去した後のことだった。年少の曹芳《そうほう》が即位すると、後見役となった曹爽《そうそう》に引き立てられて侍中尚書《じちゅうしょうしょ》に昇進する。このとき、何晏は曹爽に、同じく後見役を務めていた司馬懿《しばい》を太尉《たいい》から名誉職の太傅《たいふ》に転任させるよう提案する。これにより、曹爽が魏の実権を握ることとなった。

曹爽という強力な後ろ盾のもと、何晏は我が世の春を満喫していたが、249年(正始10)、すでに引退したと思われていた司馬懿が突如としてクーデターを起こす。何晏は司馬懿に捕らえられ、曹爽に連座して処刑された。

蜀を滅亡させた苦労人将軍

鄧艾 とうがい

字	士載
生没年	？～264
出身地	荊州義陽郡棘陽県

曹操《そうそう》が荊州《けいしゅう》に侵攻した頃、故郷から連行されて屯田民《とんでんみん》にされたが、苦学して魏の地方官吏になる。その後、司馬懿《しばい》に抜擢され、255年（正元２）に鎮東《ちんとう》将軍・毌丘倹《かんきゅうけん》と揚州《ようしゅう》刺史・文欽《ぶんきん》が起こした反乱の鎮圧や、反乱に乗じて侵攻してきた呉将・孫峻《そんしゅん》の撃退に貢献。その翌年、蜀の姜維《きょうい》が侵攻してきた段谷《だんこく》の戦いでも大功を挙げて、鎮西将軍に任じられた。

263年（景元４）、鍾会《しょうかい》とともに蜀に侵攻する。蜀の要衝・剣閣《けんかく》は姜維が堅く守り、ここを落とすのは難しかった。そこで鄧艾は、剣閣を迂回して陰平《いんへい》方面の間道を強行するという奇襲作戦をとる。大変な難路だったが、時には鄧艾自らが毛氈《もうせん》に老身を包んで崖《がけ》を転がって進むなど、苦労を重ねて間道を突破。急襲は見事成功し、綿竹《めんちく》を攻略すると蜀の首都・成都《せいと》に迫った。成都を攻める前に劉禅《りゅうぜん》が鄧艾に降伏し、ここに蜀は滅亡する。

戦後、旧蜀領の占領統治を行ったが、勝手に物事を処断する姿勢が目立ち、鍾会《しょうかい》に謀反人であると讒言され、逮捕されてしまう。その後、鍾会の謀反が失敗に終わり、鄧艾は助け出されたが、魏将・衛瓘《えいかん》に謀殺された。

野心ゆえに滅びの道を進んだ策士

鍾会 しょうかい

字	士季
生没年	225～264
出身地	豫州潁川郡長社県

早熟の天才児で、５歳のときに魏の重臣・蒋済《しょうせい》に「並外れた才能の持ち主」と評される。20歳で出仕し、司馬師《しばし》・司馬昭《しばしょう》に重用される。

257年（甘露２）の諸葛誕《しょかつたん》の反乱では、諸葛誕を支援していた呉軍を降伏させ、「まるで子房（前漢初代皇帝・高祖に仕えた名軍師）のようだ」と諸将に称賛された。軍師としての能力を見込まれた鍾会は、司馬昭の命を受けて、263年（景元４）、鄧艾《とうがい》とともに蜀に侵攻する。しかし、蜀将・姜維《きょうい》が立て籠もる要害・剣閣《けんかく》をなかなか落とせずにいるうちに、鄧艾が剣閣を迂回《うかい》して間道から綿竹《めんちく》を攻略し、劉禅《りゅうぜん》を降伏させてしまう。

手柄を鄧艾に奪われて面目を失った鍾会は、占領統治にあたっていた鄧艾を「反逆の疑いがある」として告発。さらに鄧艾を逮捕して、魏の首都・洛陽《らくよう》に送還してしまった。まんまとライバルを蹴落として、鄧艾配下の軍と旧蜀軍を自分の支配下に置いたが、その野心は留まることを知らず、姜維と協力して魏に反抗し、蜀の領土を自分のものにしようと画策。しかし配下の将兵たちの賛同を得られず、姜維ともども殺されてしまった。

曹魏の政権を奪い取った、孔明のライバル

司馬懿《しばい》

字	仲達
生没年	179～251
出身地	司州河内郡温県

■曹家への仕官

代々高官を輩出した名家の出身で、若い頃から聡明、博識で知られ、儒教的教養も高かった。人物評価の確かさで知られた南陽《なんよう》郡太守・楊俊《ようしゅん》は、司馬懿を「普通ではない器量の持ち主」と評した。はじめ郡の役人を務めていたが、その高い評判を聞いた曹操《そうそう》に招聘《しょうへい》されて、仕えるようになった。

曹操に仕えてからの司馬懿は、文官として数々の職を歴任し、217年(建安22)には、太子・曹丕《そうひ》の太子中庶子(書記官)に任じられる。重要な問題があると諮問を受け、その度に優れた策を献じて、曹丕の絶大な信頼を得た司馬懿は、陳羣《ちんぐん》、呉質《ごしつ》、朱鑠《しゅしゃく》とともに曹丕の四友《しゆう》に数えられた。

また、この頃から軍略においても非凡なところを見せ始める。219年(建安24)、蜀将・関羽《かんう》に樊城を包囲され、曹操が送った救援軍も大敗を喫してしまい、首都・許昌《きょしょう》の近くでも関羽に呼応して兵を挙げる動きがあった。狼狽《ろうばい》した曹操は遷都を考えるが、司馬懿は曹操を諫《いさ》めて、呉に関羽の背後を突かせる策を進言。曹操はこれに従って呉と同盟を結び、関羽を倒すことに成功する。それでも曹操は「他人の臣下で収まるような奴ではない」と司馬懿を警戒して、あまり重用せず軍を任せようとはしなかった。

しかしその曹操が220年(黄初1)に死去し、曹丕《そうひ》が跡を継ぐと栄達の道を進み、要職を歴任。曹丕が没した際には、陳羣らとともに後事を託され、曹丕の跡を継いだ曹叡《そうえい》にも、引き続き重用される。

■諸葛亮との戦い

司馬懿といえば、諸葛亮《しょかつりょう》のライバルとして有名だが、両者の最初の戦いは直接対決ではなかった。

228年(太和2)、上庸《じょうよう》郡太守・孟達《もうたつ》が謀反を企てているという噂が流れる。孟達は、もとは蜀に仕えていたが寝返り、曹丕の寵愛を受けて重用されていた。しかし曹丕が死に、魏における孟達の立場が不安定なものになると、諸葛亮がそこを突いて、魏を裏切るように誘いをかける。自らが行う北伐《ほくばつ》に呼応して孟達に反乱を起こさせ、魏を挟撃するのが諸葛亮の狙いだった。以前から孟達に不信感を抱いていた司馬懿は、孟達の蜀への寝返りを確信し、精鋭5万を率いて上庸に向かった。その頃、孟達は、まだ月日に余裕があると思って悠然と構えていた。孟達が諸葛亮に送った手紙には「司馬懿が駐屯する宛から洛陽まで800里。ここ上庸までは1200里もあるので、来るのに1カ月は掛かります。その間に十分に防備を固められます」と書かれていたという。しかし司馬懿は昼夜兼行の進軍で、数日で上庸に辿り着き、孟達の城を包囲してしまった。この電光石火の攻めに孟達陣営は大混乱に陥り、反逆者が続出。半月ほどで城は落ち、孟達は斬首された。この勝利により、司馬懿は諸葛亮の北伐の出鼻をくじいたのである。

その後、蜀の北伐に対する防備にあたっていた大将軍・曹真《そうしん》が死去すると、司馬懿はその後任として長安に派遣された。この時、諸葛亮はすでに祁山《きざん》に侵攻しており、ここに2人が初めて相見《あいまみ》えることとなった。

すぐさま司馬懿は、自ら兵を率いて祁山に向かったが、緒戦でいきなり先鋒の部隊を撃破されたため、陣を固く守って戦わず、長期戦の構えを取った。しかし諸葛亮が撤退する動きを見せると、諸将が追撃を主張。これを容れた司馬懿は、出陣して蜀軍を追ったが、蜀軍の逆襲にあって大きな被害を出してしまう。これで戦局は司馬懿にとって圧倒的に不利なものとなったが、蜀軍は食糧補給に問題が生じて全軍撤退した。結局、相手のミスに助けられたが、司馬懿はこの戦いの中から蜀軍の弱点を見出していた。

234年(青龍2)、諸葛亮が5度目となる北伐を敢行し、五丈原《ごじょうげん》に侵攻。対する司馬懿は、渭水《いすい》を背にして陣を布くと、徹底的な持久戦に持ち込んだ。司馬懿は、蜀軍の弱点が、食糧補給にあると見たのである。諸葛亮がいくら挑発しても、司馬懿はまったく動こうとしない。しかし諸葛亮のほうも、今回は屯田《とんでん》を行って長期戦に備えていた。その後の両軍の対峙は100日以上に及び、この最後の対決は、諸葛亮の病没により蜀軍撤退という結末に終わる。後に曹叡が「臨機応変の策に長ける」と称賛したように、ある時は電光石火の攻めで、またある時は亀の如き守りで、司馬懿は諸葛亮の攻撃を防ぎきったのである。

■政権簒奪

239年(景初3)、曹叡が死去すると、司馬懿は、大将軍・曹爽《そうそう》とともに、次の魏帝・曹芳《そうほう》の補佐を託されたが、曹爽の画策で、名誉職に過ぎない太傅に任じられる。その後の司馬懿は隠忍自重を心がけ、247年(正始8)には、病気を理由に隠居。曹爽の腹心・李勝《りしょう》の前ではもうろくした振りをして見せて、曹爽の油断を誘った。

そして249年(正始10)、司馬懿はクーデターを起こす。曹爽が首都・洛陽を留守にしたすきをつき、曹叡の皇后・郭太后《かくたいごう》から曹爽の官職解任の勅令を得ると、武力で洛陽を制圧し、曹爽一族と曹爽の腹心を処刑した。以降、司馬懿は朝廷内で専横を強め、ついには魏の全権を握る。かつて曹操が抱いた不安が、現実のものとなったのである。

251年(嘉平3)に司馬懿は没するが、その14年後、司馬懿の孫の司馬炎《しばえん》が、魏から禅譲を受けて、晋《しん》を建国することになる。

「破竹の勢い」で呉を滅ぼす

杜預《どよ》

字	元凱
生没年	222～284
出身地	司州京兆尹郡杜陵県

名家の出身だが、父が司馬懿《しばい》と対立して失脚していたため、初めて官に就いたのはかなり遅く、36歳の時だった。博学で多くの物事に通暁していることから、あらゆる物が詰まっているという意味で、「杜武庫《どぶこ》」と呼ばれた。左氏伝《さしでん》の研究家としても有名で、著書に『春秋左氏経伝集解《しゅんじゅうさしけいでんしっかい》』がある。

杜預は、主に律令《りつりょう》の制定などに携わっていたが、上司との折り合いが悪く、何度か懲罰や免職などの処分を受けている。異民族の来襲があって、長安に派遣された際にも出撃を命じられたが、「敵は勢いに乗じているのに対して、こちらは装備が乏しいので進軍は春まで待たなければ勝ち目はない」と反対し、讒言されて収監されてしまう。しかしその後、情勢が杜預の言葉どおりとなったため、「杜預は戦略に明るい」と評判になった。

その軍才をいかんなく発揮したのが、対呉征圧戦だった。278年(咸寧4)、呉討伐の準備を進めていた征南大将軍・羊祜《ようこ》が病死し、その遺志によって鎮南大将軍に任じられた杜預は、着任後間もなく、揚子江北岸の要衝・江陵を守備していた呉将・張悌《ちょうてい》を破り、その翌年、呉討伐を上奏する。そして280年(太康1)、杜預は呉討伐に乗り出した。杜預は、本隊を江陵へ進めると同時に、江西や楽郷《らくきょう》城にも兵を向かわせ、六方面から呉への侵攻を開始する。杜預が率いる10万の兵は江陵に攻め込んで、迎え撃つ呉の水軍をあっさりと打ち破り、江陵を奪った。その後も各方面の戦いで、呉軍を下して荊州全域を支配下に収め、杜預の軍勢は、呉の都・建業の間近に迫っていた。

しかし軍議の場では、諸将の中から「今は春も半ばで気候は温暖になり、やがて長雨の降る時期がくるので、川の水があふれるだろうし、疫病もはやるだろう。いったん兵を休ませ、冬を待って、再び攻め入るのが得策ではないだろうか」という声があがった。すると杜預は「昔、楽毅(中国戦国時代の武将)は済水《さいすい》の西の一戦で勝利を収め、その余勢を駆って強国・斉を併合した。今、我が軍の士気は大いに上がっている。これをたとえていうなら、竹を割るようなものだ。幾つかの節を割ってしまえば、後は竹の方から刃を迎えるようにして裂けていって、力を入れなくてもすむのである」と答えた。杜預のこの言葉から、勢いが激しく留めることが出来ない様を意味する、「破竹の勢い」という言葉が出ている。

かくして進軍は継続されたが、杜預の軍が進むところ、まさに破竹の勢いで、呉の軍勢は戦わずして降伏する。やがて建業に侵攻すると、呉帝・孫晧《そんこう》は手を後ろに縛って現れ、降伏した。ここに呉は滅亡したのである。

曹家三代に仕えた謀臣

劉曄 りゅうよう

字	子揚
生没年	生没年不詳
出身地	揚州淮南郡成悳県

漢の光武帝の庶子・劉延《りゅうえん》の子孫。母の遺言を守って奸臣《かんしん》を殺害したことで、人物評価で有名な許劭《きょしょう》に評価され、「君主を補佐する才がある」とされた。曹操が袁術を破ったときに、要害に立て籠もる残党を討伐する策を献じ、参謀として登用される。

以後、劉曄は曹操《そうそう》に重用され、献策を多くした。215年(建安20)、漢中の張魯《ちょうろ》と争った陽平関《ようへいかん》の戦いでも、形勢不利と見て撤退を開始した曹操に、「食糧輸送の道が断たれているので、撤退よりも進軍にこそ勝機がある」と進言。これを容れた曹操は軍を進め、張魯を敗走させて漢中を平定することに成功したのである。

その後、劉曄は曹操の孫・曹叡《そうえい》の代まで重臣として仕えた。しかし晩年は、曹叡に疎《うと》まれ、孤独の中で狂死したとされる。

『三国志演義』では、官渡の戦いで櫓《やぐら》の上から矢の雨を降らす袁紹《えんしょう》軍に対抗して、「霹靂車《へきれきしゃ》」と呼ばれる発石車を発案している。

「鶏肋」の故事で知られる俊才

楊修 ようしゅう

字	徳祖
生没年	？～219
出身地	司州弘農郡華陰県

楊修は学を好み俊才ありとされ、曹操《そうそう》のもとで主簿《しゅぼ》を務めた。また、曹操の三男・曹植《そうしょく》の学問の師でもあった。

楊修の名は、「重要ではないが捨てるには惜しいもの」を意味する「鶏肋《けいろく》」の故事とともに知られる。219年(建安24)の漢中攻防戦で、劉備に苦戦していた曹操が「鶏肋」(鶏の肋骨)という命令を出した。居並ぶ幕僚たちはその意味がわからず困惑したが、楊修ただ一人が「鶏肋は、出汁《だし》が取れるので捨てるには惜しいが、食べるほどの肉がついてない。つまり漢中を鶏肋に例えて撤退の意思を示したのだ」と解釈。見事に曹操の真意を言い当てたという。

『三国志演義』は、ふと漏らした言葉から内心を探られたことに激怒した曹操が、その場で楊修を断罪したとする。しかし史書によると、楊修の処刑は漢中撤退後のことであった。処刑の理由については不明だが、曹植に肩入れしすぎて後継問題にまで首を突っ込んだからだともいわれる。

索　引

さ

た

な

は

ま

や

ら

わ

【著者略歴】

木村謙昭　（きむら　のりあき）

1967年東京都生まれ。上智大学法学部卒業。編集・制作会社勤務後フリーライターとなり、歴史・軍事史を中心に執筆活動を展開。「週刊 ビジュアル日本の歴史」「週刊 歴史のミステリー」（以上、デアゴスティーニ・ジャパン）、「週刊 ビジュアル日本の合戦」（講談社）、「ビジュアル版 日本史1000人」（世界文化社）、「JShips（ジェイシップス）」（イカロス出版）等で著述多数。

【参考文献】

『三国志演義　上・下』立間祥介訳（平凡社）
『三国志Ⅰ』今鷹真・井波律子訳（筑摩書房）
『三国志Ⅱ』今鷹真・井波律子訳（筑摩書房）
『三国志Ⅲ』今鷹真・井波律子訳（筑摩書房）
『中国の歴史04　三国志の世界』金文京（講談社）
『全論　諸葛孔明』渡辺精一（講談社）
『諸葛亮孔明　その虚像と実像』渡邉義浩（新人物往来社）
『軍師たちの大三国志』守屋洋・市川宏監修（新人物往来社）
『別冊歴史読本　三国志合戦データファイル』（新人物往来社）
『歴史読本特別増刊号　三国志名士清流派列伝』（新人物往来社）
『歴史読本ワールド　三国志の謎』（新人物往来社）
『改訂新版　三国志曹操伝』中村愿（新人物往来社）
『『三国志』武将34選』渡邉義浩（PHP研究所）
『『三国志』軍師34選』渡邉義浩（PHP研究所）
『読み忘れ三国志』荒俣宏（小学館）
『三国志ハンドブック』竹内良雄編、陳舜臣監修（三省堂）
『「三国志」万華鏡　英雄たちの実像』満田剛（未来書房）
『三国志　正史と小説の狭間』満田剛（白帝社）
『図解三国志　群雄勢力マップ』満田剛監修（インフォレスト）
『歴史と旅臨時増刊号　三国志英雄群像』（秋田書店）
『三国志故事物語』駒田信二（河出書房新社）
『武器と防具　中国編』篠田耕一（新紀元社）
『三国志軍事ガイド』篠田耕一（新紀元社）
『三国志人物事典』小出文彦監修（新紀元社）
『三國志人物事典』渡辺精一（講談社）
『正史三國志群雄銘銘傳【増補版】』坂口和澄（光人社）
『もう一つの『三國志』―『演義』が語らない異民族との戦い』坂口和澄（本の泉社）
『改訂新版　大三国志』（世界文化社）
『歴史群像シリーズ⑰　三国志上巻』（学習研究社）
『歴史群像シリーズ⑱　三国志下巻』（学習研究社）
『歴史群像シリーズ㉘　群雄三国志』（学習研究社）
『歴史群像シリーズ83　演義三国志』（学習研究社）
『歴史群像【中国戦史】シリーズ　真・三國志1～3』（学習研究社）

Truth In History 19

計略　三国志、諸葛孔明たちの知略

2010年3月25日　初版発行

著　　　者　木村謙昭／歴史ミステリー研究会

編　　　集　バウンド／新紀元社編集部

発　行　者　大貫尚雄

発　行　所　株式会社新紀元社
〒101-0054
東京都千代田区神田錦町3-19　楠本第3ビル4F
TEL：03-3291-0961　FAX：03-3291-0963
http://www.shinkigensha.co.jp/
郵便振替　00110-4-27618

カバーイラスト　諏訪原寛幸

本文イラスト　佐藤隆志

デザイン・図版・DTP　株式会社明昌堂

印刷・製本　株式会社リーブルテック

ISBN978-4-7753-0800-4